普通高等院校应用型人才培养规划教材
本教材承湖北文理学院协同育人专项经费资助

信息安全基础

主 编 ◎ 杨建强　李学锋

西南交通大学出版社
·成　都·

内容简介

本书介绍了目前计算机信息安全的基本概念、原理和技术。全书共分 8 章，内容包括对称加密、公钥密码、数字签名、数字证书、各种常用的身份认证技术、授权及访问控制、恶意软件及防范、入侵检测、防火墙、操作系统安全、SSL/TLS/HTTPS 协议、安全电子邮件标准 S/MIME 和 DKIM、IPSec 协议、无线网络安全、物联网安全及云安全等。每章都配有相应的实践项目和习题。

本书可作为高等院校相关专业本科生的教材，也可作为从事网络信息安全技术相关工作的广大科技人员的参考用书。

图书在版编目（CIP）数据

信息安全基础 / 杨建强，李学锋主编. —成都：
西南交通大学出版社，2019.6（2022.7 重印）
普通高等院校应用型人才培养规划教材
ISBN 978-7-5643-6910-1

Ⅰ. ①信… Ⅱ. ①杨… ②李… Ⅲ. ①信息系统 – 安全技术 – 高等学校 – 教材 Ⅳ. ①TP309

中国版本图书馆 CIP 数据核字（2019）第 124802 号

普通高等院校应用型人才培养规划教材

信息安全基础

主编　杨建强　李学锋

责任编辑	李华宇
封面设计	何东琳设计工作室

出版发行	西南交通大学出版社
	（四川省成都市金牛区二环路北一段 111 号
	西南交通大学创新大厦 21 楼）
邮政编码	610031
发行部电话	028-87600564　028-87600533
网址	http://www.xnjdcbs.com
印刷	成都中永印务有限责任公司

成品尺寸	185 mm×260 mm
印张	16.5
字数	412 千
版次	2019 年 6 月第 1 版
印次	2022 年 7 月第 2 次
定价	44.00 元
书号	ISBN 978-7-5643-6910-1

课件咨询电话：028-81435775

图书如有印装质量问题　本社负责退换

版权所有　盗版必究　举报电话：028-87600562

前　言

计算机网络尤其是互联网（Internet）改变了人们学习、工作和生活的方式与习惯。Internet在给人们带来便利的同时，也呈现出很多信息安全问题。尤其是随着移动互联网的普及和各种新型计算模式（如网格、云计算、P2P 计算、物联网）的出现，信息安全问题变得更加严峻。

信息安全是一门跨学科、跨专业的综合性学科，涉及的知识面很广。本书的目标是力图向读者系统地介绍信息安全的基本原理与技术。全书共分为 8 章，各章内容安排如下：

第 1 章信息安全概述，介绍了信息安全的基本概念、安全需求及威胁、OSI 安全体系结构、信息安全模型，以及信息安全中的非技术因素（包括法律和道德）。

第 2 章密码技术，首先介绍了加密的历史，然后介绍了对称加密的基本概念、DES/3DES/AES 的加解密过程、对称块密码的工作模式、流密码及 RC4、密钥分发，接着介绍了公钥密码的基本思想及常见的公钥密码算法 RSA 和 Diffie-Hellman 等，最后介绍了数字签名及数字证书的基本原理。

第 3 章用户认证和授权，首先介绍了各种基于口令的认证系统和基于证书的认证系统，然后介绍了 EAP 和生物识别技术，最后介绍了授权的策略和技术。

第 4 章恶意软件，首先介绍了各种恶意软件，包括病毒、蠕虫、木马、勒索软件、逻辑炸弹、僵尸程序、间谍软件、后门、Rootkit 等，然后介绍了恶意软件的防范技术，最后简单介绍了 DDoS。

第 5 章入侵检测与防火墙，首先介绍了网络入侵的基本概念，然后介绍了入侵检测技术、入侵检测系统和入侵防护系统，最后介绍了防火墙的含义及分类、常用防火墙的系统模型等。

第 6 章操作系统安全，首先介绍了加固操作系统和关键应用的一般过程，然后讨论了与 Linux 系统和 Windows 系统相关的特定的加固，最后介绍了虚拟化系统的加固。

第 7 章 Internet 安全协议和标准，介绍了广泛使用的重要的 Internet 安全协议和标准，包括 SSL/TLS、HTTPS、S/MIME、DKIM 和 IPSec。

第 8 章无线网络安全及物联网安全，首先介绍了无线网络安全，然后介绍了 IEEE 802.11无线局域网安全及移动设备安全，最后介绍了物联网安全及云安全。

本书的主要特色：基于应用型人才培养的需要，以知识实用、丰富、新颖为原则，以通过学习信息安全技术基础理论，使学生初步掌握信息安全实用技能为主要目标，为学生今后进一步学习、研究信息安全技术打下坚实的基础；在有限的篇幅中尽可能蕴涵了更多的信息，语言描述尽可能做到文字通顺、语言简练、语义清晰而明确，并在不影响对基础知识理解的前提下，尽可能减少概念性和理论性知识介绍，增加能解决实际问题的内容；每章不仅有明确的学习目标，还提供了相应的实践练习项目，这些项目要么是对本章重要知识点的实际应用，要么是对重要知识和技能的补充。本书在编写的过程中，吸取了目前已出版的信息安全技术教材、相关信息安全论文的精髓，充分反映了计算机信息安全领域的前沿技术和成果。

本书结构清晰，内容翔实，具有很强的可读性，可作为高等院校相关专业本科生的教材，也可作为从事网络信息安全技术相关工作的广大科技人员的参考用书。

本书第 1~4 章及第 8 章由湖北文理学院杨建强编写，第 5~7 章由湖北文理学院李学锋编写。

由于时间紧迫及作者水平有限，书中难免有错误和不妥之处，敬请广大读者和专家批评指正。

编　者

2018 年 10 月

目　录

第 1 章　信息安全概述

学习目标

．．

（1）描述信息安全的含义。

（2）解释机密性、完整性和可用性。

（3）了解信息系统的安全需求。

（4）解释信息安全的 5 种威胁。

（5）描述 OSI 安全体系结构的安全服务和安全机制。

（6）了解 3 种信息安全模型。

（7）了解计算机犯罪和计算机相关知识产权的保护。

　　在信息技术飞速发展的今天，人们对信息的依赖程度越来越高，信息安全也越来越重要。信息系统如果缺乏相应的安全保障，那么它所带来的各种优势和便利将随着形形色色的攻击、入侵、恶意软件等安全事件的发生而降低甚至消失。

　　目前，随着移动 Internet、云计算、大数据、物联网等技术蓬勃发展，与各垂直行业不断跨界融合，Internet 对现实世界产生了前所未有的影响。与此同时，安全的内涵也发生了变化，信息技术、物联网甚至是物理环境都面临新的挑战。显然，全球各国、各领域、各行业也都认识到了这个问题，因此过去几年，信息安全特别是网络信息安全备受关注。

　　网络信息安全威胁已经由早期单一的破解口令、篡改网页、破坏文件等，向复杂的恶意软件传播、域名劫持、漏洞攻击、拒绝服务、高级持续性攻击等多种手段发展，盗取机密文件、商业秘密和个人财产，严重破坏经济社会运行。网络攻击正在呈现以下特点：组织性、目的性、逐利性、破坏性越来越强；攻击手段快速演变，攻击行为越来越隐蔽；攻击来源更加难以预测，不确定性显著增强；安全漏洞被利用的速度越来越快。攻击技术的发展使得反制和追踪攻击行为变得越来越难，网络信息安全呈现出易攻难守的局面。

1.1　信息安全的含义

　　信息安全（Information Security）是一个广泛而抽象的概念。从信息安全发展来看，在不同的时期，信息安全具有不同的内涵。即使在同一时期，由于角度不同，对信息安全的理解也不尽相同。国际、国内对信息安全的论述，大致可分为两大类：一类是指具体的信息系统的安全；另一类是指特定行业体系的信息系统的安全，如一个国家的银行信息系统、军事指挥系统等。国际标准化组织和国际电工委员会在"ISO/IEC17799：2005"协议中，对信息安全的定义是这样描述的：保持信息的机密性、完整性、可用性；另外，也可能包含其他的特性，如真实性、可核查性、抗抵赖性和可靠性等。

上述定义引入了信息安全的 3 个关键目标。

机密性（Confidentiality）：指确保信息内容仅被合法用户访问，而不能被非授权用户获取。这里的访问除包括读、写、修改等操作外，还包括打印、简单浏览和了解特定资源是否存在。机密性有时也被称为保密性（Secrecy）或私密性（Privacy）。

完整性（Integrity）：包括数据完整性和系统完整性。数据完整性指数据资源只能由授权方或者以授权的方式进行修改。换句话说，数据完整性是为了防止数据遭受未授权的篡改。这里的修改是指写、插入、替换、删除、创建、状态转换等操作。系统完整性是指确保系统以不受损害的方式执行其预期功能，而不会故意或无意地未经授权地操纵系统。

可用性（Availability）：指信息资源在合适的时候能够被合法用户访问。也就是说，当一名用户或系统对某个资源具有合法的访问权限，提出访问请求时，不应该被拒绝。可用性并不是在信息安全研究之初就被提出的，而是在系统的使用过程中，出现了由于安全问题而影响到系统的正常运行和使用，甚至使得系统安全完全瘫痪的情形下被提出的。

信息安全的概念经常与计算机安全、网络安全、数据安全等互相交叉、笼统地使用。在美国国家标准与技术研究院（National Institute of Standards and Technology，NIST）的计算机安全手册中，是这样定义计算机安全的：为自动化信息系统提供的保护，目的是保持信息系统资源（包括硬件、软件、固件、信息/数据、通信）的完整性、可用性和机密性。自动化信息系统包括网络系统，所以这个定义其实也涵盖了网络安全。被保护的资源中包括信息/数据，所以它也涵盖了数据安全。因此，在不严格要求的情况下，这几个概念几乎可以相互通用。根本原因是因为随着计算机技术、网络技术的发展，信息的表现形式、存储形式和传播形式都在发生变化，最主要的信息都是在计算机内进行存储处理，然后在网络上传播。因此，计算机安全、网络安全及数据安全都是信息安全的内在要求或具体的表现形式。信息安全概念与这些概念有相同之处，也存在一些差异，主要区别在于达到安全所使用的方法、策略及领域。信息安全强调的是数据的机密性、完整性、可用性、可认证性及不可否认性，无论数据是以电子方式存在还是印刷或其他方式存在。

随着技术的发展和应用，信息安全的内容是不断变化的。从信息安全发展的过程来看，在计算机出现之前，信息安全以保密为主，密码学是信息安全的核心和基础。随着计算机的出现和计算机技术的发展，计算机系统安全保密成为现代信息安全的重要内容。而网络的出现和网络技术的发展，使得由计算机系统和网络系统结合而成的更大范围的信息系统的安全成为信息安全的主要内容。就目前而言，信息安全的内容主要包括：

（1）硬件安全：包括信息存储、传输、处理等过程中的各类计算机硬件、网络硬件及存储介质的安全。要保护这些硬件设施不损坏，能正常地提供各类服务。

（2）软件安全：包括信息存储、传输、处理的各类操作系统、应用程序及网络系统，确保它们不被篡改或破坏，不被非法操作或误操作，功能不会失效，不被非法复制。

（3）运行服务安全：即网络中的各个信息系统能够正常运行并能及时、有效、准确地提供信息服务。通过对网络系统中的各种设备运行状况的监视，及时发现各类异常因素并能及时报警，采取修正措施保证网络系统正常对外提供服务。

（4）数据安全：保证数据在存储、处理、传输和使用过程中的安全。数据不会被偶然或恶意地篡改、破坏、复制和访问。

1.2 信息系统的安全需求

与上述 3 个关键目标相对应，信息系统的安全需求一般分为 3 大类：机密性需求、完整性需求和可用性需求。然而，当谈及某个具体系统或应用时，提出的需求会更加细化，很少用上述如此粗线条的框架加以定义，而是结合实际情况阐述所需的具体要求。

1. 机密性需求

机密性的概念比较容易定义，即只有授权用户或系统才能对被保护的数据进行访问。在许多系统的安全目标或安全需求中都会提到机密性，但是想要真正实现系统的机密性却没有看上去那么容易。首先要确定由谁（可以是系统，也可以是人）授权可以访问系统资源的用户/系统，以及访问的数据粒度如何定义？例如，是以文件为单位进行授权访问，还是以比特为单位进行访问？合法用户是否有权将其获得的数据告诉其他人？

信息系统中的机密性需求和其他场合或系统中提到的机密性需求在实质上是一致的，并且在具体的实施上也有很多相似之处。例如，信息系统的敏感数据在物理上要防止攻击者通过传统的偷窃数据载体（硬盘、光盘、U盘，甚至机器等）等方法获取。

机密性除了用于保证受保护的数据内容不被泄露外，数据的存在性也是机密性所属范畴。有些数据的存在与否，比知道其具体内容更加重要。例如，在商业竞争中，多个企业竞争相同的客户源，知道某个企业已经和某个客户签订了合同有时比知道合同具体内容更重要。在这种情况下，数据本身是否存在也是一项机密数据。

2. 完整性需求

数据完整性的定义比较复杂，对其进行全面的描述较为困难。在不同的应用环境下，对数据完整性的含义有着不同的解释。但是当具体考察每一种应用时，会发现它们所指的含义都是属于完整性的范畴。例如，在数据库应用中，数据完整性需求可以分为不同层次：数据库完整性和元素完整性。其中，数据库完整性又可以细分为数据库的物理完整性和数据库的逻辑完整性。

总体而言，数据完整性可以从两个方面进行考虑：一是数据内容本身的完整性，有时称为数据内容完整性；二是数据来源的完整性，有时称为数据源完整性。数据内容完整性是指数据本身不被未授权地修改、增加和删除等。而数据源完整性是指数据的发送者即其所声称的来源是真实的，经常通过各种认证机制实现。

对数据来源的完整性破坏通常有重放攻击、篡改和伪装等。其中，重放攻击可以将一个旧消息多次发送达到破坏的目的。例如，Alice 通过网络和银行之间进行账务管理，将 1 000

美元钱从自己账户划到 Bob 的账户上。Bob 一直在网上监听 Alice 和银行之间的通信，并将划账消息复制了一份到本地。当本次交易结束后，Bob 和银行发起一轮新的会话，将上次监听到的 Alice 与银行之间的消息再次发送给银行。如果没有使用安全认证机制，则银行会认为 Alice 又一次将 1 000 美元钱划给 Bob。

数据完整性的机制通常分为两类：预防机制与检测机制。预防机制用于防止未授权的用户修改数据，或授权用户以未授权的方式修改数据。注意：区分这两种未授权的访问是很重要的。对于前者比较容易理解，即一个用户对于某项数据或资源没有修改和增删的权力却要去篡改数据；而对于后者而言，一个用户可以修改某项数据或资源，但是他/她采用的修改方式却是未授权的。例如，一个银行的内部员工，他/她有权对用户申请的转账操作进行操作，即他/她有权修改账务数据，但是如果他在转账之后，隐藏（擦去）了这次账务操作，即隐藏了这次转账的去向，则他/她是以未授权的方式修改数据，破坏了数据的完整性。

检测机制不能防止未授权的用户修改数据，但是它可以告诉数据所有者数据是否保持了完整性，是否还值得信任。

3. 可用性需求

可用性是指使用所需资源或信息的能力。在系统设计中，可用性是系统可靠性的一个重要方面。如果一个系统无法使用，就如同系统不存在一样糟糕。目前，威胁信息系统可用性的典型攻击手段是拒绝服务（Denial of Service，DoS）攻击，这类攻击是最难检测到的。

例如，某个商务网站有多台服务器并行工作向终端用户提供服务，并且有一个负载平衡服务器可以根据客户流量自动平衡各个服务器上的负载。若攻击者攻破了这台负载平衡服务器，则在其他用户提出服务请求时，该服务器会以所有服务器都达到满负荷运行为由不再为用户的请求分配服务器，那么用户会觉得这个商务网站不可用。

为了防止这类攻击的发生，往往要求系统的设计者在建立系统模型时就能考虑到异常的访问方式或运行模式，即使有些情形在特定运行环境下看上去属于正常运行，也有可能在其他环境下是非正常的。这对系统设计者提出了很高的要求，因此实现的难度较大。

上述 3 个安全需求不是相互独立的，它们之间会有部分重叠之处。例如，实现信息系统保密性的时候，对系统的完整性也会有所帮助。实现保密性的安全机制在有的情形下也可用于实现系统完整性。因此，安全需求之间是相互联系的。在考虑如何使系统安全性能达到需求，同时成本可以接受时，应对各个安全需求之间的关系予以均衡。

1.3 信息安全威胁

针对信息安全 3 个关键目标，现有的安全威胁可以分为 5 种：窃取、中断、伪装、篡改、重放。它们可以破坏安全目标中的一个或几个，有的可以同时造成一个以上的安全目标被破坏。威胁是对安全的潜在破坏可能性，但是破坏本身不必真正发生。使得破坏真正发生的行为，称为攻击。执行攻击行为或造成攻击发生的人，称为攻击者。

1. 窃 取

窃取通常指资源被未授权地访问。例如，机密信息的泄密；网络上传输的信息被非法搭线侦听等。而执行未授权访问的实体可能是一个人、一段程序、一台计算机。

流量分析也是一种形式的窃取。假定我们有一种方法可以掩盖消息内容，使得攻击者即使捕获了消息，也不能从中提取消息内容。掩盖消息内容的常用方法是加密。如果我们对消息进行了加密，攻击者仍然可能观察到这些消息的模式。比如，攻击者可以推测出通信双方的位置和身份，并且观察到正在交换消息的长度和频率。这些信息可能有助于猜测正在发生的通信的性质。

通常情况下，对资源进行窃取不会对资源本身进行修改等操作，属于一种被动攻击行为。由于窃取通常被动收集信息而不主动发起攻击，因此非常难于追查。有时在信息已经被泄露了相当长的时间后才会被发觉。只被动窃取信息而不主动篡改信息，则仅破坏了系统的保密性；而主动型的窃取会破坏系统的保密性和完整性。

2. 中 断

中断的一种情形是指将系统中存在的信息或资源抹去或变得不可用。例如，计算机系统的硬件出现故障，存储重要信息的硬盘坏了；或者用户无法访问指定的文件，可能是该文件被非法删除，或者通过其他手段使得用户访问不到，该文件被隔离。这些都是中断造成的后果，可以被较快地发觉。这种情形的中断往往破坏信息系统的完整性和可用性。

网络环境下的 DoS 攻击也可能会带来中断。DoS 攻击会阻止通信设施的正常使用。DoS攻击可能阻止发往某个特定目的地的所有消息，也可能是破坏整个网络链路。所采用的方法，要么是让网络瘫痪，要么是让网络信息超载从而降低网络性能。DoS 攻击造成的中断破坏了信息系统的可用性。

3. 伪 装

伪装是指未授权方假冒其他对象。通常它所假冒的对象是合法对象。伪装可能假冒一个人，如合法用户；或者一个操作，如在数据库中插入一个记录；或者伪装消息，如在网络通信中，在合法消息队列中插入一个消息。

伪装破坏了系统的完整性，有时通过伪装也可以获取系统的机密信息，这时它也破坏了系统的机密性。伪装有时难以发现，尤其当攻击者成功假冒成一名合法用户时。因此，信息系统通常采取身份验证机制预防伪装合法用户。

4. 篡 改

篡改是指未授权方访问并修改了资源。例如，非法入侵者访问了系统中某些敏感文件，并在访问后将这些文件删除。更多时候，攻击者访问文件后，只是将其中部分内容篡改，而其他部分保持原样。部分篡改有时增加了安全防御的困难性。现有安全机制有的可以检测篡改的发生，例如，对系统中的重要文件进行数字签名，并将这些数字签名进行备份。当有攻击者篡改了这些文件时，其修改后的文件的数字签名和原有数字签名将不相同，以此可以判断文件被篡改过。但是，有时篡改很隐蔽，无法及时发现。

篡改不但破坏了系统的机密性和完整性，当篡改的内容对系统运行有影响时，如篡改了系统的配置文件，造成系统无法正常运行，那么它也会破坏系统的可用性。

5. 重 放

重放指攻击者发送一个目的主机已接收过的包，来达到欺骗系统的目的，主要用于身份认证的过程中。攻击者利用网络监听或者其他方式盗取认证凭据，之后再把它重新发给认证服务器，让认证服务器认为它是一个合法的用户。重放破坏了系统的完整性。

1.4　OSI 安全体系结构

国际标准化组织的 ISO 7498-2 标准，描述了开放系统互联 OSI 安全体系结构。该标准后来也被国际电信联盟的电信标准化部门（ITU-T）的推荐标准 X.800（OSI 安全体系结构）所继承。OSI 安全体系结构的安全目标是网络的保密性、完整性与可用性的具体化。具体来说有两个：一是把安全特征按照功能目标分配给 OSI 的层，以加强 OSI 结构的安全性；二是提供一个结构化的框架，以便供应商和用户据此评估安全产品。

OSI 安全体系结构对于构建网络环境下的信息安全解决方案具有指导意义。其核心内容是为异构计算机的进程与进程之间的通信定义了 6 类安全服务、8 类特定安全机制及安全服务分层的思想，并描述了 OSI 的安全管理框架，以及这些安全服务、安全机制在 7 层中的配置关系。

1.4.1　安全服务

安全服务指由系统提供的、对系统资源给予特定保护的处理措施。OSI 安全体系结构的 6 类安全服务包括认证服务、访问控制服务、数据机密性服务、数据完整性服务、不可抵赖性服务和可用性服务。

1. 认证（Authentication）服务

认证服务确保通信的实体就是它所声称的那个实体，包括以下两种特定的认证服务：

（1）对等实体认证（Peer Entity Authentication），用于与逻辑连接相关联，来确保所连接的实体的身份是真实的。对等实体认证用在连接的建立阶段或数据传输期间。它确认实体的身份，确保该实体并不是假冒的，或者不是前一个连接的非授权重放。

（2）数据源认证（Data-Origin Authentication），在无连接的数据传输中，确保接收的数据的来源与所声称的一致。它不提供对数据单元的重复或修改的保护。这种类型的服务支持诸如电子邮件之类的应用。在这些应用中，通信实体之间事先没有交互。

2. 访问控制（Access Control）服务

访问控制服务防止非授权地使用资源。也就是说，该服务控制谁可以访问资源，在什么条件下可以访问资源，以及访问资源时的操作。

在网络安全环境中，访问控制指限制或控制经由通信链路访问主机系统和应用程序的能力。为达到这个目的，每个试图获得访问的实体必须首先被识别或认证，这样才可以赋予相应的访问权限。

3. 数据机密性（Data Confidentiality）服务

数据机密性服务防止数据在传输过程中被破解、泄露。就传输数据的内容来说，保护可以分为几个层次。最宽泛的机密性服务保护一段时间内两个用户之间传输的所有用户数据。比如，当两个系统之间的 TCP 连接建立的时候，这种宽泛的保护可防止该 TCP 连接上传输的任何用户数据的泄露。狭窄的机密性服务保护单个消息甚至单个消息中的特定字段。不过，仅保护部分数据的服务并没有保护所有数据的服务实用，并且实现起来可能更加复杂和昂贵。

机密性的另一个方面是防止流量数据遭到分析。也就是，攻击者不能分析出传输数据的源和目的地、传输频率，以及数据的长度或其他特征。

4. 数据完整性（Data Integrity）服务

数据完整性服务确保接收的数据与授权的实体发送的数据完全相同。也就是说，数据未被修改、未被插入、未被删除或未被重放。和机密性一样，数据完整性可以应用于消息流、单个消息或消息中的选定字段。同样地，最实用和最直接的使用方式是保护整个消息流。

面向连接的完整性服务处理消息流，确保接收的消息与发送的消息一致，没有重复、插入、修改、重排或重放。该服务也防止数据遭受破坏。因此，面向连接的完整性服务主要处理消息流修改和拒绝服务。另外，无连接的完整性服务处理单个消息而不考虑上下文，一般仅提供对消息修改的保护。

5. 不可抵赖性（Nonrepudiation）服务

不可抵赖性服务确保全程参与或部分参与通信的实体无法否认其行为，防止消息的发送者/接收者否认发送/接收过某个消息。因此，当消息发送之后，接收者能够证明发送者的确发送了那个消息。同样地，当消息被接收之后，发送者能够证明接收者的确收到了那个消息。

6. 可用性（Availability）服务

可用性服务是保护系统以确保其可用的服务。也就是说，如果系统根据系统设计提供了服务，那么无论何时用户请求访问这些服务，系统都是可用的。该服务解决由拒绝服务攻击（DoS）引起的安全问题。可用性服务取决于对系统资源的正确管理和控制，所以它依赖访问控制服务和其他安全服务。

有多种攻击能够导致可用性的丧失或降低。其中一些攻击可使用自动化的应对措施防范，例如，身份验证和加密，而其他攻击则需要某种物理操作来防止可用性的降低或恢复可用性。

1.4.2 安全机制

安全机制是一种旨在用来检测、阻止安全攻击，或从安全攻击中恢复的方法、步骤或过程。安全机制用来实现安全服务。OSI 安全体系结构的 8 类特定安全机制包括加密机制、数字签名机制、访问控制机制、数据完整性机制、认证交换机制、流量填充机制、路由控制机制和公证机制。

1. 加密（Encipherment）机制

加密机制使用数学算法将数据转换成不容易理解的形式。数据的转换和后续恢复取决于算法和零个或多个加密密钥。注意：编码分为可逆编码和不可逆编码。此处的加密机制依赖于可逆编码。

加密是提高数据安全性的最简便方法。通过对数据进行加密，有效提高了数据的机密性，能防止数据在传输过程中被窃取。加密机制也可用于检验数据的完整性。常用的加密算法有对称加密算法（如 DES 算法）和非对称加密算法（如 RSA 算法）。

2. 数字签名（Digital Signature）机制

数字签名指附加在数据单元上的、对数据单元进行某种密码变换的数据，其作用是让数据单元的接收者证明数据单元的来源和完整性，并防止数据伪造。

利用数字签名技术可以验证用户身份和验证消息完整性，是认证服务最核心的技术。数字签名技术也用于防抵赖。常用的数字签名算法有 RSA 算法和 DSA 算法等。

3. 访问控制（Access Control）机制

访问控制机制是对资源实施访问权限的各种机制。访问控制机制用于实现访问控制服务。

访问控制机制在用户（或代表用户执行的进程）与系统资源（如应用、操作系统、防火墙、路由器、文件和数据库）之间工作。访问控制和身份认证一起使用，首先，系统必须验证试图访问的用户。然后，访问控制机制决定是否允许这个用户具体的访问请求。

4. 数据完整性（Data Integrity）机制

数据完整性机制是用于确保数据单元或数据单元流的完整性的各种机制。数据完整性机制主要用于实现数据完整性服务。

数据完整性的作用是为了避免数据在传输过程中被修改、被删除等。通常使用散列函数和消息认证码来检验数据的完整性。常用的散列函数如 SHA-1。

5. 认证交换（Authentication Exchange）机制

认证交换机制是旨在通过信息交换来确保实体身份的机制。认证交换机制可用于实现对等实体认证服务和可用性服务。

6. 流量填充（Traffic Padding）机制

流量填充机制将额外的数据插入到正常通信的数据流的间隙中，以阻止流量分析攻击。

流量填充机制通过在传输数据的过程填充额外的数据，来隐瞒真实发送的数据的传输频率、数据的长度等特征。

7. 路由控制（Routing Control）机制

路由控制机制允许为某些数据选择特定的物理的安全路由，并允许改变路由，尤其是在怀疑安全性遭到破坏的情况下。

路由控制机制可为数据发送方选择安全的数据传输路径，避免发送方使用不安全的路径发送数据，提高数据的安全性。

8. 公证（Notarization）机制

公证机制使用受信任的第三方来确保数据交换的某些属性。公证机制用于实现不可抵赖性服务。

公证机制的作用在于解决收发双方的纠纷问题，确保两方利益不受损害。类似于现实生活中，合同双方签署合同的时候，需要将合同的第三份交由第三方公证机构进行公证。

安全机制用于实现安全服务，表 1-1 指出了安全服务和安全机制之间的关系。

表 1-1　安全服务和安全机制之间的关系

服　务	机　制							
	加密	数字签名	访问控制	数据机制完整性	验证交换	流量填充	路由控制	公证
对等实体认证	√	√			√			
数据源认证	√	√						
访问控制			√					
机密性	√						√	
流量机密性	√					√	√	
数据完整性	√	√		√				
不可抵赖性		√		√				√
可用性				√	√			

1.5　信息安全模型

信息安全模型是对信息安全相关结构、特征、状态和过程模式与规律的描述及表示。信息安全模型的作用主要包括借助信息安全模型可以构建信息安全体系和结构，并进行具体的信息安全解决方案的制定、规划、设计和实施等，也可以用于实际应用信息安全实施过程的描述和研究。下面介绍几种经典的信息安全模型。

1.5.1　网络通信安全模型

图 1-1 所示为通用的网络通信安全模型。通信的一方通过某种并不安全的网络（如 Internet）将消息传送给另一方。通信双方必须合作以便完成消息的交换。可以通过定义一条从源到目的地之间的路由，并且双方使用相同的通信协议（如 TCP/IP）来创建一条逻辑信息通道。

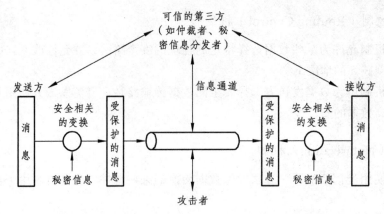

图 1-1　网络通信安全模型

当攻击者威胁消息的机密性、真实性的时候，就需要采用相应的安全技术了。能够保护信息传输安全的所有技术都包含以下两个方面：

（1）在待发送消息上进行的与安全相关的变换。如加密消息，让攻击者不能读懂消息，或者在消息上附加与消息内容有关的编码，用于验证发送方的身份。

（2）通信双方共享的某种秘密信息，并希望这些信息不为攻击者所知。如加密密钥，它与变换配合使用，在传输消息之前加密消息，在收到后解密消息。

为了实现安全传输，这个模型可能需要一个可信的第三方。比如，第三方可以负责向通信双方分发秘密信息；或者第三方可以在通信一方怀疑另一方消息的真实性的时候进行仲裁。

这个安全模型表明，设计一个特定的安全服务需要完成以下 4 个基本任务：

（1）设计一个算法，用来执行与安全相关的转换。该算法应是攻击者无法攻破的。

（2）生成算法所使用的秘密信息，如密钥。

（3）设计分发和分享秘密信息的方法。

（4）指定通信双方使用的协议，该协议利用（1）中的安全算法和（2）中的秘密信息实现特定的安全服务。

本书将会介绍一些符合这个安全模型的安全机制和安全服务。

1.5.2　信息访问安全模型

图 1-2 所示是另一种安全模型，该模型希望保护信息系统不受有害的访问。有害访问有两种来源。一种是非法用户。很多人都了解黑客引起的安全问题，黑客会尝试通过网络进入可访问的系统。黑客可能并没有恶意，只是想从对计算机系统的入侵中获得成就感。除了黑客，入侵者也可以是心怀不满而想进行破坏的员工，或者是试图利用计算机系统获利的犯罪分子。另一种有害访问来自恶意软件，如病毒、木马、蠕虫等。

对付有害访问所需要的安全机制分为两大类。第一类是身份验证机制，包括最常用的基于口令的身份认证，目的是确保只有合法的用户才可以访问信息系统。第二类可称之为屏蔽机制，旨在检测和拒绝蠕虫、病毒和其他类似的攻击。无论是非法用户，还是恶意软件，一旦它们获得了对信息系统的访问权，那么由各种内部控制程序组成的第二道防线就监视其活动，分析存储的信息，以便检测非法入侵者。

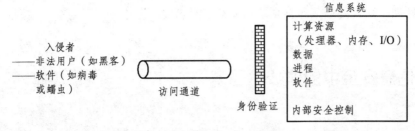

图 1-2　信息访问安全模型

1.5.3　动态安全模型

上述两个安全模型本质上属于静态安全模型。但是，信息环境是一个动态变化的环境，面临着信息业务的不断发展变化、业务竞争环境的变化、信息技术和攻防技术的飞速发展。同时系统自身也在不断变化，如人员流动、软硬件系统不断更新升级等。总之，要面对这样一个动态的系统、动态的环境，必须要用动态的安全模型、方法、技术来应对安全问题。PPDR（Policy Protection Detection Response）就是一种动态安全模型。它是由美国的 ISS 公司提出的，如图 1-3 所示。

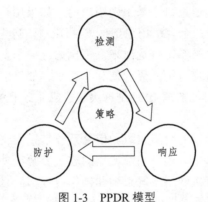

图 1-3　PPDR 模型

PPDR 模型包括 4 个主要部分：安全策略（Policy）、防护（Protection）、检测（Detection）和响应（Response）。

（1）策略：根据风险分析产生的安全策略描述了系统中哪些资源要得到保护，以及如何实现对它们的保护等。策略是该模型的核心，所有的防护、检测和响应都是依据安全策略实施的。

（2）防护：通过修复系统漏洞、正确设计开发和安装系统来预防安全事件的发生；通过定期检查来发现可能存在的系统脆弱性；通过教育等手段，使用户和操作员正确使用系统，防止意外威胁；通过访问控制、监视等手段来防止恶意威胁。采用的防护技术通常包括数据加密、身份认证、访问控制、授权和虚拟专用网（VPN）技术、防火墙和数据备份等。

（3）检测：是动态响应和加强防护的依据，通过不断地检测和监控网络系统，来发现新的威胁和脆弱点，通过循环反馈来及时做出有效的响应。当攻击者穿透防护系统时，检测功能就发挥作用，与防护系统形成互补。采用的检测技术主要是入侵检测系统。

（4）响应：系统一旦检测到入侵，响应系统就开始工作，进行事件处理。响应包括紧急响应和恢复处理，恢复处理又包括系统恢复和信息恢复。

1.6 信息安全中的非技术因素

通常在谈到信息系统的安全时，人们关注较多的是技术层面，即一个系统的具体实现，需要哪些硬件系统和软件系统等；而另一层面，即所谓的软环境，则经常被忽略，如安全管理制度（包括对物的管理和对人的管理，尤其对人的管理常常存在疏漏）、人员培训，以及系统运行的社会环境——现行法律法规的支持等。越来越多的系统实例表明，硬件和技术层面的问题是容易解决的，而管理、制度和法律法规等软环境层面的问题较难解决。

1.6.1 信息安全中人员培训和管理问题

根据美国 FBI/CSI 等权威机构的调查，超过 85%的安全威胁来自组织内部。事实上，信息安全的现实威胁主要是内部人员的疏忽和犯罪行为。

比如，计算机系统一般是通过口令来识别用户的。如果用户提供正确的口令，则系统会认为该用户是合法用户。假设一个合法用户把他/她的账户信息告诉给了其他人，那么非法用户也可以使用系统，并且无法被系统察觉出来。再比如，一个员工可能会依照一个电话请求改变自己的口令，而给攻击者提供了入侵的便利。还有，如果组织没有严格的管理规定，员工可以随意设置 IP 地址，则可能造成 IP 地址冲突，造成业务的中断。因此，对员工进行安全技术培训和安全意识教育十分重要。

除了个人疏忽或不负责的行为会给组织的信息系统带来安全威胁，内部人员也可能出于报复而主动攻击信息系统。这个时候，内部人员的攻击威胁比外部人员更加危险。因为内部人员通常比较清楚组织的计算机网络系统架构和操作规程，而且通常还会知道足够的口令跨越安全控制，而这些安全控制足以把外部攻击者挡在门外了。

安全通常不会给企业带来直接的经济效益，但它能有效避免损失。比较糟糕的是，企业一般都认为在安全上的投资是一种浪费，而且为系统添加安全功能往往会使原来简单的操作变得复杂，从而降低处理效率。

信息安全不仅靠组织和内部人员具有相应的安全技术知识、安全意识和领导层对安全的重视，还必须制定一套明确责任、明确审批权限的安全管理制度，以及专门的安全管理部门，从根本上保证所有人员的规范化行为和操作。

1.6.2 法律与道德

除了技术手段，法律和道德手段也是维护信息安全的重要方法。

1．计算机犯罪

大多数计算机攻击行为都可以被归类为犯罪，甚至会受到刑事处罚。计算机犯罪或者网络犯罪是指以计算机或计算机网络为工具、目标或场所来实施犯罪的行为。美国司法部按照计算机在犯罪行为中所扮演的角色，将计算机犯罪分为以下几类：

（1）以计算机为目标：这种类型的犯罪以计算机系统为目标，其目的是获取计算机系统中所存储的信息，非授权或未付费地获取目标系统控制权，或破坏数据的完整性，或影响计算机或服务器的可用性。

（2）以计算机为存储设备：计算机或计算机设备在犯罪行为中被用作被动存储介质。例如，利用计算机来存储窃取的用户口令、信用卡及电话卡号码、企业资料、色情图片或盗版软件等。

（3）以计算机为通信工具：这类犯罪行为大多数是利用网络实施的传统犯罪。例如，在网络上非法销售处方药、管制物品、酒精及枪支，进行网络诈骗，网络赌博，以及网络色情交易等。

针对计算机犯罪，各国都制定了或正在制定相应的法律法规。2016年11月7日，中华人民共和国全国人民代表大会常务委员会发布的《网络安全法》，是我国第一部全面规范网络空间安全管理方面问题的基础性法律，是我国网络空间法治建设的重要里程碑，是依法治网、化解网络风险的法律重器，是让互联网在法治轨道上健康运行的重要保障。《网络安全法》将原来散见于各种法规、规章中的规定上升到人大法律层面，对网络运营者等主体的法律义务和责任做了全面规定，包括守法义务，遵守社会公德、商业道德义务，诚实信用义务，网络安全保护义务，接受监督义务，承担社会责任等，并在"网络运行安全""网络信息安全""监测预警与应急处置"等章节中进一步明确、细化。在"法律责任"中则提高了违法行为的处罚标准，加大了处罚力度，有利于保障《网络安全法》的实施。《网络安全法》自2017年6月1日起施行。

计算机犯罪的本质决定了想要对所有犯罪都进行成功起诉是比较困难的。对执法机构来讲，起诉网络犯罪呈现出特殊的困难。对犯罪行为的深入调查需要执法者对技术具有相当程度的掌握。另外国际环境也是执法者的一大障碍，网络犯罪的实施者距离其攻击目标越来越远，可能位于另外一个司法管辖区，甚至身处海外。而相距甚远的执法机构之间沟通与合作的缺乏也会阻碍相关调查的进行。

2. 计算机相关的知识产权

许多种类的知识产权都与计算机和网络安全存在着紧密联系。比较重要的知识产权类型有软件（包括商用软件、共享软件、内部使用的专有软件，以及个人开发的软件等）、数据库、数字内容（包括音频文件、视频文件、多媒体文件、课件、网页内容等原创数字作品）、算法等。

在数字内容的权益保护方面，《数字千年版权法》（Digital Millennium Copyright Act，DMCA）在全世界都具有深刻的影响。本质上来讲，该法案加强了数字领域内的知识产权保护力度。《数字千年版权法》鼓励著作权持有人使用技术措施保护他们的著作。这些技术措施可被归为两类：防止他人非法使用著作及防止他人非法复制著作。而且，该法案也禁止任何企图规避这些措施的行为。

除了《数字千年版权法》，《数字版权管理》（Data Rights Management，DRM）也为完整的数字产品生命周期和与数字产品相关的版权信息提供一整套管理机制。数字版权管理明确规定了数字版权的合法持有者，同时确保该持有者获得著作的全部收益。该套制度与程序在对数字产品的使用上做出了更为严格的限制，例如，禁止出版或发行未经许可的数字产品。数字版权管理并没有一个严格的标准或架构，它包含了许多知识产权方面的管理手段及执行措施。它通过提供安全可信的服务来控制数字产品的发行和使用。

3. 道德问题

由于当今各类组织所拥有的信息系统越来越重要与普遍，存在很多对各类信息与电子通信误用与滥用的潜在问题，这给我们带来了许多隐私和安全难题。除了法律问题，信息的误用与滥用更多的是职业道德方面的问题。

从某种程度上讲，目前对于从事信息行业及使用信息系统的人员应该具备何种职业操守还没有一个统一的标准。一些组织给出的计算机从业人员职业道德规范的共同主题包括：① 为社会和人类的福祉做出贡献；② 尊重他人的隐私、尊严和价值；③ 保持个人的正直与诚实；④ 对工作负责；⑤ 尊重他人的知识产权。

1.7　实践练习——保护个人隐私

在这个互联网技术迅猛发展的年代，你会发现个人隐私随时会被"侵犯"。有网友说，自己只不过在某电商平台下单买过一次婴儿尿片而已，随后便收到来自四面八方的母婴产品信息"轰炸"，烦不胜烦。在这个互联网盛行的时代，大数据无疑是当前热门的话题，对产业界、教育界和学术界都正在产生巨大的影响，甚至连同我们的个人生活，都在经历前所未有的科技变革。

随着智能手机及智能穿戴设备的出现，我们日常的行为和位置，甚至身体数据的细微变化，都可能成为被记录和分析的数据。社交网络应用会通过我们的在线活动，得知我们是喜欢喝咖啡还是热爱喝啤酒，喜欢购物还是喜欢旅游，然后有针对性地在我们的个人页面投放最新广告。

当网络攻击、虚假新闻、网络暴力成了互联网的顽疾后，我们迫切需要设立一个和过去不一样的"隐私保护模式"。以下是一些保护个人隐私的方法：

（1）尽量少在社交网络上暴露自己的真实信息（名字、电话、住址、单位等）。

（2）彻底关闭不常用的社交账号，并对任何第三方的程序保持警惕。

（3）如果没办法彻底删除信息痕迹，那么至少可以制造一些假象。例如，把生日和所在地改掉。

（4）尽量不使用公共 WiFi。一定要使用时，不要登录社交网站、邮箱和使用即时通信软件。因为这可能会泄露手机号码、设备的 MAC 地址或账户信息。

（5）不使用移动设备中的 WiFi 和蓝牙时，应关闭它们。WiFi 探针是最近几年开始出现的手机设备追踪技术。只要移动设备的 WiFi 处于打开状态，无论是否连接上 WiFi，探针都能记录下设备的 MAC 地址。蓝牙的探针也能记录蓝牙设备的 ID，跟上面 WiFi 探针情况类似，关闭蓝牙更保险。

（6）不使用 GPS 功能时，应关闭它。

在计算机系统上，我们还可以使用以下做法来保护自己的隐私：

（1）个人计算机要经常清理 Cookie，必要的话还应该删除使用浏览器浏览的临时文件、历史记录等。

在 Windows 7 的 IE 浏览器中，清理上述数据的方法是：在"控制面板"→"网络和 Internet"→"Internet 选项"→"常规"中点击"删除"，如图 1-4 和图 1-5 所示。Cookie 是某些网站为了辨别用户身份、进行会话跟踪而储存在用户本地终端上的数据（通常会经过加密）。

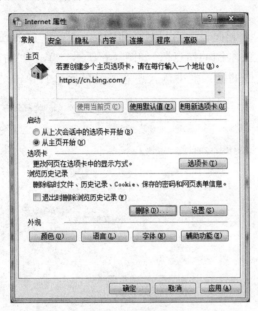

图 1-4　Internet 常规属性对话框

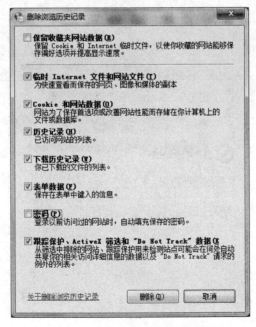

图 1-5　删除浏览历史数据

（2）使用公共计算机浏览网络时，不要让系统自动记住我们的账户信息。使用完毕后立即删除临时文件、历史记录、Cookie、保存的密码等。

（3）使用信誉良好的浏览器，如 Chrome 或 FireFox 浏览器，或者频繁地更换不同的浏览器。因为很多浏览器端对人的追踪已经不依靠 Cookie，而是依靠 Canvas Fingerprint 之类的技术。

（4）设置受限站点。Internet 上有一些恶意网站会窃取用户信息，在充分了解了这类网站基本信息的情况下，可以把这些网站的网址加到浏览器的"黑名单"里。当使用 IE 浏览器访问它们时，浏览器将禁用很多插件或控件，以避免与它们进行危险的交互，同时提供更多的防护功能。

设置方法如下：在"控制面板"→"网络和 Internet"→"Internet 选项"中选择"安全"标签，在对话框中选择"受限制的站点"，如图 1-6 所示。单击"站点"按钮，弹出的对话框如图 1-7 所示。在该对话框的输入框中输入恶意网站的网址，单击"添加"即可。

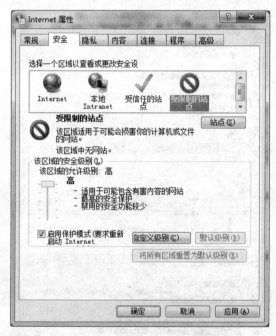

图 1-6　Internet 安全属性对话框

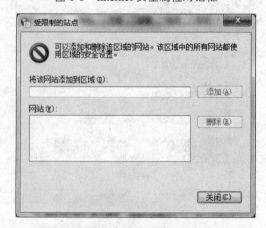

图 1-7　将恶意网站添加到受限制的站点

（5）使用代理服务器访问 Internet 网络。

代理服务器（Proxy）是一种特殊的网络服务，允许一个网络终端（一般为客户端）通过这个服务与另一个网络终端（一般为服务器）进行非直接的连接。一些网关、路由器等网络设备具备网络代理功能。一般认为代理服务有利于保障网络终端的隐私或安全，防止攻击。

只要知道代理服务器的 IP 地址和端口，直接在浏览器中设置即可。方法如下：在"控制面板"→"网络和 Internet"→"Internet 选项"的"Internet 属性"对话框中选择"连接"标签，如图 1-8 所示。单击"局域网设置"按钮，如图 1-9 所示。选择"为 LAN 使用代理服务器"的复选框，然后单击"高级"，弹出的"代理服务器设置"对话框，如图 1-10 所示。根据使用的代理服务器的类型，填入代理服务器的 IP 地址和端口号，点击"确定"按钮即可。

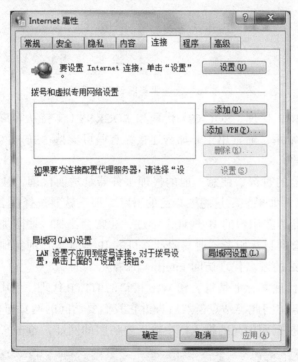

图 1-8　Internet 连接属性对话框

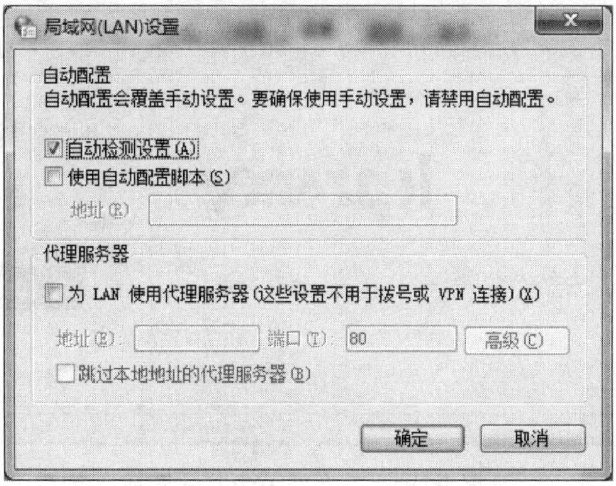

图 1-9　局域网（LAN）设置对话框

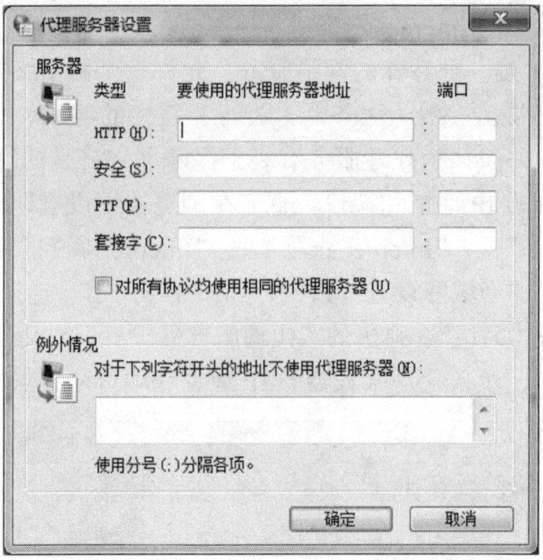

图 1-10　代理服务器设置对话框

代理一般分为 HTTP 代理、SOCKS4 代理和 SOCKS5（支持从客户端到代理服务器的认证）。HTTP 代理比较常用，通常用于非加密连接，有些可支持 SSL。网络上有很多代理服务器，有免费的、付费的。

在使用代理服务器的时候，注意一般的代理服务器是透明代理，通常不隐藏请求来源的信息（IP 地址）。所以，如果想尽量隐匿自己的行踪，那么就要选择匿名代理或高匿名代理。前者不会向目标服务器透露用户的 IP 地址，不过，通常会添加一些附加信息以表明请求来自代理服务器，后者不会向目标服务器泄露源计算机的 IP 地址或任何其他信息。

（6）使用基于 Web 的匿名代理访问 Internet 网络。

基于 Web 的匿名代理实际上是封装到 Web 接口的 HTTP 代理。使用它，我们无须配置浏览器的代理设置，只需访问此类站点，然后告诉它我们要访问的网页即可。图 1-11 所示为免费的 Web 代理页面。在页面中间的输入框中输入要访问的网址，单击"surf!"即可访问。

图 1-11　一个免费 Web 代理页面

需要说明的是，尽管我们可以通过代理方式来隐匿自己的行踪，但是，仍然有可能被识别出来。最主要的原因是浏览器和各种插件会暴露我们的很多信息。另外，网页上的某些代码也能够让 Flash 执行不经过代理的连接，这会泄露我们的 IP 地址。

习 题

1. 信息安全的 3 个关键目标是什么？
2. 信息安全的主要内容包括哪几个方面？
3. 举例说明"数据本身是否存在"也是一项机密数据。
4. 数据完整性包括哪两个方面的内容？
5. 威胁信息系统安全的攻击有哪几种？
6. 为什么窃取攻击不容易被发现？
7. OSI 安全体系结构的安全服务有哪些？
8. OSI 安全体系结构的特定安全机制有哪些？
9. 列表给出 OSI 安全体系结构的安全服务与特定安全机制之间的关系。
10. 你能给出网络通信安全模型和信息访问安全模型的具体例子吗？
11. 为什么企业对员工进行安全技术培训和安全意识教育十分重要？
12. 请给出 5 个计算机犯罪的具体行为。
13. 与计算机和网络安全有关的知识产权类型有哪些？
14. 什么是 DRM？
15. 使用移动设备时，如何保护个人隐私？
16. 为什么在网络上很难隐匿自己的行踪？

第 2 章　密码技术

学习目标

（1）能够描述计算机诞生之前，对消息进行保密的两种基本的编码方法。

（2）了解攻击对称加密方案的两种方法。

（3）能够描述 DES 算法的轮运算过程。

（4）了解 3DES 和 AES 算法的工作过程。

（5）理解对称密码的 3 种工作模式：ECB、CBC、CTR。

（6）理解流密码与块密码的不同，以及流密码的基本原理。

（7）能够描述公钥密码的基本思想。

（8）能够描述 RSA 算法的构造过程。

（9）了解 Diffie-Hellman 算法的原理及过程。

（10）了解 SHA-512 算法的工作流程。

（11）能够描述数字签名及验证签名的过程。

（12）解释 PKI 及其构成要素。

（13）了解 Windows EFS 的原理及使用。

（14）能够解释签名文件的验证过程（包括证书链的验证）。

密码技术是很多安全技术的基础，可以这样说，没有密码技术，就没有 Internet 尤其是电子商务的蓬勃发展。密码技术的最初目的是实现信息的保密，后来发展到也用于数字签名、消息认证、身份认证等。在现代计算机诞生之前的早期，信息保密一般是通过伪装、隐藏，或让人难以辨认的方式实现的。现代计算机诞生后，密码技术发生了巨大的变化，不仅编码方法更加复杂了，而且也出现了新的密码技术，应用领域非常广泛。

本章首先简单介绍了现代计算机诞生之前保密的历史。然后介绍了主要用来提供机密性服务的对称密码技术，包括重要的对称加密算法。接下来介绍了公钥密码（也称非对称密码）的基本思想及重要的公钥密码算法。公钥密码最重要的应用是数字签名，所以最后介绍了数字签名及与之相关的散列函数、公钥证书（也称数字证书）等技术。

2.1　加密的历史

很久以前，数据保密并不难。数百年以前，在很多人不识字的时候，仅仅使用书面语言就足以使得信息不为大众所知。那个时候，要保密的话，只需要把信息记录下来，不让那些读得懂的少数人看到它们，并且防止其他人学习怎么读懂它们就行了。如果信息是用一种读不懂的语言写的，要破解并知道其含义是非常困难的。

历史告诉我们，重要的秘密是通过用文字记录下来并对能读懂的人隐瞒实现的。公元前 4 世纪，波斯边境的守卫允许空白的蜡写板通过边境，但是这个板上却隐藏了向希腊警告即将发生袭击的消息，这个消息只是被一层薄薄的新蜡盖住了。也曾有人把消息纹在送信人剃光的头上。当送信人的头发重新生长出来时，他们可以低调地穿越敌人的土地。当他们到达目的地时，他们的头发被再次剃光，纹在头上的消息就显露出来了。古代军事领导人没花多长时间就研究和使用了更加复杂的技术。从那以后，为了超越那些想知道秘密信息的人，保密就成了一种使用日益复杂的技巧的过程。当以普通的书面语言隐瞒消息和隐瞒的消息自身变得过时之后，使用某种规则来保密消息逐渐得到人们的重视。

2.1.1 早期的加密技术

早期的加密试图使用换位（Transposition）来对消息进行编码，也就是简单地重新排列消息中字母的顺序。当然，这种重新排列必须遵循某些规则，否则消息接收者将无法恢复消息。公元前 5 世纪，斯巴达人使用的密码棒是最早使用换位编码模式的记录。密码棒是一种被纸条缠绕的木棒，在木棒的一侧写下消息，解开纸条后，消息便无法读懂。这样，即使送信人被抓，消息也是安全的。安全抵达目的地后，把纸条以同样的方式缠绕在完全相同的木棒上，就可以读出消息了。

其他早期的加密使用替代（Substitution）法。替代法简单地用另一个字符替换消息中的每一个字符。凯撒密码（Caesar cipher）就是一个例子。要使用这种方法，可以在纸上从左到右按顺序列出 26 个字母，与接收方协商好替换字母 A 的另一个字母，然后在列出的 26 个字母下面按序排列出各自对应的替换字母，遇到 Z 则循环到 A 继续。比如说，经协商，确定替换字母 A 的字母是 E，则替代关系如下：

A	B	C	D	E	F	G	H	I	J	K	L	M	N	O	P	Q	R	S	T	U	V	W	X	Y	Z
E	F	G	H	I	J	K	L	M	N	O	P	Q	R	S	T	U	V	W	X	Y	Z	A	B	C	D

有了这个替代关系表之后，要加密某个消息非常简单：对于消息中的任何一个字母，检索表中的第一行，用其下面的字母替换它即可。例如，消息"The administrator password is secret"加密后的结果是"Xli ehqmrmwxvexsv tewwasvh mw wigvix"。要解密消息，只需在替代表的第二行中检索加密后的信息中的每一个字母，用其上面的字母替换它即可。

这些加密方法的有效性，依赖于加密规则或加密算法的保密性。人们早就认识到这种做法并不可靠，因为早晚会有人推导出所用的算法，到那时，所有加密的消息都会被破解。另外，对于单表替代算法（使用一个字母表），如前面的凯撒密码，通过统计每个字母出现的频率就可以轻易地破解。其原理基于这样一个事实：用英语表达的书面语中，某些字母出现的频率要高于其他字母。所以，如果你有足够多的加密消息样本，你就能利用各个字母在书面语中的统计特性破解这些加密的消息。这就是频率分析法，它是密码分析（Cryptanalysis）的一个例子。

因为单表替代算法的这个缺点，后来出现新的替代算法，也即多表替代算法。这些算法使用多个字母表，不会被简单的频率分析法破解。其中最著名的一个算法叫作维吉尼亚（Vigenere）密码，它使用一个密钥字并利用模数运算，来确定对于消息中的每一个字母要使用哪一个字母替换。Vigenere 密码把 26 个字母 a、b、c、…、z 分别映射成数字 0、1、2、…、25。消息的第一字母与密钥字的第一个字母对应，依序排列消息和密钥字的其余字母，密钥字不足则不断重复。加密时，消息中的每一个字母与密钥字中对应的字母相加，除以 26 的余数对应的字母就是加密后的字母。解密时，加密后的字母减去密钥字对应的字母（如果为负则加上 26），结果对应的字母就是加密前的字母。这里有一个简单的例子。假如密钥字是"deceptive"，消息是"wearediscoveredsaveyourself"（为简化，去掉了空白），加密示例如下：

消息：　w e a r e d i s c o v e r e d s a v e y o u r s e l f
密钥字：d e c e p t i v e d e c e p t i v e d e c e p t i v e
结果：　Z I C V T W Q N G R Z G V T W A V Z H C Q Y G L M G J

Vigenere 密码是由 16 世纪的法国外交家 Vigenere 设计的，它在长达 300 年的时间内都没有被破解。其中一个原因是它有无限多种密钥，也就是它的密钥空间非常大。它使用的密钥，可以是一个单词，也可以是字母的随机组合，其长度可变，并且可以使用任意可能的字母组合。

密钥是对消息进行加密的时候使用的秘密值或秘密信息。前面提到的凯撒密码也有密钥，也就是"用哪个字母替换起始字母 A"这个信息。容易看出，凯撒密码只有 25 个密钥。一般来说，密钥空间越大，越难被破解。这也是凯撒密码易被破解的一个原因。

无论哪一种加密方法，如果加密算法被人知晓，在知道密钥的前提下，所加密的任何消息都将被破解。所以，密钥空间大并且密钥不被泄露是保密的关键。一次一密钥是最安全的，原因是它的密钥空间无限大，并且每次使用的密钥都不同；即使推导出密钥，也只会影响当前消息。历史上首次使用一次一密钥，是通过便笺簿来记录各个密钥的。便笺簿的每一页记录一个不同的密钥。通信双方各自有一个内容相同的便笺簿。从第一页开始，双方按序使用密钥。对于每一个消息，使用一个新密钥加密，使用完毕，撕掉那个密钥。这个技术在第一次世界大战期间被成功运用，并且常常在 Vigenere 密码中使用。

2.1.2 近代的加密技术

如今的计算机上使用的加密算法都非常复杂，不过它们的源头却是殖民时代的简单的物理加密装置。这类早期加密装置的一个例子是密码盘。密码盘由两个圆盘组成，每个圆盘的边缘都刻有字母表。因为圆盘的直径不同，所以以不同密码盘上的字母表对齐的方式也不同。为了使加密更加复杂化，可以选择一个偏移量或者起始点。只有持有相同的密码盘并且知道偏移量的人才能够产生同样的字符流。

1918 年，德国的 Enigma 机器采用了相同的原理，但是它有 15 000 个可能的初始设置。即使拥有这台机器，也不能保证能成功破译，因为你必须知道初始设置才行。你可以想象一系列旋转器和变速器，它们在使用时会改变它们的位置。输入字母 D，稍后你会得到字母 F。输入另一个 D，你可能会得到 G 或者 U。虽然这种编码看似随意，但是如果你拥有相同的机器并且配置方式完全相同，则可以重现它。这种机器在第二次世界大战期间被广泛使用，不过，有人借助数学、统计学和计算机破解它的编码规则。

同时期也出现了其他加密装置。美国政府的 Sigaba 机器看起来像早期的打字机，它是第二次世界大战期间唯一未被破解的加密机器。其他加密机器有为英、美之间安全通信而设计的 Typex、兼具加密和传输功能的美国的 Tunney 和 Sturgeon 及日本的 Purple 和 Jade 加密机。

2.2 计算机时代的对称加密

伴随着现代计算机的诞生，密码技术也发生了巨大的变化，不仅更加复杂了，而且出现了全新的密码技术。计算机上的密码技术的最初目的，与早期的密码技术是一样的：保密。本节首先介绍对称加密（Symmetric Encryption）的基本概念，然后讨论两个最重要的对称加密算法——DES（Data Encryption Standard）和 AES（Advanced Encryption Standard），它们是块加密算法，最后介绍对称流加密算法的概念。

2.2.1 对称加密

对称加密，也叫传统加密或单密钥加密，是 20 世纪 70 年代后期公钥密码出现之前唯一的一种加密类型。无数的个人和团体，从罗马军事统帅凯撒到两次世界大战德国的潜艇部队，再到今天许多的外交、军事和商业活动，都使用对称加密来进行秘密通信。对称加密现在仍然是两种加密类型中使用最广泛的加密类型。

为方便讨论和理解，先给出对称加密中常提到的几个术语的含义：

（1）明文（Plaintext）：未加密前的消息或数据。

（2）密文（Ciphertext）：明文经过加密后的结果。如果明文是可读的消息，密文则不可读。密文既与明文有关，也与密钥有关。对于给定的消息，不同的密钥将会产生不同的密文。

（3）加密（Encryption）：把明文变换成密文。

（4）解密（Decryption）：从密文恢复出明文。

（5）密钥（Secret key）：加密和解密时使用的秘密信息。加密/解密算法所执行的精确的替换和变换依赖于密钥。

（6）加密算法：在密钥的参与下，对明文执行各种替换和变换操作，将明文转换成密文。

（7）解密算法：本质上是加密算法的逆运算。在密钥的参与下，解密算法将密文转换成明文。

图 2-1 给出了对称加密的简化模型。

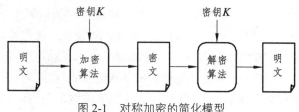

图 2-1　对称加密的简化模型

要安全地使用对称加密，必须满足以下两条：

（1）加密算法要强壮。至少要满足：即使敌手拥有一定数量的密文和用于产生这些密文的明文，他也不能够破解密文或发现密钥。

（2）密钥必须保密。如果要加密通信中的消息，发送方和接收方必须以一种安全的方式获得密钥。如果某人能够发现密钥，并且知道所采用的加密算法，那么他将能够解密所有使用那个密钥加密的消息。

攻击对称加密方案有两种通用的方法。第一种是密码分析（Cryptanalysis）攻击。密码分析攻击依赖于算法的特点，加上明文的一般特征的某些知识，或者甚至一些明文-密文对样本。这种攻击试图利用算法的特点推导出特定的明文或推导出所使用的密钥。如果成功地推导出了密钥，其影响将是灾难性的：所有未来和过去使用那个密钥加密的消息都会被破解。

第二种是蛮力攻击（Brute-force）。蛮力攻击对一个密文尝试所有可能的密钥，直到将其转换成一个可理解的明文。平均而言，必须尝试所有可能密钥的一半才能成功破解一个密文。也就是说，如果存在 N 个不同密钥，一般情况下，攻击者需要尝试 N/2 个密钥才能找到真正的密钥。值得注意的是，蛮力攻击并不是仅仅简单地尝试所有可能的密钥。除非提供了已知的明文，攻击者必须能够识别出明文。如果消息只是英文文本，那么很容易被识别出来，尽管识别英语的任务必须是自动化的。如果在加密之前对文本消息进行了压缩，那识别就很困难了。如果消息是一些更通用的数据类型，如二进制文件，并且进行了压缩，则识别就更加难以实现自动化了。因此，作为对蛮力攻击的补充，攻击者还需要对预期的明文的相关知识有一定的了解，并且还需要知道一些自动区分明文和乱码的方法。

2.2.2　对称块加密算法

使用最广泛的对称加密算法是块密码（Block Cipher）。块密码以定长的块处理输入的明文，对每一个明文块产生一个等长的密文块。它将较长的明文划分为一系列定长的块。最重要的对称加密算法——DES、3DES 和 AES，都是块密码。下面简单介绍一下这几个算法。

1. DES（Data Encryption Standard）

直到最近，使用最广泛的加密方案还是基于 DES。DES 在 1977 年被美国国家标准局，即现在的美国国家标准和技术研究所（NIST），采纳为联邦信息处理标准。

DES 算法描述如下：采用 64 bit 的明文块和 56 bit 的密钥；较长的明文被分成多个 64 bit 的明文块；对每一个明文块，采用同样的处理，产生一个 64 bit 的密文块，如图 2-2 所示。这个处理包括 16 轮相似的操作。由最初的 56 bit 密钥产生 16 个子密钥（图中的 K_1、K_i、K_{16}），分别用在每一轮操作中。

对每一个明文块的具体操作描述如下：对明文块进行"初始换位"（按照确定的规则对 64 bit 二进制数重新排序），然后分成等长的两个部分，L_0 和 R_0。这两部分数据经过 16 轮相似的操作后组合成密文块。对这个密文块进行"逆初始换位"后，就得到明文块加密后的密文块。

第 i 轮操作的输入 L_{i-1} 和 R_{i-1} 来自上轮操作的输出。每轮操作都是相似的：当前数据的右半部分和对应的子密钥作为轮函数 f 的输入，轮函数 f 的输出与当前数据的左半部分相异或（XOR），其结果作为下一轮数据的右半部分；当前数据的右半部分直接作为下一轮的左半部分。

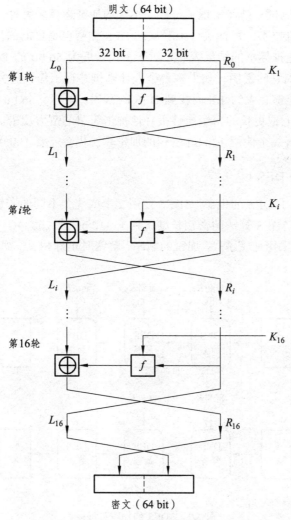

图 2-2　DES 加密的轮运算

　　DES 算法中的轮函数 f 比较复杂，包括数据的扩展、压缩、替代等运算。这里不讨论它。

　　DES 算法的解密过程本质上和加密过程是一样的。规则如下：将密文作为 DES 算法的输入，只是逆序使用子密钥 K_i。也就是说，K_{16} 用于第 1 轮，K_{15} 用于第 2 轮，……，直到 K_1 用于第 16 轮即最后一轮。

　　人们对 DES 的强度的担忧包括两个方面：一是算法自身是否安全，二是所使用的 56 bit 密钥是否太短。前者关注利用 DES 算法的特点对它进行密码分析的可能性。多年来，人们已进行无数次的尝试，试图发现并利用 DES 算法中存在的漏洞，DES 也因此成为被研究的最深入的加密算法。尽管人们采用各种方法研究 DES，至今还没有任何人报告 DES 存在致命的漏洞。

　　DES 使用 56 bit 的密钥是它不再安全的主要因素。56 bit 密钥共有 2^{56} 种可能，大约有 7.2×10^{16} 个密钥。考虑到现在商用处理器的速度，这个密钥空间是严重不足的。当然，这是因 56 bit 的密钥长度过短造成的。来自希捷科技公司的一篇文章指出，在现今的多核计算机上，每秒尝试 10 亿（10^9）个密钥组合是可能的。而 Intel（英特尔）公司证实了这一点。Intel 和 AMD（超微）公司现在提供了基于硬件的指令来加速 AES 的运行。在当前 Intel 多核机器上进行的多次 DES 加密测试，已经实现了每秒 5 亿次的加密运算。另外一个最近的分析表明，使用现在的超级计算机技术，每秒执行 10^{13} 次的 DES 加密也是可能的。

基于上述研究结论推导出的结果表明，对于密钥长度为 56 bit 的 DES 算法，一台个人计算机可以在一年内找到它的密钥；如果多台个人计算机并行工作，所需时间会大大缩短。今天的超级计算机应该能够在大约 1 h 内找到 DES 的密钥。所以，56 bit 密钥已使 DES 算法不再安全。不过，128 bit 或更长的密钥能够很好地抗击简单的蛮力攻击。即使我们设法将破解速度提高 10^{12} 倍，破解一个使用 128 bit 密钥的加密算法仍会需要 100 000 年的时间。

2. 3DES（Triple DES）

3DES 的使用延长了 DES 的生命。3DES 使用 2 个或 3 个不同的密钥，重复执行 3 次基本的 DES 算法。这使得 3DES 算法的密钥长度达到了 112 bit 或 168 bit。为了与早期的 DES 算法兼容，3DES 加密时采用加密-解密-加密的顺序，解密时正好相反。如图 2-3 所示。当令 $K_1=K_3$，密钥长度为 112 bit。

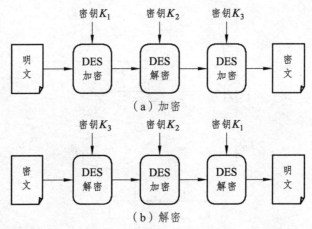

图 2-3　3DES 的加密和解密

3DES 有两个优点确保了它在未来几年里的广泛应用。首先，它的密钥长度可达 168 bit，这让它能够克服 DES 所面临的蛮力攻击问题。其次，3DES 底层的加密算法与 DES 是一样的。该算法在较长时间内受到比任何其他加密算法都更严格的审查，并且，除蛮力攻击外，没有发现任何基于该算法的有效密码分析攻击。因此，3DES 能够有效抵御密码分析攻击。如果安全性是唯一的考虑因素，那么 3DES 将成为未来几十年标准化加密算法的合适选择。

3DES 算法的主要缺点是其软件实现的速度比较慢。最初的 DES 是为 20 世纪 70 年代的硬件实现设计的，因此不适合产生高效的软件代码。3DES 因为需要执行 3 遍和 DES 一样的计算，所以其执行速度比较慢。3DES 的另一个缺点，是它使用和 DES 一样 64 bit 的块。出于效率和安全性的原因，它的块长度应该更大一些。

3. AES（Advanced Encryption Standard）

因为 3DES 存在的缺点，它不适合长期使用。作为替代，NIST 在 1997 年公开征集一种新的高级加密标准（AES），要求其具有与 3DES 相当或更好的安全强度，以及显著提高的效率。除了这些一般性的要求外，NIST 还规定 AES 必须是块长度为 128 bit 的对称块密码，并支持

128 bit、192 bit 和 256 bit 的密钥长度。评估标准包括安全性、计算效率、内存需求、硬件和软件的适用性及灵活性。第 1 轮评估通过了 15 个算法，第 2 轮将其缩小为 5 个。2001 年 11 月 NIST 完成了评估过程并发布了最终标准，选择 Rijndael 作为 AES 算法。AES 现已广泛用于商业产品中。

AES 并没有采用与 DES 类似的结构，其加密过程采用了如图 2-4 所示的结构。AES 有 4 个基本操作：字节替换、行移位、列混合和轮密钥加。在 AES 标准中，128 bit 的明文块被描述为一个字节矩阵。每元素为一个字节。每一个基本操作都是在矩阵上进行的。同样地，密钥也被描述为字节矩阵。两类矩阵中的字节都按列排序。比如，对于 128 bit 的明文块，其前 4 Byte 占据矩阵的第 1 列，接着的 4 Byte 占据矩阵的第 2 列，以此类推。密钥 K 被扩展为一系列密钥字：每个密钥字有 4 Byte；如果是 128 bit 密钥，则被扩展成 44 个密钥字。图 2-4 中的 w[0，3]、w[4，7]等就是密钥字。

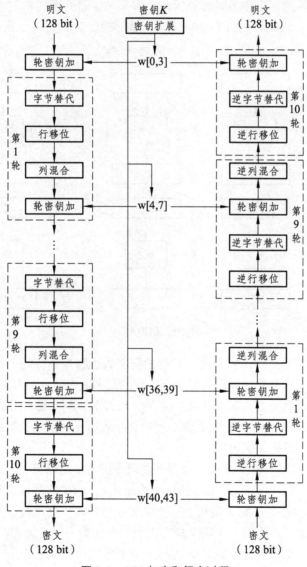

图 2-4　AES 加密和解密过程

AES 的 4 个基本操作中，字节替代使用一个被称为 S 盒的表对字节矩阵中的元素进行逐字节替换，行移位对字节矩阵中同一行内的元素在当前行内按规定进行移动，列混合根据同一列内的所有元素的值重新计算它们的值，轮密钥加简单地将当前的字节矩阵与一部分扩展密钥进行按位异或（XOR）。字节替代、行移位、列混合都是可逆操作。

2.2.3　对称块密码的工作模式

前面介绍了 3 种最重要的对称块加密算法。在实际使用这些算法加密数据的时候，如加密电子邮件、网络包、数据库记录等，被加密的数据通常大于 64 bit 或 128 bit，此时，必须将它们分成一系列固定长度的明文块（P_1，P_2，…，P_n），分别处理。

对多个明文块进行加密的最简单的方式是电码本（Electronic Codebook，ECB）模式。在这个模式中，使用相同的算法和相同的密钥 K，分别加密每一个比特的明文块 P_i，生成一个对应的 b 比特密文块 C_i。对于 DES 和 3DES，$b = 64$，对于 AES，$b = 128$。图 2-5 显示了 ECB 模式的工作过程。

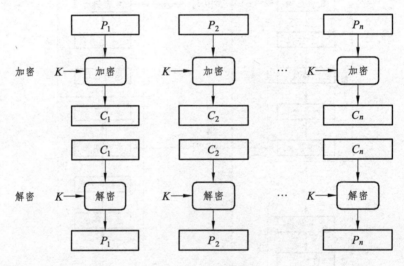

图 2-5　ECB 模式

如果消息中出现多个相同的明文块，它们的密文块也将是相同的。所以，对于长消息，ECB 模式的安全性会大大降低。如果消息是高度结构化的，密码分析者可能会利用这种规律。例如，如果已经知道消息总是以某个事先规定的字段开头，那么密码分析者就有可能会得到许多明文-密文对。如果消息有重复的成分，而重复的周期正好是块长度的倍数，那么这些成分都有可能会被密码分析者识别出来。

为了克服 ECB 的缺陷，希望设计一种方案使同一明文块重复出现时产生的密文块不同。一种简单的方案就是密码块链接（Cipher Block Chaining，CBC）模式。每次加密使用同一密钥 K，加密算法的输入是当前明文块和上一个密文块的异或。这样做，重复的明文块就不会产生相同的密文块。为了产生第一个密文块，需要一个初始向量 C_0，这是一个事先确定好的秘密值。解密时，每一个密文块解密后，再与上一个密文块异或来产生当前的明文块，如图 2-6 所示。

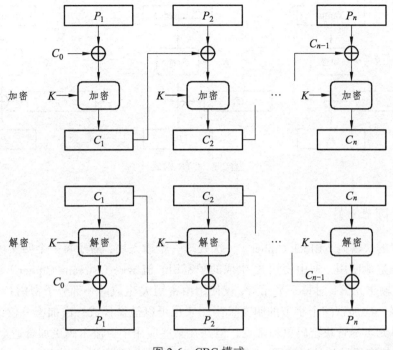

图 2-6 CBC 模式

由于 CBC 模式的链接机制，它对加密大于块长度的消息非常合适。CBC 模式除了能够获得保密性外，还能用于认证，可以识别密文是否被修改过。不过，当在网络上传输加密数据时，如果传输中的密文块出现错误，不仅会导致无法解密当前明文块，还会影响下一个明文块的正确解密。

计数器（Counter mode，CTR）模式是一种近几年开始受到关注的工作模式，尽管它很早就被提出来了。在 CTR 模式中，加密算法加密一系列与块长度相同的计数值，然后分别与明文块/密文块异或，产生密文块/明文块。使用 CTR 模式的唯一要求，就是每一个明文块/密文块对应的计数值必须不同。典型地，计数值被初始化为某个值，然后对随后的每一个块，其值加 1（模 2^b，b 是块的长度），如图 2-7 所示。

CTR 模式具有如下优点：能够并行处理多个明文块/密文块的加密/解密，能够提前处理加密操作，可以随机地加密任意明文块或解密任意密文块，只要求实现加密算法。

除了上述 3 种工作模式，还有很多其他工作模式，如密文反馈模式（Cipher Feedback，CFB）和输出反馈模式（Output Feedback，OFB）。这两种模式将块密码转换为流密码。

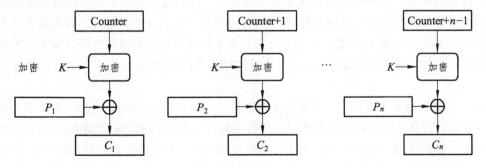

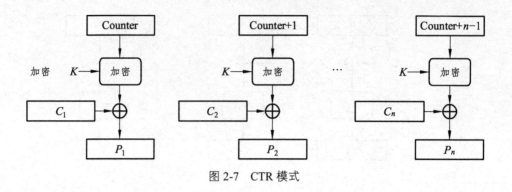

图 2-7　CTR 模式

2.2.4　流密码

前面介绍的块密码（Block Cipher）一次处理一个输入块，对于每一个明文块/密文块，以相同的方式完整地使用一遍由密钥 K 生成的子密钥。流密码（Stream Cipher）连续地处理输入元素，生成输出元素，对每一个元素，仅使用由密钥 K 生成的一部分子密钥（按顺序使用）。典型的流密码一次加密一个字节的明文，当然它也可以被设计成一次加密一位或比一个字节更大的数据单元。尽管块密码更加常见，但是在某些应用中，流密码更加合适。

图 2-8 是流密码结构的示意图。"伪随机字节生成器"把密钥 K 作为输入，输出一个随机的 8 bit 数字流。在不知道密钥 K 的情况下，这个伪随机的数字流是不可预测的，并且具有随机性。在流密码中，这个数字流被称作密钥流。将它逐字节地与明文字节异或，就生成密文字节流。因为异或的特性，将密文字节流与密钥流逐字节异或，就得到明文字节流。

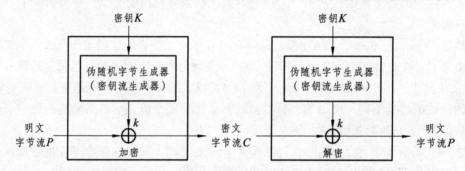

图 2-8　流密码结构

如果使用设计恰当的伪随机数生成器，流密码可以与具有适当密钥长度的块密码一样安全。与块密码相比，流密码的主要优势是速度更快，代码更少。块密码的优势是可以重复使用密钥。对于需要对数据流进行加密/解密的应用程序，如在一个数据通信的通道上或者一个浏览器/Web 链接，流密码可能是更好的选择。对于处理数据块的应用程序，如文件传输、电子邮件和数据库，块密码可能更加合适。尽管如此，流密码和块密码实际上可以用在任何应用中。

RC4 是知名的流密码算法。它是一个密钥长度可变（1 ~ 256 Byte）的、面向字节操作的流密码算法。该算法以随机置换为基础。分析表明这个算法的密钥流的周期可能超过 10^{100}。其运算速度非常快。RC4 用在 Web 浏览器和服务器之间进行安全通信时使用的 SSL/TLS 协议中，也用在 IEEE 802.11 无线局域网标准的 WEP（Wired Equivalent Privacy）和 WPA（WiFi

Protected Access）协议中。

  RC4算法相当简洁：使用密钥 *K* 来初始化一个 256 Byte 的状态矢量 *S*。用 *S* [0]、*S* [1]、…、*S* [255]来表示 *S* 的 256 个元素。任何时候，*S* 都包含了从 0 到 255 的所有整数的一个置换。以一种系统的方式从 *S* 的 256 个元素中选择一个元素作为子密钥 *k*，用于当前的加密或解密，也就是与明文或密文字节进行异或操作。每选出一个子密钥，*S* 中的元素都被置换一次。

  RC4算法的 C 语言代码如下：

```
/* 初始化 */
for（i = 0；i <= 255；i++） {
   S[i] = i ;
   T[i] = K[ i % keylen ];          // T 是一个临时矢量。K[]是密钥 K 的
                                     //一个字节元素。keylen 是 K 的长度

}
/* 对 S 进行初始置换 */
for（i = 0，j = 0；i <= 255；i++） {
   j =（j + s[i] + t[i]）% 256;
   temp = s[i]；s[i] = s[j]；s[j] = temp;

}
/* 产生密钥流 */
i = 0；  j =0;
while （1） {
   i =（i + 1）% 256;
   j =（j + S[i]）% 256;
   temp = s[i]；s[i] = s[j]；s[j] = temp;
   t =（S[i] + S[j]）% 256;
   k = S[t] ;                       //k 是子密钥

}
```

2.2.5　密钥分发

  当使用对称密码交换机密信息时，双方必须使用相同的密钥，并且不能让其他人知道这个密钥。此外，密钥也需要经常改变；如果长时间使用同一个密钥，一旦攻击者知道了密钥，大量使用此密钥加密的数据都会被破解。因此，任何加密系统的安全强度取决于密钥分发技术——如何将密钥秘密地分发给希望交换数据的双方。有几种方法可以实现密钥分发。对于 A 和 B 双方：

  （1）A 选择密钥，并亲自交给 B。

  （2）第三方选择密钥，并亲自交给 A 和 B。

  （3）如果 A 和 B 最近使用过密钥，一方选择一个新密钥并用旧密钥加密该新密钥，然后传送给另一方。

  （4）如果 A 和 B 各有一个与第三方相连的 C 的加密链路，C 可以通过加密链路把密钥发

送给 A 和 B。

方法（1）和（2）需要人工传递密钥。对于链路加密（Link Encryption），这个要求是合理的，因为每一个链路加密设备只与该链路另一端的加密设备交换数据。但是，对于端到端加密（End-to-End Encryption），人工传递密钥并不合适。在分布式系统中，任何主机或终端可能需要和许多其他主机或终端经常交换数据。所以，每个设备需要大量动态提供的密钥。这在广域的分布式系统中尤其困难。

方法（3）可以用于链路加密和端到端加密。但是，如果攻击者曾经成功地获得一个密钥，则所有后来的密钥都将暴露。即使在链路加密中频繁地更换密钥，也应该使用人工传递的方式。当为端到端加密提供密钥时，方法（4）更合适。

图 2-9 给出了在端到端加密中使用方法（4）分发密钥的一种实现的示意图。在该图中，链路加密被忽略了，可以根据需要添加或不添加它。在这个方案中，有两类密钥：

• 会话密钥（Session Key）：当两个端系统（主机、终端等）希望通信时，它们创建一个逻辑连接（如虚拟电路）。在这个逻辑连接存续期间，所有用户数据都使用一个一次性会话密钥加密。在会话或连接结束时，会话密钥被销毁。

• 永久密钥（Permanent Key）：永久密钥用于在两个端点之间分发会话密钥。

方法（4）中的第三方在图 2-9 中被称为密钥分发中心（Key Distribution Center，KDC）。KDC 决定哪两个系统可以相互通信。当允许两个系统创建连接时，KDC 为那个连接提供一个一次性的会话密钥。图中的安全服务模块（Security Service Module，SSM）执行端到端加密及为用户获取会话密钥，其功能可能在一个协议层上实现。

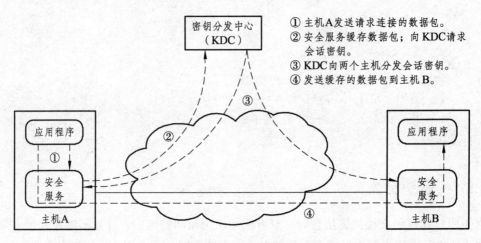

图 2-9　面向连接协议的自动密钥分发

图 2-9 中也给出了创建一个连接所涉及的步骤。当主机 A 希望与主机 B 建立连接时，它发送一个连接请求包（步骤①），主机 A 中的 SSM 保存该请求包，并向 KDC 请求创建连接（步骤②）。该 SSM 与 KDC 之间的通信使用一个只有该 SSM 和 KDC 知道的永久密钥加密。如果 KDC 同意这个连接请求，它就产生一个会话密钥，用它与主机 A、B 中的 SSM 分别单独共享的永久密钥加密并传递给相应的 SSM（步骤③）。主机 A 中的 SSM 现在可以释放连接请求包，一个连接就在主机 A、B 之间创建了（步骤④）。此后，主机 A、B 之间交换的所有用户数据都由它们各自的 SSM 使用会话密钥进行加密。

2.3 公钥密码

公钥密码（Public-Key Cryptography）也叫非对称密码，它的发现是密码学发展史上的一次革命。从古老的手工加密，到机电式加密，直到运用计算机的对称加密，这些编码系统虽然越来越复杂，但都是建立在基本的替代和换位操作基础之上，并且只使用一个密钥。而公钥密码基于数学函数，并且是非对称的，使用两个单独的密钥。使用两个密钥的公钥密码，对机密性、密钥分发和认证都有深远的影响。

在继续讨论之前，先了解一下关于公钥密码的几个常见误解。一个误解是，公钥加密比对称加密更能抵御密码分析。事实上，任何加密方案的安全性都依赖于：① 密钥的长度；② 破解加密算法所涉及的计算工作。从抵御密码分析的角度看，没有任何原理说明公钥加密或对称加密比另一方更优越。第二个误解是，公钥加密是一种通用的技术，它已经让对称加密过时了。其实正相反，因为当前的公钥加密方案的计算开销比较大，还看不出对称加密有被放弃的可能性。公钥密码的最早应用是帮助对称加密完成密钥的分发。所以，最后一个误解是，与之前的 KDC 通过烦琐的握手对话来分发对称加密的密钥相比，利用公钥加密，分发对称加密的密钥是很简单的事。实际上，用公钥加密来分发对称加密的密钥，通常需要某种形式的协议，这个协议一般会有一个中心代理，它涉及的处理过程并不比 KDC 更简单或更高效。

2.3.1 公钥密码的基本知识

公钥密码有两个密钥：一个是公钥（Public Key），一个是私钥（Private Key）。并且公钥对其他使用者公开，而私钥只有它的拥有者知道。这一对密钥紧密相关，对于特定的公钥密码算法，当使用其中的一个密钥加密时，必须且只能用另一个密钥解密。另外，尽管公钥是公开的，但是从公钥推导出其对应的私钥，在计算上是不可行的。

公钥密码用于加密时的基本步骤如下：

（1）每个用户产生一对密钥（公钥和私钥）。

（2）每个用户把其中一个密钥放在一个公共的登记处或其他可访问的文件中。这个密钥是公钥。与之伴随的另一个密钥就是私钥。

（3）如果 Bob 希望向 Alice 发送一个秘密消息，Bob 就用 Alice 的公钥加密这个消息。

（4）当 Alice 收到这个消息后，她用她自己的私钥解密这个消息。因为只有 Alice 知道 Alice 的私钥，所以其他接收者都不能解密这个消息。

图 2-10（a）给出了第（3）、（4）步的示例。使用这种方法，所有的参与方都可以访问公钥，而各自的私钥则保存在本地，只有其所有者可以访问。只要用户能够保护其私钥不泄露给他人，他收到的、所有用他的公钥加密的信息都是安全的。在任何时候，用户都可以更改他的密钥对，同时公布其中的公钥以替换原来的公钥。

图 2-10（b）描述了公钥密码的另一种操作模式。在这个方案中，用户使用他自己的私钥加密消息，任何知道其对应的公钥的人都可以解密消息。

注意图 2-10（a）所描述的方案是为了提供机密性：只有预期的接收者能够解密密文，因为只有预期的接收者才拥有所要求的私钥。当然，机密性的实现不仅仅依赖于私钥的保密性，还依赖于算法的安全性及含有该算法的协议的安全性。

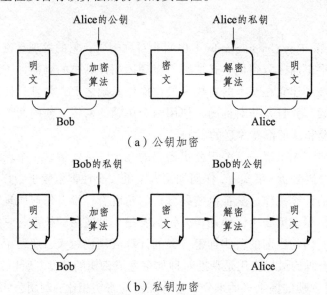

（a）公钥加密

（b）私钥加密

图 2-10　公钥密码的加密和解密

图 2-10（b）所描述的方案是为了提供认证或数据完整性。如果一个用户能够成功地使用 Bob 的公钥将密文还原为明文，则表明这个密文一定是用 Bob 的私钥加密的，而只有 Bob 知道他的私钥，所以这个密文一定是 Bob 加密的，这就实现了认证。同样地，认证或数据完整性的实现还依赖其他因素。

图 2-10 实际上给出了公钥密码的两种基本应用：加密消息和数字签名（数据完整性）。除此之外，公钥密码还有一个应用，就是分发对称加密算法的密钥。

· 加密消息：发送方用接收方的公钥加密消息。

· 数字签名：发送方用自己的私钥加密整个消息或消息的指纹。消息的指纹是由消息生成的一小块数据。消息不同，其指纹也不同。

· 分发对称密钥：为对称加密算法分发会话密钥。它也可以通过用接收方的公钥来加密会话密钥来实现。

表 2-1 列出了一些常用公钥密码算法及其应用。从该表可以看出，并不是所有的公钥密码算法都具有上述 3 种应用，有些算法只能用于其中的一种应用。

表 2-1　公钥密码算法及其应用

算法	加密消息	数字签名	分发对称密钥
RSA	是	是	是
Diffie-Hellman	否	否	是
DSS	否	是	否
Elliptic Curve	是	是	是

2.3.2　公钥密码算法

本节简要介绍表 2-1 中列出的公钥密码算法，重点介绍 RSA 算法。

1. RSA

RSA 是由 Ron Rivest、AdiShamir 和 Len Adleman 3 位作者 1977 年在 MIT 开发出来的，并于 1978 年首次发表。自此，RSA 算法已成为最广泛接受和实施的公钥加密算法。RSA 是一种块密码，其明文和密文是介于 1 到 n-1 之间的整数，n 是某个大整数。

对于明文块 M 和密文块 C，加密和解密的形式如下：

$$C = M^e \bmod n$$
$$M = C^d \bmod n = \left(M^e \right)^d \bmod n = M^{ed} \bmod n$$

发送方和接收方都知道 n 和 e 的值，但只有一方知道 d 的值。这是一个使用公钥 $PU = \{e, n\}$ 和私钥 $PR = \{d, n\}$ 的公钥加密算法。该算法必须满足以下要求才能用于公钥加密。

（1）可以找到整数 e、d、n，使得对所有 $M < n$，$M^{ed} \bmod n = M$。

（2）对所有 $M < n$，计算 M^e 和 C^d 相对比较容易。

（3）知道 e 和 n，计算 d 是不可行的。

前两个要求容易满足，当 e 和 n 的值很大时，第 3 个要求也能够得到满足。

这里主要讨论第一个要求，需要找出如下关系式：

$$M^{ed} \bmod n = M$$

如果 e 和 d 是模 $\phi(n)$ 的乘法逆元，上述关系成立。其中 $\phi(n)$ 是欧拉函数。对于素数 p 和 q，当 $n = pq$ 时，$\phi(pq) = (p-1)(q-1)$ 称为 n 的欧拉函数，它的值是小于 n 并与 n 互素的正整数的个数。e 和 d 是模 $\phi(n)$ 的乘法逆元，可表示如下（要求 e 和 d 都和 $\phi(n)$ 互素）：

$$ed \bmod \varphi(n) = 1 \text{ 或 } d^{-1} = e\phi(n)$$

以下是 RSA 算法的构造过程：

（1）选择 p、q。要求 p 和 q 都是素数，且 $p \neq q$。

（2）计算 $n = pq$。n 是加密和解密时使用的模。

（3）计算 $\phi(n) = (p-1)(q-1)$。

（4）选择整数 e。要求 e 和 $\phi(n)$ 互素，且 $1 < e < \phi(n)$。

（5）计算 d。$ed \bmod \phi(n) = 1$。

到这里就确定了：公钥 $PU = \{e, n\}$，私钥 $PR = \{d, n\}$。

加密时：对于明文 $M < n$，计算密文 $C = M^e \bmod n$。

解密时：对于密文 $C < n$，计算明文 $M = C^d \bmod n$。

这里有一个简单的例子。假如选择 p、q 为 3 和 11，则 $n = pq = 33$，$\phi(n) = (p-1)(q-1)$ =20。选择 $e = 3$，因为 $3 < 20$ 且 3 和 20 最大的公约数是 1，满足条件。根据等式 $3d \bmod 20 = 1$ 计算 $d = 7$。所以，公钥 $PU = \{3, 33\}$，私钥 $PR = \{7, 33\}$。

假如明文 $M = 5$，则

$$C = M^e \bmod n = 5^3 \bmod 33 = 125 \bmod 33 = 26$$

验证解密，则

$M = C^d \bmod n = 26^7 \bmod 33 = [\,(\,26^1 \bmod 33\,) \times (\,26^2 \bmod 33\,) \times (\,26^4 \bmod 33\,)\,]\bmod 33$

计算：

$$26^1 \bmod 33 = 26$$
$$26^2 \bmod 33 = 16$$
$$26^4 \bmod 33 = (\,16 \times 16\,) \bmod 33 = 25$$
$$26^7 \bmod 33 = (\,26 \times 16 \times 25\,) \bmod 33 = 5$$

解密成功。

有 4 种可能的方法可以攻击 RSA 算法，其中比较知名的有 2 种。第 1 种方法是蛮力攻击：试遍所有可能的私钥。RSA 算法防御此类攻击的方式与其他密码系统是一样的：使用更大的密钥空间。所以 e 和 d 的位数越多越安全。但是，因为密钥的生成和加密/解密所需的计算都比较复杂，密钥越大，系统运行得越慢。

第 2 种方法是将 n 分解成两个素数 p、q。因为一旦得到 p 和 q，就可以计算 $\phi(n)$。而公钥 e 是公开的，所以可以通过 $ed \bmod \phi(n) = 1$ 计算出私钥 d。由于大数 n 具有很大的素因子，因此分解问题非常困难。尽管如此，它已经不如以前那么困难了。发生在 1977 年的著名事件恰好反映了这种情况。RSA 的 3 位发明者挑战 "Scientific American" 的读者，请读者破解他们发表在 Martin Gardner 的 "数学游戏" 专栏中的密文。恢复明文则可以获得 100 美元的奖金。他们预计在 4×10^{16} 年之内都不可能有人破解出来。但是，1994 年 4 月，一个研究小组利用连接到 Internet 上的 1 600 多台计算机，只用了 8 个月的时间就破解了。这个挑战使用的公钥长度（n 的长度）是 129 位的十进制数，即约 428 bit 的二进制数。这样的结果并没有让 RSA 的使用变得无效，它仅仅意味着应该采用长度更大的密钥。目前，对几乎所有的应用来说，1024 bit 的密钥长度（大约 300 位十进制数）被认为足够安全。

另外两种攻击 RSA 的途径分别是计时攻击和选择密文攻击。前者依赖于解密算法的运行时间，后者利用 RSA 算法的特性。对这两种攻击的讨论超出了本书的范围。

2. Diffie-Hellman 密钥交换

Diffie-Hellman 密钥交换算法是最早的公开密钥算法，其安全性建立在有限域中计算离散对数的困难性的基础上。Diffie-Hellman 算法可以用于密钥的分配：通信双方可以用这个算法产生一个秘密的密钥。但该算法不能用于加密和解密消息。

在进一步介绍这个算法之前，先介绍一下离散对数的概念。首先定义素数 n 的原根。素数 n 的原根是一个整数，其幂可以产生 $1 \sim n\text{-}1$ 的所有整数。也就是说，若 g 是素数 n 的原根，则

$$g \bmod n,\ g^2 \bmod n,\ g^3 \bmod n,\ \ldots,\ g^{n-1} \bmod n$$

各不相同，并且是 $1 \sim n\text{-}1$ 的一个置换。

对任意小于 n 的整数 x 和 n 的原根 g，可以找到唯一的指数 i，使得

$$x = g^i \bmod n$$

式中　$0 \leqslant i \leqslant (n\text{-}1)$，

指数 i 称为 x 的以 g 为底的模 n 的离散对数。

Diffie-Hellman 密钥交换算法的原理很简单。通信双方（如 Alice 和 Bob）约定一个素数 n 和一个整数 g，$g < n$ 且 g 是 n 一个原根。这两个整数不用保密；Alice 和 Bob 可以通过某种非安全的通道来约定这两个数。这两个数甚至可以由一群用户共享。

产生秘密密钥的过程如下：

（1）Alice 选择一个随机整数 a（要求 $a < n$），并计算

$$X = g^a \bmod n$$

（2）Bob 选择一个随机整数 b（要求 $b < n$），并计算

$$Y = g^b \bmod n$$

（3）Alice 向 Bob 发送 X，Bob 向 Alice 发送 Y（注意：Alice 必须保密 a，而 Bob 必须保密 b）。

（4）Alice 计算

$$k = Y^a \bmod n$$

（5）Bob 计算

$$k' = X^b \bmod n$$

k 和 k' 都等于 $g^{ab} \bmod n$。偷听 Alice 和 Bob 交换的 X 和 Y 的任何人都不能计算出这个值，他们只能知道 n、g、X 和 Y。除非能计算离散对数从而恢复 a 和 b，否则无法求解出 k。k 即为 Alice 和 Bob 各自独立计算出的秘密密钥。

这里 a、b 分别是 Alice 和 Bob 的私钥，X、Y 分别是 Alice 和 Bob 的公钥。

使用这个算法时，n 应该是一个大素数，至少 512 bit，使用 1024 bit 更好。这个算法的缺点是容易受到中间人攻击。简单地说，就是第三方（如 Dark）可以选择两个私钥 d_a、d_b，然后计算出对应的两个公钥 X_a 和 X_b。Dark 拦截 Alice 和 Bob 之间交换的 X 和 Y，并伪装 Bob 向 Alice 发送 X_a，伪装 Alice 向 Bob 发送 X_b。结果，Alice 和 Bob 认为他们之间共享了一个密钥。但是实际情况是，Dark 分别与 Alice 和 Bob 之间各共享了一个密钥。此后 Alice 和 Bob 之间交换的所有消息都能够被 Dark 解密，并且 Dark 还能够修改他们发送给对方的消息。

3. 数字签名标准（DSS）

DSS（Digital Signature Standard）是由美国国家标准与技术研究所（NIST）发布的，它给出了一种新的数字签名技术，即数字签名算法 DSA。DSS 最初在 1991 年被提出，1993 年根据公众对其安全性的反馈意见对它进行了一些修改。1996 年对它又做了少量修正。DSS 使用了一种被设计成仅提供数字签名功能的算法。与 RSA 不同，DSS 不能用于加密/解密和密钥交换。

4. 椭圆曲线密码（ECC）

大多数使用公钥密码来进行加密和数字签名的产品及标准都使用 RSA 算法。为了保障 RSA 使用的安全，最近这些年 RSA 密钥的长度一直在持续增加，这给使用 RSA 的应用增加了较重的处理负担。特别是对执行大量安全交易的电子商务网站而言更是如此。在 20 世纪末、21 世纪初出现了一种具有竞争力的密码系统开始挑战 RSA——椭圆曲线密码（Elliptic Curve Cryptography）ECC。并且，有些国际组织已经开始考虑标准化 ECC 了。

与 RSA 相比，ECC 的主要吸引力在于它似乎可以用短得多的密钥提供同等的安全性，从而可以降低处理开销。另一方面，尽管关于 ECC 的理论已经存在一段时间了，但直到 21 世纪初才开始出现这方面的产品，并且对它的密码分析主要集中在对其脆弱点的探索。因此，人们对 ECC 信任程度还比不上 RSA。

2.4 数字签名

数字签名（Digital Signature）是指利用数学方法及密码算法对电子文档进行防伪造或防篡改处理的技术。就像日常工作中在纸介质的文件上进行签名或盖章一样，数字签名可以防止伪造或篡改电子文档。数字签名具有以下特性：

（1）签名是可信的：任何人都可以方便地验证签名的有效性。

（2）签名是不可伪造的：除了合法的签名者之外，任何其他人伪造其签名都是困难的。这种困难是指在计算上是不可行的。

（3）签名是不可复制的：对一个消息的签名不能通过复制变为另一个消息的签名。如果一个消息的签名是从别处复制的，则任何人都可以发现消息与签名之间的不一致性，从而可以拒绝签名的消息。

在 2.3.1 小节中提到公钥密码的一个应用就是数字签名，并给出了图示说明：发送方用自己的私钥加密整个消息，加密后的消息就作为消息的数字签名。不过，实际应用中，这种方法并不实用。因为当消息很大时，公钥加密的速度非常慢。实际应用会采用更加有效的做法：使用私钥加密消息的消息摘要（或指纹）来生成消息的签名。消息摘要或指纹通常使用散列函数计算出来。

2.4.1 散列函数

散列函数主要用于消息认证（Message Authentication）。在介绍散列函数之前，先了解一下什么是消息认证。加密是为了防止消息的泄露，实现机密性。有时候，我们不需要对消息进行保密，而需要保证消息是真实的并且其来源是可靠的。消息认证是一种允许通信方验证所接收或存储的消息是否真实的过程。消息认证包括两个重要方面：① 验证消息的内容没有被修改；② 验证消息的来源是真实的。除此之外，我们也可能希望验证消息的时效性（即消息没有被人为延迟或重放）和顺序。所有这些都是为了实现消息或数据的完整性。

有多种方法可以实现消息认证，如使用对称加密。假设只有发送方和接收方共享一个密钥，那么，只有真正的发送方才能够成功地为接收方加密消息（如果接收方能够识别有效的消息的话）。而且，如果消息中包含了错误检测码和序号的话，则接收方还可以确信消息没有被修改且顺序也是正确的。如果消息中包含了一个时间戳，则接收方还可以确信消息的传输没有超出网络传输的正常延迟。尽管如此，单独使用对称加密并不适合用于消息认证。

另外一种实现消息认证的方法是消息认证码（Message Authentication Code，MAC），它在密钥的参与下把一个消息转换成一个长度固定的小数据块，附在消息之后。这种技术假定通信双方（如 A 和 B）共享一个密钥 K_{AB}。当 A 向 B 发送消息 M 时，它利用确定的算法和密钥 K_{AB} 计算消息认证码：$MAC = F(K_{AB}, M)$。消息和认证码 MAC 一起被发送给接收方。接收方 B 使用相同的密钥和算法对接收的消息执行同样的计算，产生一个新的 MAC，然后与收到的 MAC 进行比较。如果二者相同，则接收方 B 可以相信消息的内容没有被修改，且消息来自真正的发送方 A。有多种算法可以用来生成 MAC，如使用 DES 算法并采用 CBC 模式，最后一个密文块的最后 16 bit 或 32 bit 作为 MAC。

尽管消息认证码有时是一种非常有效的消息认证的方法，但实际得到广泛使用的是散列函数与公钥密码相结合的消息认证方法。因为后者效率更高，也更安全、更方便。

散列函数（Hash Function）是一种不可逆函数，它将任意长度的消息或数据映射成一个较短的、固定长度的数字串（如 160 bit）。散列函数值又被称为散列值、散列码、消息摘要或数字指纹。散列函数在数学上保证：只要改动消息 M 的任何一比特，重新计算出的消息摘要就会与原消息的消息摘要不同，因此可以使用散列函数检测出对数据的任何修改。散列函数不仅在消息认证中而且在数字签名中都是很重要的。用于消息认证和数字签名的散列函数 H 必须具有以下性质：

（1）H 可应用于任意大小的数据块。

（2）H 产生固定长度的输出。

（3）对于任意给定的 x，计算 $H(x)$ 比较容易，并且其硬件和软件实现都是如此。

（4）对于任意给定的散列码 h，找到满足 $H(x) = h$ 的 x 在计算上是不可行的。

（5）对于任意给定的数据块 x，找到满足 $y \neq x$ 且 $H(x) = H(y)$ 的 y 在计算上是不可行的。

（6）找到满足 $H(x) = H(y)$ 的任意的 x 和 y 在计算上是不可行的。

前 3 个性质是散列函数实际应用于消息认证所必须满足的。第 4 个性质是单向性，即由消息很容易计算出散列码，但是由散列码却不能计算出相应的消息。第 5 条性质可以保证，不能找到与给定消息具有相同散列值的另一个消息。当对散列码加密时，这可以阻止伪造消息。如果散列函数不具有这个性质，那么攻击者可以：首先观察或拦截一条消息及其加密的散列码；然后由这个消息产生一个未加密的散列码；最后产生另一条具有相同散列码的消息。

一个散列函数，如果满足上面列出的前 5 条性质，则称其为弱散列函数。如果也满足第 6 条性质，则称其为强散列函数。一个强散列函数能够防止一方伪造另一方签名的消息。例如，假如 Alice 同意在 Bob 发给她的欠款较少的欠条上签名。再假如 Bob 能够找到两条具有相同散列值的消息。一条消息要求 Alice 偿还较少的钱，另一条要求偿还较多的钱。Alice 对第一条消息签名，而 Bob 却能够声称第二条消息是真的。

和对称加密一样，有两种方法可以攻击散列函数：密码分析和蛮力攻击。与对称加密算法一样，散列函数的密码分析也涉及利用算法中的逻辑漏洞。散列函数抵抗蛮力攻击的能力仅仅依赖于算法所产生的散列码的长度。早期使用的散列函数 MD5 的散列码长度为 128 bit，被认为已不再安全。目前使用较广的是 160 bit 的 SHA-1。不过，因为计算速度大幅提升等原因，160 bit 的散列函数很快也会被淘汰。

需要注意的是，单独使用散列函数并不能实现消息认证，因为攻击者可以既修改消息也修改散列码。因此，散列函数通常与某种保密技术结合在一起使用，如公钥密码技术。

安全散列函数 SHA（Secure Hash Algorithm）是由美国标准与技术研究所（NIST）设计的，并于 1993 年成为联邦信息处理标准。1995 年 NIST 对它做了少量修订，通常称之为 SHA-1。

SHA-1 生成 160 bit 的散列值。2002 年，NIST 再次对标准进行了修订，并定义了 3 个新版本的 SHA，散列值的长度分别是 256 bit、384 bit 和 512 bit，分别称为 SHA-256、SHA-384 和 SHA-512。它们一起被称为 SHA-2。新版本的 SHA-2 具有与 SHA-1 一样的底层结构，使用了与 SHA-1 同样类型的模运算和二元逻辑运算。表 2-2 给出了 SHA-1 和 SHA-2 的参数比较，其中的所有数据都以 bit 为单位。

表 2-2　SHA 的参数比较

参　数	SHA-1	SHA-256	SHA-384	SHA-512
消息摘要大小	160	256	384	512
消息大小	$< 2^{64}$	$< 2^{64}$	$< 2^{128}$	$< 2^{128}$
块大小	512	512	512	512
字大小	32	32	64	64
步骤数	80	64	80	80

本节将简单描述 SHA-512。其他版本与它非常相似。这个算法以最大长度不超过 2^{128} bit 的消息作为输入，生成 512 bit 的散列码或消息摘要。输入的消息被分成 1 024 bit 的数据块，逐块处理。图 2-11 描述了处理消息并生成摘要的全过程。处理过程包括以下步骤：

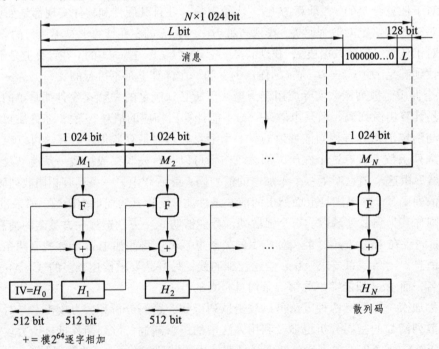

图 2-11　用 SHA-512 生成消息摘要

第 1 步：添加填充比特。填充消息，使其长度值除以 1 024 后余数为 896。注意，即使消息的长度值已经满足这个要求，仍然需要填充。因此，填充的比特数在 1～1 024。所填充的值由一个 1 和后续的 0 组成。

第 2 步：添加长度值。在消息后附加 128 bit 的数据块。这个数据块被看作是一个无符号的 128 bit 的整数，其值等于原始消息的长度。注意，128+896 = 1 024。所以，至此，原始消息已经被处理成多个 1 024 bit 的数据块。

第 3 步：初始化散列缓冲区。散列函数的中间结果和最终结果保存在一个 512 bit 的缓冲区中。这个缓冲区可以用 8 个 64 bit 的寄存器（用 a、b、c、d、e、f、g、h 来表示）表示。这 8 个寄存器被初始化成 8 个不同的整数值。这些整数值取自前 8 个素数的平方根的小数部分的前 64 bit。

第 4 步：以 1 024 bit 为单位，逐块处理消息。算法的核心是一个包含了 80 轮运算的模块。该模块的 80 轮运算在图 2-11 中标记为 F，其逻辑如图 2-12 所示。

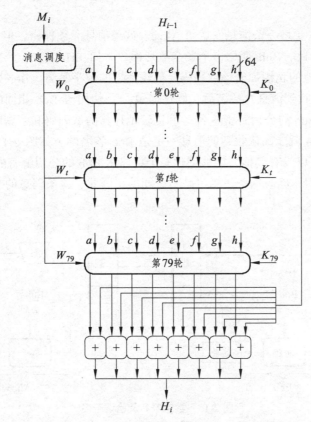

图 2-12　SHA-512 处理单个 1 024 bit 的数据块

每一轮都以 512 bit 的缓冲区值 $abcdefgh$ 作为输入，并更新缓冲区的内容。在第 0 轮的输入处，缓冲区中存放有中间的散列值 H_{i-1}。任意第 t 轮都使用一个 64 bit 值 W_t，这个值来自当前正在处理的 1 024 bit 数据块（M_i）。每一轮还使用一个附加的常数 K_t，其中 $0 \leq t \leq 79$ 表示 80 轮中的某一轮。这些常数取自前 80 个素数的立方根的小数部分的前 64 bit。它们用来随机化 64 bit 模式，消除输入数据中的任何规律。每一轮中执行的操作包括循环移位和基于与（AND）、或（OR）、非（NOT）、异或（XOR）的简单逻辑运算。

第 79 轮（从 0 轮开始，实际上是第 80 轮）的输出加到第 0 轮的输入（H_{i-1}）上，生成 H_i。注意，每个寄存器单独与 H_{i-1} 中相应的 64 bit 相加，模 2^{64}。

第 5 步：输出。当所有 N 个 1 024 bit 的数据块都处理完毕后，从第 N 个阶段输出的就是 512 bit 的消息摘要。

SHA-512 算法具有这样的性质：散列码的每一比特都是消息的每一比特的函数。F 的复杂的重复产生了很好的混淆效果，也就是说，即使随机选择的两条消息呈现出相似的规律，它们各自的散列码也很难相同。

2.4.2　数字签名

散列函数能够在数学上保证：只要改动消息 M 的任何一比特，重新计算出的消息摘要就会与原消息的消息摘要不同，因此，在对消息进行签名的时候，可以用私钥加密消息的消息摘要来实现数字签名。

例如，假如 Bob 要将一条消息发送给 Alice。这条消息无须保密，但 Bob 希望 Alice 确信消息是他发送的。为此，Bob 使用一个安全散列函数（如 SHA-512）产生消息的散列码（即消息摘要）。然后用他的私钥加密该散列码，创建消息的数字签名。Bob 把附带着签名的消息发送出去。当 Alice 收到消息及签名后，她这样做：① 使用与 Bob 相同的散列函数计算消息的散列码；② 使用 Bob 的公钥解密签名；③ 比较她计算的散列码和解密的散列码。如果这两个散列码相同，Alice 就能确认收到的消息一定是 Bob 签名的。如图 2-13 所示。因为其他人没有 Bob 的私钥，所以没有其他人能够创建一个可以用 Bob 的公钥解密的密文（即签名）。另外，没有 Bob 的私钥，修改这条消息也是不可能的。因此，这条消息的来源和数据完整性都得到了验证。

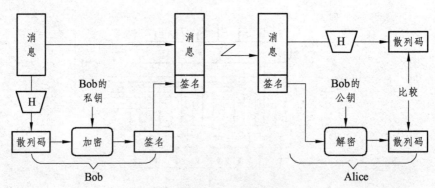

图 2-13　数字签名及验证签名

特别需要强调的是，数字签名并不提供机密性。也就是说，经过签名的消息，可以检测出是否被修改，但不能防止被窃取。在对消息的一部分进行签名的时候，这一点是很明显的，因为消息的剩余部分是明文发送的。即使消息在完全加密的情况下，也不能保证机密性，因为任何拦截消息的人都可以用发送者的公钥解密消息。

2.5　公钥证书

公钥密码的公钥是公开的。所以，如果有某种广泛接受的公钥算法，如 RSA，那么，任何参与者都可以把他或她的公钥发送给其他参与者，或者把这个公钥广播给整个团体。虽然这种方法很方便，但是它有一个很大的缺陷，就是任何人都可以伪造其他人的公钥。也就是说，某人可以假冒 Bob 向其他参与者发送公钥或广播公钥。在 Bob 发现有人伪造他的公钥并警告其他参与者之前，假冒者能够读取所有发送给 Bob 的加密消息，并且能够使用伪造的密钥进行认证。

解决这个问题的方法是公钥证书（Public-key Certificate）或数字证书。大体上，公钥证书包含一个公钥和公钥所有者的用户 ID，以及一个由可信的第三方对证书的整个数据块的签名。证书也包含这个第三方的某些信息及证书的有效期等。这个第三方通常是用户团体所信任的证书颁发机构（Certificate Authority，CA），如政府机构或金融机构。用户可以通过安全的方式将自己的公钥提交给 CA，获得一个签名的证书。之后用户可以发布这个证书。任何需要这个用户的公钥的人，都可以获得这个证书并通过证书附带的可信签名来验证它的合法性。

证书的签名及验证过程与图 2-13 所示的过程是一样的。如果把该图中的消息看成是包含公钥及用户 ID 等信息的未签名的证书，把 Bob 看成 CA，图 2-13 左半部分就是对证书进行数字签名的过程，右半部分是对证书有效性的验证过程。关键步骤总结如下：

（1）用户软件（客户端）创建一对密钥：一个公钥和一个私钥。

（2）客户端准备一个包含了用户 ID 和用户公钥的未签名的证书。

（3）用户以某种安全的方式将未签名的证书交给 CA。这可能需要当面提交，使用已注册的电子邮件提交，或者通过一个带有电子邮件验证的 Web 表单提交。

（4）CA 通过以下方式创建一个签名：

① CA 使用某个散列函数，如 SHA-512，计算出未签名的证书的散列码。

② CA 用自己的私钥加密散列码，生成证书的签名。

（5）CA 把签名附在未签名的证书后，创建一个签名的证书。

（6）CA 把签名的证书交还给客户端。

（7）客户端可以向任何其他用户提供该签名证书。

（8）任何用户都可以通过以下方式验证该证书是否合法有效：

① 计算证书（不包括签名）的散列码。

② 用 CA 的已知的公钥解密证书的签名。

③ 比较①和②的结果。如果二者相等，则证书就是合法有效的。

如果多个用户的证书是由同一个 CA 颁发的，那么他们可以很方便地验证彼此的证书的有效性。否则，多个 CA 之间需要为彼此的公钥证书进行签名。这样，一个用户就可以利用证书链来验证其他用户公钥的真实性。

公钥证书具有一定的格式，目前得到广泛接受的证书格式是 X.509 标准的证书。它用在大多数网络安全应用中，包括 IP 安全（IPSec）、传输层安全（TLS）、安全 SHELL（SSH）和安全多用途 Internet 邮件扩展（S/MIME）。

2.5.1　PKI 简介

PKI 是 Public Key Infrastructure 的缩写，通常译为公钥基础设施。称之为"基础设施"是因为它具备基础设施的主要特征。PKI 在网络信息空间的地位与其他基础设施在人们生活中的地位非常类似。电力系统通过延伸到用户端的标准插座为用户提供能源；PKI 通过延伸到用户的接口为各种网络应用提供安全服务，包括身份认证、识别、数字签名、加密等。一方面 PKI

对网络应用提供广泛而开放的支撑；另一方面，PKI 系统的设计、开发、生产及管理都可以独立进行，不需要考虑应用的特殊性。PKI 已成为电子商务应用系统，乃至电子政务系统等网络应用的安全基础和根本保障。

PKI 的主要目的是通过自动管理密钥和公钥证书，为用户建立起一个安全的网络运行环境，使用户可以在多种应用环境下方便地使用加密和数字签名技术，从而保证网上数据的完整性、机密性、不可否认性。数据的完整性是指数据在传输过程中不能被非法篡改；数据的机密性是指数据在传输过程中，不能被非授权者偷看；数据的不可否认性是指参加某次通信交换的一方事后不可否认本次交换曾经发生过。

PKI 主要包括证书颁发机构 CA、注册机构 RA、证书服务器、证书库、时间服务器和 PKI 策略等要素。

1. CA（Certificate Authority）

CA 是 PKI 的核心，是 PKI 应用中权威的、可信任的、公正的第三方机构。CA 用于创建和发布公钥证书。创建证书的时候，CA 系统首先获取用户的请求信息，其中包括用户公钥（公钥一般由用户端产生，如电子邮件程序或浏览器等），CA 将根据用户的请求信息产生证书，并用自己的私钥对证书进行签名。其他用户、应用程序或实体将使用 CA 的公钥对证书进行验证。如果一个 CA 系统是可信的，则验证证书的用户可以确信，他所验证的证书中的公钥属于证书所代表的那个实体。

CA 还负责维护和发布证书撤销列表 CRL（Certificate Revocation List）。当一个证书，特别是其中的公钥因为某些原因无效时，CRL 提供了一种通知用户和其他应用程序的中心管理方式。CA 系统生成 CRL 以后，可以放到 LDAP 服务器中供用户查询或下载，也可以放置在 Web 服务器的合适位置，以页面超级链接的方式供用户直接查询或下载。

CA 的核心功能就是发放和管理公钥证书，具体内容如下：
（1）接收验证最终用户数字证书的申请。
（2）确定是否接受最终用户数字证书的申请。
（3）向申请者颁发或拒绝颁发数字证书。
（4）接收、处理最终用户的数字证书更新请求。
（5）接收最终用户数字证书的查询、撤销。
（6）产生和发布证书撤销列表（CRL）。
（7）数字证书的归档。
（8）密钥归档。
（9）历史数据归档。

根 CA 证书，是一种特殊的证书，它使用 CA 的私钥对包含 CA 的公钥的证书的原始数据进行签名。

2. RA（Registration Authority）

RA 负责申请者的登记和初始鉴别，在 PKI 体系结构中起承上启下的作用，一方面向 CA 转发安全服务器传输过来的证书申请请求，另一方面向 LDAP 服务器和安全服务器转发 CA 颁发的数字证书和证书撤销列表。

3. 证书服务器

证书服务器是负责根据注册过程中提供的信息生成证书的机器或服务。

4. 证书库

证书库是发布证书的地方，提供证书的分发机制。到证书库访问可以得到希望与之通信的实体的公钥和查询最新的 CRL。它一般采用 LDAP 目录访问协议，其格式符合 X.500 标准。

5. 时间服务器

提供单调增加的精确的时间源，并且安全的传输时间戳，对时间戳签名以验证可信时间值的发布者。

6. PKI 策略

PKI 安全策略建立和定义了一个组织信息安全方面的指导方针，同时也定义了密码系统使用的处理方法和原则。它包括一个组织怎样处理密钥和有价值的信息，根据风险的级别定义安全控制的级别。

一般情况下，在 PKI 中有两种类型的策略：一是证书策略，用于管理证书的使用，比如，可以确认某一 CA 是在 Internet 上的公有 CA，还是某一企业内部的私有 CA；另外一个就是证书操作管理规范（Certificate Practice Statement，CPS）。一些商业证书颁发机构或者可信的第三方操作的 PKI 系统需要 CPS。这是一个包含如何在实践中增强和支持安全策略的一些操作过程的详细文档。它包括 CA 是如何建立和运作的，证书是如何发行、接收和撤销的，密钥是如何产生、注册的，密钥是如何存储的，用户是如何得到它的，等等。

2.5.2　公钥证书的应用

公钥证书是由权威、公正的第三方 CA 机构所签发的符合 X.509 标准的权威的电子文档。它可以用于：

1. 数据加密

公钥证书技术利用一对互相匹配的密钥进行加密、解密。当你申请证书的时候，会得到一个私钥和一个公钥证书，公钥证书中包含一个公钥。其中公钥可以发给他人使用，而私钥你应该保管好、不能泄露给其他人，否则别人将能用它以你的名义签名。

当发送方向接收方发送一份保密文件时，需要使用对方的公钥对数据加密，接收方收到文件后，则使用自己的私钥解密，如果没有私钥就不能解密文件，从而保证数据的安全保密性。

2. 数字签名

数字签名是公钥证书的重要应用之一，所谓数字签名是指证书用户使用自己的私钥对原始数据的消息摘要进行加密所得的数据。信息接收者使用信息发送者的证书中的公钥对附在原始信息后的数字签名进行解密后获得消息摘要，并对收到的原始数据采用相同的散列函数计算其消息摘要，将二者进行对比，即可校验原始信息是否被篡改。数字签名可以提供数据完整性的保护和不可抵赖性。

使用公钥证书完成数字签名功能，需要向相关公钥证书颁发机构申请具备数字签名功能的公钥证书，然后才能在业务过程中使用公钥证书的签名功能。

公钥证书的典型应用包括 HTTPS 协议和 S/MIME 协议，我们将在第 7 章中介绍这些协议。

2.6　实践练习

2.6.1　Windows EFS 的使用

加密文件系统（EFS）是 Windows 的一项功能，用于将信息以加密格式存储在硬盘上。EFS 加密方法十分简单，只需选中文件或文件夹属性中的复选框即可启用加密。如果修改加密文件的内容，在关闭文件时文件即被加密，但是当打开这些文件时，文件将会自动处于备用状态。如果不再希望对某个文件实施加密，清除该文件的属性中的复选框即可。注意，EFS 只能在使用 NTFS 文件系统的计算机上工作。如果要加密的文件位于使用 FAT 或 FAT32 文件系统的驱动器上，则需要将该驱动器转换成 NTFS 才会出现"高级"按钮。

EFS 加密综合使用了对称加密和非对称（或公钥）加密：

（1）随机生成一个文件加密密钥（叫作 FEK），用来加密和解密文件。在早期的 Windows 系统中，所使用的加密算法是 DES-X 算法，Windows XP sp1 及其后的其他 Windows 系统多采用 AES 算法。

（2）这个 FEK 会被当前账户的公钥进行加密，加密后的 FEK 副本保存在文件$EFS 属性的 DDF 字段里。所采用的公钥加密算法是 RSA 算法。

（3）要想解密文件，首先必须用当前用户的私钥去解密 FEK，然后用 FEK 去解密文件。

看到这里，似乎 EFS 的脉络已经很清晰，其实不然，这样还不足于确保 EFS 的安全性。系统还会对 EFS 添加两层保护措施：

（1）Windows 会用 64 Byte 的主密钥（Master Key）对私钥进行加密。在 Windows 7 下，加密后的私钥保存在以下文件夹：%UserProfile%\AppData\Roaming\Microsoft\Crypto\RSA\SID。

（2）为了保护主密钥，系统会对主密钥本身进行加密（使用的密钥由账户口令派生而来）。加密后的主密钥保存在以下文件夹：%UserProfile%\AppData\Roaming\Microsoft\Protect\SID。

整个 EFS 加密的密钥架构就是："由用户账户口令派生的密钥"加密"主密钥"→"主密钥"加密用户的"私钥"→"私钥"解密 FEK（文件加密密钥）→FEK 解密被加密的文件。

下面简单演示一下 Windows 7 系统中 EFS 的基本操作。

（1）在 NTFS 文件系统的某个文件夹下创建一个文本文件。

例如，在 D：盘根目录下创建一个名字为 "cryptme.txt" 的文本文件，文件内容为 "You can not see me!"。

因为首次启用 EFS 加密后，系统会自动为当前账户创建一个文件加密证书。所以，我们先来确认一下，系统目前还没有这样的证书。查看方法如下："控制面板"→"网络和 Internet"
→"Internet 选项"→"内容"→"证书"→"个人"。主要截图如图 2-14 和图 2-15 所示。很
明显，目前证书对话框的"个人"标签下是空的，还没有任何证书存在。关闭打开的对话框。

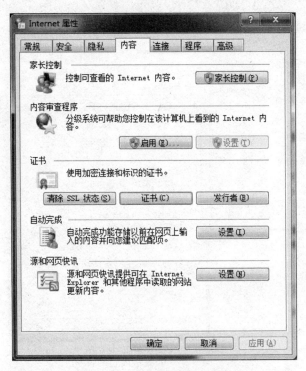

图 2-14　Internet 属性对话框

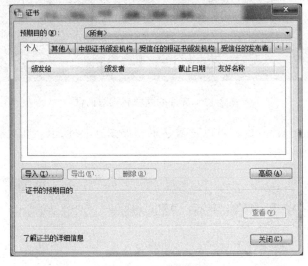

图 2-15　证书对话框

（2）加密 cryptme.txt 文件。

　在 cryptme.txt 文件上单击右键，选择"属性"→"常规"→"高级"，如图 2-16 所示。
然后选择"加密内容以便保护数据"，使用"确定"按钮关闭"高级属性"及"cryptme 属性"
对话框。之后不久，你会发现文件 cryptme.txt 的名称变成绿色。同时任务栏给出"备份文件

加密密钥"的提示，这是一种防止某些情况下，被加密文件无法被解密的安全措施，如图 2-17 所示。

图 2-16　文件的高级属性对话框

图 2-17　文件的高级属性对话框

打开文件 cryptme.txt，其内容可以正常显示，如图 2-18 所示。在对应的账户下打开加密文件时，文件将会自动解密。

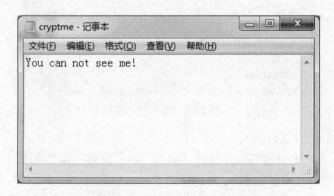

图 2-18　打开 cryptme.txt 文件

（3）查看文件加密证书并备份它和密钥。

前面说过，首次启用 EFS 加密后，系统会自动为当前账户创建一个文件加密证书。现在我们已经使用 EFS 加密了一个文件，使用步骤（1）中介绍的方法，我们先来确认一下这个证书是否已经生成。很明显，目前证书对话框的"个人"标签下出现了一个证书，并且该证书的预期目的是"加密文件系统"，如图 2-19 所示。

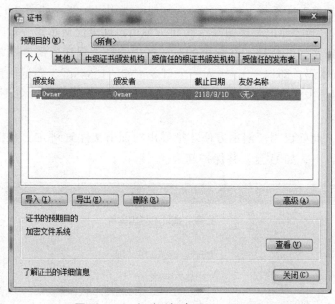

图 2-19　证书对话框出现了 EFS 证书

单击"查看"按钮，可以查看该证书的相关信息，如图 2-20 所示。可以发现，系统在为当前账户创建文件加密证书（里面包含公钥）的时候，也生成了一个对应的私钥。另外，证书的签名算法是 RSA 和 SHA-1。

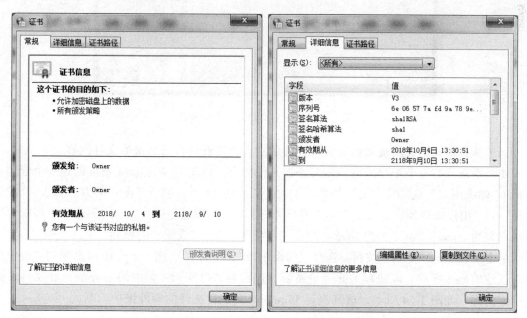

图 2-20　EFS 证书的相关信息

根据前面的介绍，文件加密证书中的公钥将用于解密用私钥加密的 FEK 密钥，进而可以使用 FEK 密钥来解密被加密的文件。如果发生了当前账户的文件加密证书丢失或当前账户被删除等情况，会导致先前使用 EFS 加密的文件无法被解密。所以，最好备份文件加密证书和密钥，以便于在当前账户的相关信息丢失的情况下能够恢复被加密的文件。

有两种方法用来备份文件加密证书和密钥，二者只是启动的方式和界面有些不同，本质上是一样的。一种是单击任务栏上的"备份文件加密密钥"按钮，如图 2-17 所示。另一种是单击图 2-19 的窗口中的"导出"按钮并选择导出私钥。这里仅演示第一种方法。单击任务栏上的"备份文件加密密钥"按钮，在弹出的对话框中选择"现在备份（推荐）"，单击"下一步"，直到要求输入密码（即口令），输入一个口令（如"123456"，要记住这个口令，后面会用到），然后指定要导出的文件名及路径，如 d:\cert。单击"下一步"，如图 2-21 所示。单击"确定"，导出完成。

需要说明的是，此处仅为了演示方便才把导出的证书文件放到 D：盘根目录下。正确的做法应该放到其他盘上，如 U 盘，并保护起来。

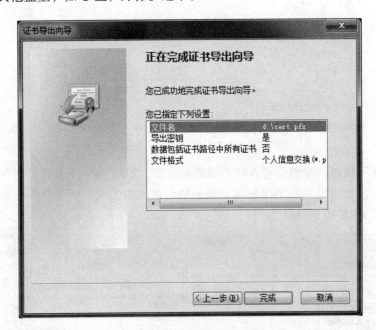

图 2-21　备份文件加密证书和密钥

（4）从其他账户访问被加密的文件，验证别人无法看到自己加密的文件内容。

如果系统只有一个账户的话，需要添加其他账户。这里为 Windows 系统创建一个管理员账户（"标准用户"或"管理员"都可以）。在 Windows 7 下，创建新账户的方法如下："控制面板"→"用户账户和家庭安全"→"用户账户"→"管理其他账户"→"创建一个新账户"。新账户名为"test"，如图 2-22 所示。单击"创建账户"，完成账户的创建。

单击 Windows "开始"按钮，选择"切换用户"，如图 2-23 所示。在随后出现的界面中选择新创建的 test 账户，以账户 test 登录系统。然后尝试打开 D：盘中的 cryptme.txt 文件，显示拒绝访问，如图 2-24 所示。这其实是 Windows 对加密文件的额外保护机制。

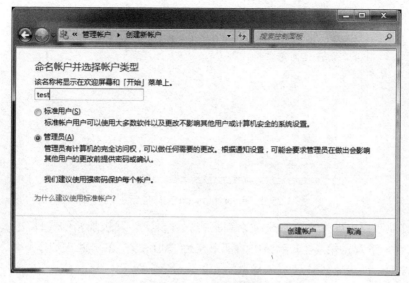

图 2-22　创建新账户[①]

图 2-23　切换系统账户

图 2-24　切换系统账户

　　如果我们使用特殊的工具把 cryptme.txt 复制出来，再次打开的话，会发现内容变成了乱码。这里使用 WinHex 工具复制该文件到 D：\Share 文件夹下。方法如下：以管理员身份运行 WinHex →打开 D：盘（创建快照）→右键单击该文件 cryptme.txt→选择 Recover/Copy→选择复制目的地 D：\Share 完成复制。在 Windows 中打开 D：\Share 中的文件 cryptme.txt。内容显示如图 2-25 所示。这说明，EFS 加密了这个文件，也意味着，即使其他人窃取了这个文件，也无法看到文件的原始内容。

---

　　① "帐户"为错别字，正确的写法应为"账户"。

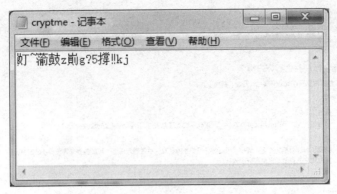

图 2-25　打开 cryptme.txt 文件显示乱码

（5）在其他账户中导入文件加密证书和密钥，并再次访问被加密的文件。

在 test 账户下双击第（3）步导出的证书文件 cert.pfx，单击两次"下一步"，输入口令"123456"，按默认设置完成该证书的导入。

再次尝试打开被加密的文件 cryptme.txt，现在可以顺利打开它了。

2.6.2　签名文件的验证

当我们从网上下载软件时，有些软件会有软件发布者的官方签名。计算机能够验证这些签名的有效性，我们可以通过软件的签名确定该软件是否被修改过，以及是否是官方的签名。

计算机在验证软件的签名是否有效时，会使用本地存储的可信任证书。这些证书是系统自带的，它们常常是受信任的根 CA 证书，有的也包括受信任的中级 CA 证书。所谓根 CA，是指为其他 CA 的证书签名，而自己的证书由自己签名的 CA。中级 CA 证书由其他 CA（如根 CA）签名。图 2-26 给出了 Windows 系统自带的根 CA 证书截图。

图 2-26　Windows 系统自带的根 CA 证书列表

下面，我们通过一个具体的例子，来学习一下如何查看文件的签名，如何识别签名是否有效，以及了解 Windows 系统验证签名的过程。假如在 Windows 系统上我们从网上下载了 Firefox 安装程序。以下是操作过程及说明：

（1）查看文件签名是否有效。

右键单击 Firefox 安装程序，打开其属性对话框，选择"数字签名"标签，如图 2-27 所示。然后选择签名列表中的条目，单击"详细信息"按钮。稍微等待一段时间（时间长短与计算机的计算速度有关，慢的可能要等几秒钟或更长时间）后，弹出"数字签名详细信息"对话框，其中显示此数字签名正常，同时显示签名人是"Mozilla Corporation"，如图 2-28 所示。表明这个软件包是 Mozilla 公司签名的，并且没有被其他人修改过。

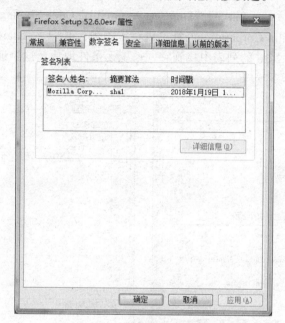

图 2-27　文件的数字签名标签

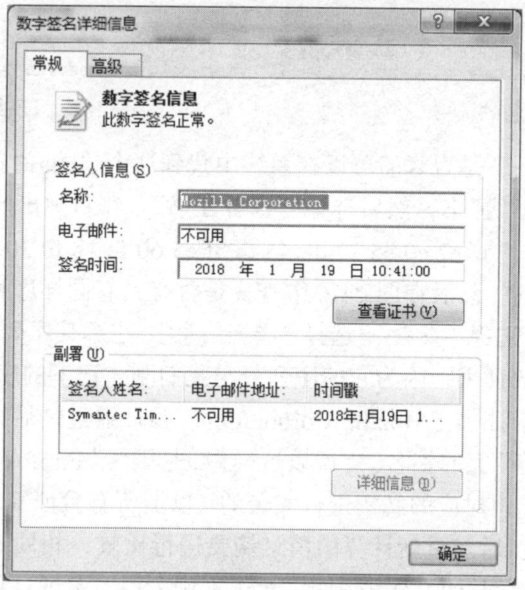

图 2-28　数字签名详细信息

（2）系统验证签名的过程。

在（1）中，当单击"详细信息"按钮时，系统开始验证签名，当弹出如图 2-28 所示"数字签名详细信息"对话框时，验证过程结束。那么系统到底是如何验证签名的呢？

单击图 2-28 中的"查看证书"按钮，弹出"证书"对话框，其中显示出证书的目的，以及证书的所有者和颁发者（也即签名者），如图 2-29 所示。

选择对话框中的"证书路径"标签，显示出证书路径（即证书链），如图 2-30 所示。这个证书路径的含义是，从上往下，上一个证书中的公钥验证下一个证书的有效性。之所以能够这样验证，是因为，与"DigiCert"证书中的公钥对应的私钥，对"DigiCert Assured ID Code Signing CA-1"证书进行了签名；与"DigiCert Assured ID Code Signing CA-1"证书中的公钥对应的私钥，对"Mozilla Corporation"证书进行了签名。其中，"DigiCert"证书是受信任的根 CA 证书，可以在图 2-26 的列表中找到它，系统无条件地信任这个证书中的公钥。

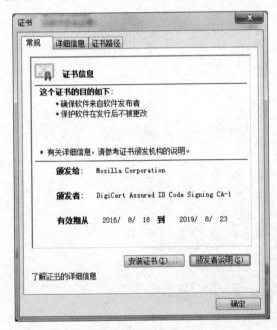

图 2-29　签名的证书

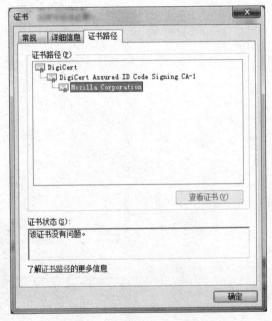

图 2-30　证书路径（证书链）

下面先让我们查看一下是否真的可以在系统中找到这个"DigiCert"证书。先单击证书路径中最上面的"DigiCert"证书，然后选择"查看证书"，在新弹出的对话框中选择"详细信息"，记下其中的序列号"0c e7 e0 e5 17 d8 46 fe 8f e5 60 fc 1b f0 30 39"。注意，每个证书都是由其序列号唯一标识的。然后在图 2-26 中查找是否有具有同样序列号的证书。逐个单击以"DigiCert"开始的证书，选择"查看"，选择"详细信息"，注意其序列号。第一个以"DigiCert"开始证书就是我们要找的证书，因为它的序列号与我们刚才记下的序列号是一样的。

当证书链中最后一个证书"Mozilla Corporation"验证通过之后，系统就用该证书中的公钥验证"Firefox 安装程序"上的签名。之所以这样做，是因为"Firefox 安装程序"是用"Mozilla Corporation"证书中的公钥对应的私钥进行签名的。以上所有验证签名都遵循同样的过程：用相应的公钥解密签名，然后与重新计算的消息摘要进行比较，相同则签名有效，否则签名无效。详细情况可参考前面图 2-13 及其说明。对于本例来说，验证过程发生了 3 次，比较花费时间，这就是在单击图 2-27 中的"详细信息"按钮（需要先选择签名列表中的条目，才可以单击）之后，为什么要"稍微等待一段时间"的原因。

习 题

1. 现代计算机诞生前，从加密过程中字符集的变化看，加密技术可以分为两类，请问是哪两类？它们的根本区别是什么？

2. 现代计算机诞生后，加密技术有哪些变化？

3. 对称加密和公钥加密的根本区别是什么？

4. 要安全地使用对称加密，必须满足哪些条件？

5. 攻击对称加密的基本方法是哪两种？

6. 使用公钥密码算法 RSA 加密数据时也需要对数据进行分块，请问其分块与对称块加密算法中的分块有什么不同？

7. 3DES 加密时采用加密-解密-加密的顺序是为了与早期的 DES 算法兼容，请解释为什么？

8. 对称加密的工作模式中，ECB 模式的主要缺陷是什么？

9. 在 CBC 模式中，假定传输过程中一个密文块（假定是 C_i）出现了错误，请问这会对明文块的恢复有什么影响？

10. 为什么对称加密的有些工作模式既有加密模块也有解密模块，如 ECB 和 CBC，而有些工作模式却只有加密模块，如 CTR？

11. 对称块加密算法和对称流加密算法的根本区别是什么？

12. 在通信中使用对称加密算法加密消息时，通信双方需要安全地获得密钥，请问通信双方可以安全地获得密钥的方法有哪些？

13. 什么是 KDC？什么是永久密钥和会话密钥？它们之间有什么关系？

14. 请分别给出公钥密码用于加密消息和用于认证消息的过程。

15. 在一个使用 RSA 的公钥密码系统中，如果攻击者截获公钥 $e=5$，模数 $n=35$，密文 $C=10$，请问明文 M 是多少？

16. 描述利用中间人攻击 Diffie-Hellman 算法的详细过程。

17. 什么是数字签名？它具有哪些特性？

18. 什么是消息认证？有哪些方法可以实现消息认证？

19. 消息认证码算法与加密算法的主要区别是什么？

20. 用于数字签名中的散列函数必须具有哪些特点？

21. SHA-512 算法处理消息的过程中，如果消息的长度是 1 921 bit，请问填充的比特长度是多少？附加的长度值是多少？

22. 请描述典型的数字签名过程及验证签名的过程。

23. 什么是公钥证书？其作用是什么？

24. 什么是 PKI？它包含哪些要素？

25. 什么是 CA？主要功能有哪些？

26. Windows EFS 是如何加密文件并保护加密文件密钥的？

27. 如果从网上下载的文件附有数字签名，这个数字签名有什么作用？计算机是如何验证这个签名的？

第 3 章　身份认证和授权

学习目标

....

（1）理解身份认证和授权的含义。

（2）能够描述质询-响应认证过程。

（3）能够解释操作系统保护口令文件的机制。

（4）了解 CHAP、Kerberos 协议的认证原理。

（5）能够描述基于时间和基于序列的一次性口令的工作过程。

（6）能够解释基于证书的身份认证的原理。

（7）理解 SSL/TLS 和智能卡身份认证的原理。

（8）能够解释生物识别技术。

（9）能够区分特权和权限。

（10）能够区分角色和用户。

（11）能够解释并使用 Windows 中的 ACL 和 ACE。

（12）了解 Unix 实现访问控制的方式。

（13）了解使用 LC 破解 Windows 的方法。

控制对信息系统的访问的最常见方法之一，是识别出访问者的身份，然后决定允许他们做什么。身份认证（Authentication）和授权（Authorization）这一对控制方法，可以确保只有授权的用户才能访问适当的计算机资源，同时阻止未授权的用户访问它们。身份认证是验证某人（或进程）是谁的方法，而授权则决定允许他们做什么。这应该总是按照最小权限原则来执行，也就是仅给用户完成他们的工作所需的最少权限。

本章介绍了各种身份认证技术及实现授权的策略或技术。

3.1　身份认证

身份认证是某个人证明他是他所声称的那个人的过程。它由两个部分组成：一个公开的身份声明（通常是以用户名的形式，即用户 ID），一个与身份结合在一起的秘密回应（如口令）。这个对身份认证的质询（Challenge）的秘密回应（Response）可以基于一个或多个因子：某个你知道的信息（如某个秘密词、短语或数字），某些你拥有的东西（如智能卡、ID 标记或编码生成器），或者你的某个生理特征（如指纹、视网膜）或行为特征（如步态、语音、笔迹等）。

口令（Password，有时也称密码）是一种通过只有你知道的信息来识别你的身份的方法，当然也是目前最常见的质询响应形式。口令认证是一种单因子认证（Single-factor Authentication）的例子。这是一种被认为并不强壮的认证方法，因为口令能够被各种各样的方法拦截或者窃取。例如，有人喜欢把口令写下来或者告诉别人，通过嗅探软件可以捕获系统或网上传输的明文口令，很多口令简单易猜。

想象一下，如果你只能通过事先商定的、写在纸上的秘密短语来识别你的朋友，而不是通过看他们的样子或听他们的声音。这会有多可靠呢？这种身份识别经常在谍战电影中出现，一个秘密特工使用一个口令冒充受害者将要见面但却从未见过的人。这种把戏恰恰有效，因为只用口令来识别身份是非常不可靠的。遗憾的是，基于口令的身份认证是计算机早期最易于实现的方法，这种认证方法一直持续到今天还在使用。

其他单因子认证方法要比口令认证好。令牌（Token）和智能卡（Smart Card）认证就比口令认证好，因为用户必须物理地持有它们。生理特征识别（Biometrics）使用传感器或扫描器识别个人身体某个部位的唯一特征。因为生理特征不能共享，用户必须在现场，所以要好于口令认证。但是，这些认证方法也存在缺点。令牌和智能卡可能被盗或丢失，生理特征也可以伪造。尽管如此，它们要比盗窃或获得口令困难得多。尽管口令是最常用的证明身份的方法，但它可能是最差的方法。

多因子认证使用两种或更多种验证身份的方法。认证因子包括：

（1）某个你知道的信息（如口令或 PIN 码）。

（2）某些你拥有的东西（如智能卡或者令牌）。

（3）你的某个生理特征（如指纹、视网膜）。

（4）你的某个行为特征（如步态、语音、笔迹等）。

双因子认证（Two-Factor Authentication）是最常用的多因子认证形式，如一个通过液晶屏显示生成的数字口令（或者基于时间，或者基于序列）的令牌设备与一个口令相结合，一个智能卡与一个口令相结合。同样地，口令作为第二个认证因子不是一个很好的选择，但是它已经融入我们的技术和群体意识中，内置于所有的计算机系统中，并且实现起来方便、廉价。令牌或智能卡与生物识别相结合将会更加可靠，几乎不可能被攻破。

以下详细介绍目前使用的认证系统，包括：

（1）使用用户名和口令的认证系统，包括 Kerberos。

（2）使用凭证或令牌的认证系统。

（3）生物识别认证系统。

3.1.1　用户名和口令

在大家比较熟悉口令认证方法中，用户（被认证方）在访问主机之前，先向主机发出请求，接着主机发出一个质询（Challenge），然后被认证方返回一个响应（Response）。如果该响应通过了验证，用户就通过了身份认证，可以访问系统，否则他将被阻止访问系统。图 3-1 给出了一个简化的"质询-响应"认证示例。

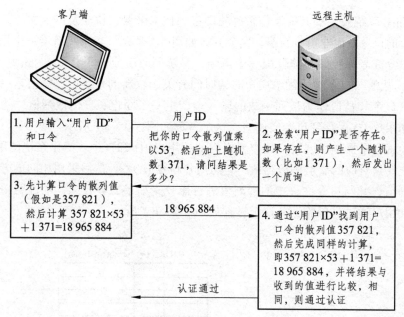

图 3-1 一个简化的"质询-响应"认证示例

在远程访问中,"质询-响应"认证可以避免在传输过程的泄露口令。

其他基于口令的认证系统,包括 Kerberos,则要复杂得多,但是它们都依赖于一个简单的谬论:它们相信任何知道某个特定用户口令的人就是那个用户。基于口令的认证系统很多,以下是目前常用的类型:

(1)本地存储和比较。

(2)集中存储和比较。

(3)质询和响应。

(4)Kerberos。

(5)动态口令(或一次性口令,OTP)。

1. 本地存储和比较

早期的计算机系统不要求口令。任何人物理上拥有计算机系统就可以使用它。随着系统的发展,人们认识到需要限制对系统的访问,仅让少数拥有特权的人有权访问,用户身份识别系统就发展起来了。管理员把用户的口令录入到简单的机内数据中,并告诉用户。

最初,口令通常以明文的形式保存在数据库中,因为当时对口令的保护并不十分重要。所以,任何能够打开并读取该数据库文件的人就能知道其他人的口令。口令数据库的安全依赖于对该文件的访问控制,以及所有管理员和用户的善意。管理员负责更改口令、告知用户,以及为那些不记得口令的人恢复口令。后来,增加了用户可以更改自己的口令的功能,以及强制用户定期更改口令的功能。因为数据库中的所有信息都是明文的形式,所以认证算法比较简单:从控制台输入口令后,简单地与口令数据库中的口令进行比较,匹配则认证通过。

这个简单的认证过程,以前和现在都被广泛地用在那些需要内部认证过程的、现有的和定制的应用中。这些应用创建并管理它们自己的口令文件,并且不加密口令。口令的安全依赖于对口令文件的保护。因为口令会被流氓软件拦截到,所以这些系统不能很好地受到保护。

后来，Unix 系统及某些其他操作系统使用密码技术来保护口令及口令文件，并且它们保存的是散列后的口令，而非口令自身。这个方案如图 3-2 所示。当系统新增一个用户时，用户要选择一个口令或者系统给用户分配一个口令，系统同时生成一个盐值（Salt）。在比较老的 Unix 系统中，盐值与口令被分配给用户时的时间有关。较新的系统中，盐值是一个伪随机数或真随机数。口令和盐值作为散列函数的输入，产生一个固定长度的散列值。然后，将该散列值、盐值和用户 ID 保存到口令文件中。这个过程如图 3-2（a）所示。

当用户尝试登录操作系统时，用户要提供他的用户 ID 和口令。操作系统使用用户 ID 检索口令文件，找到对应的盐值和散列值（它与用户口令有关），然后采用相同的方法计算口令和盐值的散列值，并与口令文件中的散列值进行比较。如果二者相同，则说明用户提供的口令是正确的，用户通过身份验证。这个过程如图 3-2（b）所示。

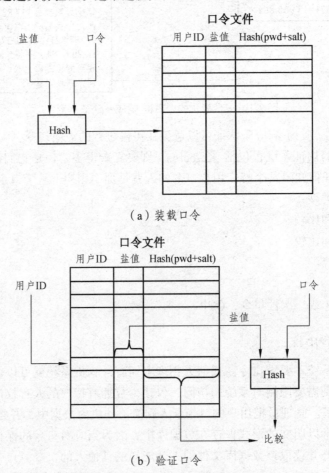

图 3-2　Unix 口令方案

上述口令方案中使用盐值的目的有 3 个：

（1）避免在口令文件中看到两个相同的口令。即使两个用户选择了相同的口令，也会因为盐值的不同，使得他们各自的"扩展"口令不同。

（2）极大增加了破解口令的难度。

（3）它使得发现一个用户是否在两个或多个系统上使用相同的口令变得不可能了。

随着时间的推移，口令文件的受限访问越来越受到重视。这促使很多系统努力隐藏口令文件或加强对它的防护。在早期的 Unix 系统中，口令被存储在/etc/passwd 文件中。这个文件所有人都可以打开和读取。尽管其中的口令已加密，但是加密强度很弱，容易被破解。清空文件中的口令字段（如从光盘引导系统）后，用户根本不用口令就可以登录。经过几次高调的妥协后，该系统被重新设计成如今的样子。在大多数现代的 Unix 系统中，用户名保存在/etc/passwd 文件中，而口令保存在/etc/shadow 文件中，该文件被称为影子口令文件，它保存着加密的口令并且只有系统管理员可以访问它，因此普通用户要想攻破它更加困难了。

正如早期的 Unix 系统那样，早期的 Windows 版本使用比较容易被破解的口令文件（.pwd）。后来的 Windows NT 系统把口令保存到安全账户管理器（SAM）中，不过其中的口令能够被修改，或者用穷举攻击获得。后续的 Windows 版本增加了 Syskey 工具，它以额外的加密形式为 SAM 数据库增加了一层保护。尽管如此，某些攻击工具能够从 Syskey 保护的文件中导出口令的散列（或哈希）值。

很多免费的工具能够破解 Windows 和 Unix 的口令。最有名的两个是 LC6（以前叫作 LOphtCrack）和 John the Ripper。这些工具常常通过组合攻击来破解口令：字典攻击（使用与操作系统相同的散列算法为某个"字典"中的"单词"生成散列值，然后将其与口令文件中的口令散列值进行比较，这里的"单词"，更多的是可能作为口令的各种字符串），启发式攻击（观察人们常做的事，如创建口令时开头用大写字母而结尾用数字），以及穷举攻击（检查每一个可能的字符组合）。

另一个攻击受口令保护的 Windows 系统的方法，是利用一个可以启动系统的 Linux 应用启动系统，然后使用该应用替换掉单机服务器上的管理员口令。如果攻击者能够接触计算机，他就能接管它。同样的方式也可以攻击其他操作系统。

早期的很多操作系统对账户数据库的保护非常弱。管理员通过对账户数据库使用比较强的授权控制来增强对它的保护。

无论如何，如果攻击者物理上占有了机器，或者攻击者能够得到存有口令的账户数据库文件，那么，利用众多的可用工具，他最终就能破解口令。这就是为什么每个系统都应该物理上受到保护，以及集中式账户数据库和认证系统应该使用额外的预防措施进行保护的原因。另外，对用户进行安全培训和对用户账户进行控制，也能够加强口令的安全，提高攻击者破解的难度——或许困难到让攻击者转而寻找其他容易的目标。

如今，许多现成的应用都使用很多公司在用的集中式认证系统，如轻量级目录访问协议（LDAP）或活动目录（AD）。它们依靠已有的用户凭证，而不是维护它们自己的口令数据库。这样做更安全，也更便于用户使用。单点登录（SSO）允许用户使用他们现有的凭证对应用进行身份验证，而不必经过前述的质询-响应过程，这样做改善了用户的体验。

2. 集中存储和比较

当口令被加密后，认证过程也改变了。此时不能仅仅通过直接比较来认证，系统必须先加密（使用与存储口令时相同的加密算法）用户输入的明文口令，然后将结果与口令文件中存储的加密口令进行比较。如果它们匹配，用户就通过了认证。这是如今很多操作系统和应用程序认证用户的方法。

当应用程序位于服务器上，客户端必须与它交互时，这又该如何变化呢？当集中式账户数据库位于远程主机上时，又将如何？有时候用户输入的口令加密后，通过网络传送到远程服务器，然后该服务器把它与本地存储的加密口令进行比较来完成身份认证。这是理想的情况。遗憾的是，一些网络应用以明文的形式传送口令，如 Telnet、FTP、Rlogin，以及许多其他应用默认都是这样做的。即使本地系统是安全的，网络登录系统可能还是会使用那些明文传输口令的应用。如果攻击者能够在口令传输过程中捕获它们，就能使用它们登录系统。除了这些网络应用外，早期的远程认证协议（常常使用拨号登录），如口令认证协议（PAP），也以明文的形式把口令从客户端传送到服务器。

3. CHAP 和 MS-CHAP

一种解决保护网络传输中的认证凭证、使它们不易被捕获或重放的方法，是使用质询和响应认证协议 CHAP（Challenge Handshake Authentication Protocol）或微软版本的 MS-CHAP。这些协议使用到了散列函数 MD5，并且服务器中存有各个客户端的口令。基本过程如下：服务器收到访问请求后，向请求者发出一个质询码。请求者使用 MD5 计算质询码和口令的散列值，然后将这个散列值发送给服务器。服务器收到后，将它与自己使用相同的方式计算的散列值进行比较。如果二者相同，则用户通过认证。

除了更加安全地存储凭证外，MS-CHAP 的第 2 个版本还要求相互认证，也就是不仅客户端需要向服务器证明自己的身份，服务器也必须向客户端证明自己的身份。为此，服务器利用客户端的口令加密客户端发送过来的质询，然后返回给客户端。因为只有知道客户端口令（保存在服务器的账户数据库中）的服务器才能正确地加密客户端的质询，所以客户端也会确信它正在与一个有效的远程访问服务器通信。这个协议是一个更加强壮的协议，尽管并不是不可攻破的。已经发现 MS-CHAP v2 无法抵御穷举攻击，在现代计算机上，可以在数分钟内到数小时内攻破该协议。

4. Kerberos

Kerberos 是一个基于使用票据（Ticket）的网络认证系统。在 Kerberos 标准中，口令对于系统来说是关键，但是在某些系统中也可以用证书来替代口令。Kerberos 是一个复杂的协议，由麻省理工学院开发，用于在一个不友好的网络中提供身份认证。不像某些其他网络认证系统的开发者，Kerberos 的开发者假定恶意的用户和好奇的用户都能访问网络。因此，Kerberos设计了各种机制，用于处理对认证系统的常见攻击。Kerberos 认证过程包括如下步骤（图 3-3也给出了说明）：

（1）用户输入他的口令。

（2）发送与客户端（或工作站）有关的数据和一个可能的鉴别码（Authenticator）到服务器；鉴别码是使用口令（可能散列过的或另外处理过的）加密一个时间戳（客户端计算机的时钟时间）生成的。鉴别码和明文时间戳一起构成一个登录请求，被客户端发送到 Kerberos认证服务器（AS）。这就是 KRB_AS_REQ 消息。这被称为预认证，可能并不是所有的 Kerberos实现都有这一步。

说明：通常情况下，AS 和票据授予服务器（TGS）由同一个服务器担当，这个服务器扮演了密钥分发中心（KDC）的角色。该 KDC 是一个集中式的用户账户信息（包括口令）数据库。每个 Kerberos 域至少维护一个 KDC（一个 Kerberos 域是一组服务器和客户机的一个逻辑集合，相当于一个 Windows 域）。

（3）KDC 检查将来自客户端的时间戳与它自己的时间戳进行比较，二者相差不能超过规定的时间偏移（默认情况下是 5 min），否则，请求将被拒绝。

（4）因为 KDC 保存有用户的口令，它可以使用该口令加密来自客户端的明文时间戳，并将结果与来自客户端的鉴别码进行比较。如果二者匹配，则用户通过身份认证，然后向客户端返回一个票据授予票据（TGT）。这就是 KRB_AS_REP 消息。

（5）当客户端需要访问特定的资源时，它将这个 TGT 和访问请求一起发送到 KDC，发送的消息中也包含一个新的鉴别码。要访问的资源可能是客户端本地的资源或者是网络资源。这就是 KRB_TGS_REQ 消息。这个消息由 TGS 处理。

（6）KDC 验证鉴别码并检查 TGT。因为该 TGT 是 KDC 最初使用它自己的凭证加密 TGT 的一部分生成的，KDC 能够验证该 TGT 是自己的。既然客户端还提供了一个有效的鉴别码，说明该 TGT 也不太可能是重放的结果（因为一个捕获的请求很可能有一个无效的时间戳，一个与 KDC 的时钟相比超过了规定的时间偏移的时间戳）。

（7）如果一切正常，KDC 给客户端颁发一个服务票据（这就是消息 KRB_TGS_REP），客户端使用它就可以访问特定的资源了。该票据的部分内容用服务的凭据进行了加密（凭据可能是服务所在的计算机账户的口令），并且，该票据的另一部分内容用客户端的凭证进行了加密。

（8）客户端能够解密票据中使用它的凭证加密的那一部分，从而知道它可以使用哪些资源。客户端将这个票据连同一个新的鉴别码发送给资源所在的计算机。（最初登录期间，资源所在的计算机就是客户端计算机，服务票据在本地使用）

（9）资源所在的计算机（客户端）通过检查时间是否在有效期内来验证时间戳，然后解密票据中使用它的凭证加密的那一部分。这会告诉它哪些资源被请求了，并证明了客户端已经通过身份验证。（只有 KDC 拥有资源所在的计算机的口令副本，并且 KDC 只有在客户端通过身份验证的情况下才会颁发一个票据。）资源所在的计算机（客户端）然后使用一个授权过程确定是否允许用户访问资源。

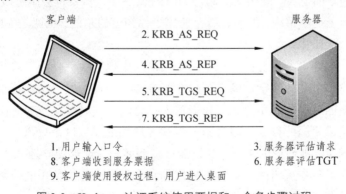

图 3-3　Kerberos 认证系统使用票据和一个多步骤过程

除了鉴别码和使用口令加密票据数据，也可以使用其他 Kerberos 控制。票据可以重复使用，但必须在有效期内。失效的票据可以续约，但是应该控制续约的次数。

然而，在大多数实现中，Kerberos 依赖于口令，因此所有基于口令的认证系统的常规的注意事项都适用于 Kerberos。如果能够得到用户的口令，认证系统无论有多强大都没用，因为该账户已经被攻破了。不过，到目前为止，还没有已知的成功攻击网上 Kerberos 数据的案例。对 Kerberos 成功攻击都是因为获得了口令数据库，或者通过界外攻击的方式（社会工程、意外发现口令等）获得了口令。

5. 一次性口令系统

有两个问题困扰着基于口令的认证系统。首先，在大多数情况下，口令是由人创建的。因此，人们需要知道如何构造强口令，但是大多数人并不知道如何构造强口令，或者即使知道也不重视。这些强口令必须被记住而不能写下来。这就意味着，在大多数情况下，不能要求使用长口令。其次，除了口令所有者外，其他人也可能会知道口令。人们经常把口令写下来，并常常放在可以被其他人找到的地方。有些人常常把自己的口令告诉给别人，根本不在乎可能会给自己带来的安全威胁。

口令会受到各种不同的攻击。它们能够被捕获和破解，或者用在重放攻击中，也就是口令被捕获，之后再次用于认证。

对于此类攻击的一种解决办法是，每次使用的口令都不相同。在计算机之外的系统中，利用一次性口令清单，这已经实现了。当两个人要发送加密信息的时候，如果他们各有一份一次性口令清单，每个人可以使用当天的口令（来加密信息），或者用其他方法决定使用哪个口令。此类系统的优势是，即使某个口令被破解了，它只影响当前的消息，对下一条消息没有影响，因为下一个消息使用不同的口令。那么，这可以在计算机系统中实现吗？当然可以，目前已有两种实现一次性口令（One-time Password）的方法：基于时间的一次性口令和基于序列的一次性口令。

基于时间的一次性口令系统使用基于硬件或软件的认证装置，该装置根据当前时间生成一个随机的种子。认证装置或者是硬件令牌（比如密钥坠、某种卡等），或者是软件形式。认证装置每 60 s 生成一个简单的一次性认证码。用户将该认证码和自己的个人识别码（PIN）组合在一起来创建口令。一个集中式的服务器能够验证这个口令，因为它的时钟是与令牌同步的，并且它知道用户的 PIN。既然认证码每 60 s 改变一次，口令也会跟着改变。

这是一种双因子认证系统，因为它组合使用了你知道的东西，也就是你的 PIN，以及你拥有的东西，也就是认证装置。

基于序列的一次性口令系统使用一个口令短语来生成一次性口令。口令短语和一个表示将会从中产生多少个口令的数字被输入到一个服务器中。每次发出认证请求的时候，该服务器都会生成一个新的口令。当用户在客户端输入口令短语的时候，作为一次性口令生成器的客户端软件将会生成相同的口令。因为服务器和客户端都知道口令短语，并且它们都设置了相同的、口令短语能够被使用的次数，所以服务器和客户端能够独立地产生相同的口令。

这个算法包含了口令短语的一系列散列值和一个质询。首次使用的时候，散列的次数等于口令短语可能被使用的次数。每使用一次，散列的次数就减少一次。最终，口令短语可被使用的次数会用完，这个时候，要么需要设置一个新的口令短语，要么重置旧的口令短语。

当客户端系统发出一个认证请求的时候，服务器发出一个质询（Challenge）。该质询包含一个散列算法标识（MD5 或者 SHA-1）、一个序列号和一个种子（一个 1～16 个字符的明文字符串）。就像这样：opt-md5 569 mycaristoyota。一次性口令生成器把来自服务器的质询和用户输入的口令短语作为输入，生成一个长度为 64 bit 的一次性口令。该口令必须被输入到系统中。在某些情况下这是自动完成的，在另外一些情况下可以通过剪切和粘贴完成，有些情况则需要用户手动输入。这个口令被用于加密质询以创建响应（Response）。然后，客户端将这个响应发送给服务器，服务器验证它是否有效。这个过程包括如下步骤（图 3-4 也给出了说明）：

（1）用户输入口令短语。

（2）客户端向服务器发出认证请求。

（3）服务器向客户端发送一个质询。

（4）客户端和服务器上的一次性口令生成器各自生成一个一次性口令。它们是相同的。

（5）客户端的一次性口令或者直接由系统完成输入，或者显示出来，再由用户输入。这个口令用于加密质询（创建响应）。

（6）客户端将响应发送给服务器。

（7）服务器用它自己生成的一次性口令加密质询，并将结果与来自客户端的响应进行比较。

（8）如果二者相同，则用户通过认证。

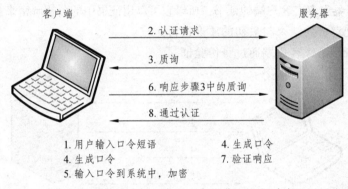

图 3-4　基于序列的一次性口令是一个改进的质询/响应认证系统

基于序列的一次性口令系统，像其他一次性口令系统一样，提供了对窃听和重放攻击的防御，但是却没有对传输数据的隐私提供保护，也没有对会话劫持攻击进行防御。不过，这可以通过某些安全的通道，如 IPSec 或 SSH，来提供额外的保护。一次性口令系统的其他缺点在于其可能的实现。因为最终必须重置口令短语，其实现应该以一种安全的方式完成口令短语的重置。如果不这样的话，攻击者可能会捕获到口令短语，从而为进一步攻击口令系统做好准备。在某些系统中，基于序列的一次性口令的实现保留了传统的登录方式。当用户面对选择使用传统的登录方式，还是输入一个复杂的口令短语然后再输入一个长长的一次性口令时，他可能会选择使用传统的登录方式，这样做使认证过程变弱了。

3.1.2　基于证书的认证

证书（Certificate）是一个将身份（用户、计算机、服务或设备）绑定到一个公钥/私钥对的公钥上的信息集合。典型的证书包括身份信息、公钥、证书的用途、证书的序列号、证书的有效期，以及一个可以找到发布该证书的 CA 的更多信息的地址等内容。证书由发布证书的 CA 进行数字签名。组织中用于支持证书的基础设施被称为公钥基础设施（PKI）。

除了证书的拥有者保存证书，其他人也可以通过众多的方式获得别人的证书。例如，可以通过电子邮件传递证书，或者在某些应用初始化时分发证书，或者把证书存储到某个集中式数据库中，当人们需要证书的时候从这个数据库检索得到。与证书的公钥关联的私钥是保密的，通常仅保存在证书拥有者本地。某些实现提供了私钥存档，但是，一般来说，私钥安全才能保证身份的安全。

当证书用于认证时，对应的私钥用于加密某些请求或质询，或者说对它们进行数字签名。而证书中的公钥则被服务器或某个集中式认证服务器用于解密质询。如果结果与预期的值匹配，则证明身份是真实的。因为只有与私钥相关的公钥才能够成功地解密用私钥加密的质询，而只有私钥拥有者才能够用私钥加密质询，所以一旦解密成功，说明质询一定来自私钥拥有者。认证步骤描述如下（图 3-5 也给出了说明）：

（1）客户端发出一个认证请求。

（2）服务器向客户端发出一个质询（Challenge）。

（3）客户端用它的私钥加密质询，生成响应（Response）。

（4）客户端把响应发送给服务器。

（5）因为服务器保存有客户端的证书，所以它可以用证书中的公钥解密来自客户端的响应。

（6）服务器把解密的结果与最初的质询进行比较。

（7）如果二者匹配，客户端通过身份验证。

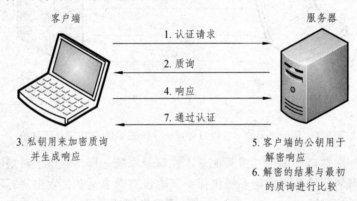

图 3-5　基于证书的认证使用公钥和私钥

以下概念对理解这类认证是很有帮助的：最初的一对公钥/私钥是由客户端产生的，只有公钥被发送给了 CA。CA 为客户端生成证书并用 CA 的私钥对该证书进行签名，然后把签名的证书的一个副本发送给客户端，同时在自己的数据库中也保存一份。在某些系统中，其他数据库也会收到该证书的一个副本。正是证书的签名能够让其他系统评估证书是否真实。如果其他系统能够得到一份 CA 的证书，它们就能验证客户端证书上的数字签名，从而确信客户端证书是有效的。

利用证书进行身份验证的系统主要有两个，它们是 SSL/TLS 和智能卡。

1. SSL/TLS

SSL（Secure Sockets Layer）是一种基于证书的系统，用于提供安全的 Web 服务器和客户端的认证，以及在 Web 服务器和客户端之间共享加密密钥。TLS（Transport Layer Security）

是专有 SSL 的国际标准版。尽管 TLS 和 SSL 具有同样的功能，但是二者并不兼容。也就是说，使用 SSL 的服务器并不能与仅使用 TLS 的客户端建立安全会话。在确定使用 TLS 或 SSL 之前，应用程序必须知道它们已经存在。

注意，虽然最常用的 SSL 实现仅提供了安全通信和对服务器身份的验证，但是 SSL 也可以实现对客户端身份的验证。为了实现这一功能，客户端必须要有它自己的证书，并且 Web 服务器必须配置为要求验证客户端的身份。

在最常见的使用 SSL 的实现中，组织从一个公共的 CA（如 VeriSign）获得一个服务器 SSL 证书，并把该证书安装到它的 Web 服务器上。当然，组织也可以从一个内部的证书服务实现中生成它自己的证书。不过，从公共 CA 获得的证书具有如下优势：公共 CA 的证书会被内置到客户端的 Web 浏览器中。这样，客户端就能够轻易验证 Web 服务器的身份。认证过程描述如下（图 3-6 也给出了说明）：

（1）用户在浏览器中输入 Web 服务器的 URL，或者单击 Web 服务器 URL 链接。

（2）客户端向 Web 服务器发起一个连接请求。

（3）Web 服务器接收该请求，然后把它的 SSL 证书发送给客户端。

（4）客户端的浏览器检查它的证书库，寻找为 Web 服务器颁发 SSL 证书的 CA 的证书。

（5）如果找到了对应的 CA 证书，浏览器就用 CA 证书中的公钥来核实 Web 服务器的 SSL 证书的签名，以此来验证 Web 服务器的证书是否真实有效。

（6）如果 SSL 证书的签名核实通过，则客户端浏览器认可 Web 服务器的证书是有效的。

（7）客户端生成一个对称加密密钥（会话密钥），并用 Web 服务器的证书中的公钥加密该密钥。

（8）客户端把加密后的密钥发送给 Web 服务器。

（9）Web 服务器用它自己的私钥解密收到的密钥。现在，Web 服务器和客户端有了相同的加密密钥。接下来，就可以在二者之间的通信中使用该密钥加密通信内容了。

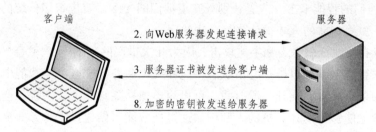

图 3-6　SSL 可用于验证服务器身份和在 Web 服务器和客户端之间提供安全通信

要使用 SSL/TLS，Web 服务器需要被配置为要求使用 SSL，而客户端的浏览器需要使用 https://而非 http://开始的 URL，否则客户端不会对服务器身份进行验证，并且服务器和客户端之间的通信也不会受到保护。

2. 智能卡和其他基于硬件的设备

对基于证书的认证系统来说，私钥的保护是至关重要的。如果攻击者能够获得私钥，他就能够伪装成用户身份进行认证。这类系统的实现对私钥的保护做得都很好，但是，如果私钥保存在计算机上，则总是存在着泄露的可能。

更好的做法是，不仅保护私钥，而且把私钥与计算机分开。智能卡可以实现这个目的。有很多类型的智能卡，用于认证的智能卡看起来像信用卡，只不过含有一个用于存储私钥和证书的计算机芯片，该芯片也提供了数据处理功能。对于使用智能卡的不同应用，应该选择合适的智能卡。额外的硬件令牌可以基于 USB 并服务相似的目的。要使用智能卡，需要特殊的读卡器来提供智能卡和计算机系统之间的通信。

在典型的智能卡实现中，以下步骤用于验证客户端身份：

（1）用户把智能卡插入到读卡器中（或者把智能卡靠近扫描器）。

（2）计算机上的应用程序提示用户输入他的 PIN（提示：PIN 的长度会因智能卡的类型而变化）。

（3）用户输入他的 PIN。

（4）如果输入的 PIN 是对的，计算机上的应用程序就能够与智能卡通信了。智能卡上存储的私钥被用于加密某些数据。该数据可以是一个质询，也可以是客户端计算机的时间戳。加密过程发生在智能卡内。

（5）加密后的数据被传输给计算机，也可能被传输给网络上的某台服务器。

（6）公钥（要让计算机或服务器可以访问证书）用于解密这些数据。既然只有智能卡的处理器芯片有私钥，并且必须输入一个有效的 PIN 才能启动加密过程，如果成功解密数据，就意味着用户通过了认证。

使用智能卡来存储私钥和证书，解决了保护密钥的问题。不过，必须教育用户不要把他们的 PIN 写在他们的智能卡上，或者让别人知道他们的 PIN。就像很多传统的认证系统，只有拥有智能卡并知道 PIN 的人才被认为是合法的用户。

智能卡可以有效地抵御暴力和字典攻击，因为几次错误的 PIN 输入就会导致智能卡不能用于认证。要求智能卡联机以维护会话状态，能够提供额外的安全。当智能卡被移除时，系统会被锁定。如果用户需要离开一段时间，可以简单地移除智能卡，系统就会被锁定，从而防止被那些物理上能够访问计算机的人利用。通过把智能卡做成员工牌，并要求员工一直带在身上，可以促使员工在暂时离开的时候移除智能卡。这也可确保智能卡不会整夜遗留在员工的桌子上。另外，可以要求每年都更新证书，来进一步加强安全性。

智能卡的问题通常表现在管理上，如分发智能卡、培训用户、降低成本、处理丢失的智能卡等。除此之外，应该检查智能卡认证的实现方法，确保系统能够被配置成要求用户使用智能卡。有些实现方法允许使用口令认证作为一种替代，这削弱了认证系统的安全性，因为攻击者只需要破解口令就可以通过认证，智能卡提供的额外安全完全被绕过了。要确定某个认证系统是否具有这样的弱点，可以检查它提供的文档，看一看是否提供了可选的口令认证，同时查看一下是否有不能使用智能卡的地方，如管理命令或二次登录。

3.1.3　可扩展认证协议（EAP）

开发可扩展认证协议（EAP）的目的，是让插件模块能够合并到整个认证过程中。这意味着认证界面和基本流程都可以保持不变，但是可以改变可接受的凭证及操纵它们的方法。一旦 EAP 在系统中实现，新的认证协议就能够被添加进去，不需要对操作系统做很大的改变。EAP 已经在几个远程访问系统中实现，包括远程认证拨号用户服务（RADIUS）。

与 EAP 一起使用的认证模块被称为 EAP 类型。目前已经存在几种 EAP 类型，它们的名称表明了所使用的认证类型：

（1）EAP/TLS 使用 TLS 认证协议，提供了使用智能卡进行远程认证的能力。

（2）EAP/MD5-CHAP 使用口令进行认证，用于那些要求增加远程无线 802.1x 认证的安全性，但是却没有 PKI 支持口令认证的组织。

3.1.4　生物识别技术

生物识别技术（Biometric）使用个人的生理特征或行为特征进行身份验证，包括人脸识别和确认、视网膜扫描、虹膜扫描、指纹识别、手形识别、语音识别、唇动识别和击键分析等。目前，生物识别广泛地用在计算机系统的访问上和门禁上，甚至扣动扳机开枪也用到了生物识别。尽管在不同的应用场景中，生物识别使用的比较算法可能不同，但是都会检查身体的某个部位或某种行为，从中提取特征值，并与数据库中保存的值进行比较。如果结果匹配，则通过认证。

这个过程取决于两件事：首先，被检查的身体部位是确定的；其次，系统能够得到足够的信息来创建一个唯一的身份标识，不会导致漏报，也不会因提供的信息不足而导致误报。所有目前使用的生物识别系统都建立在能够呈现个体的唯一特征的基础上。每个系统的准确度由系统产生的漏报数和误报数决定。

除了漏报和误报外，生物识别技术还面临着娱乐业带来的阴影——坏人从真人身上取下身体的某个部位并使用它们来进行身份验证。

对指纹系统的其他攻击也已经演示成功。其中一种是粘贴指纹攻击。2002 年 5 月，横滨国立大学环境与信息科学系的一个研究生获取了一位观众的指纹，制作了一个带指纹的假手指。他使用这个假手指攻破了 10 个不同的商用指纹识别器。虽然这种攻击需要获得个体的指纹，但是在另外类似的攻击演示中，使用各种物体表面留下的指纹也可以成功。这些攻击不仅攻破了许多人认为非常强健的系统，而且在攻击成功之后，你还可以消灭证据。

3.1.5　身份认证的其他应用

前面在介绍某些身份认证方法或技术的时候，也提到了它们的应用。以下是身份认证的一些其他应用：

（1）计算机在启动时向中央服务器认证：在 Windows 中，隶属于某个域的客户端在启动的时候会登录到域中，并收到来自域的安全策略。计算机在允许访问无线网络之前，也需要提供某种计算机凭证。

（2）计算机为网络通信创建安全通道：这类例子如 SSH 和 IPSec。后面将会介绍它们。

（3）计算机请求访问资源：这也可能触发一个认证请求。更多信息在后面的"授权"找到。

1. SSH

SSH 存在于大多数版本的 Unix 和 Windows 中。SSH 为远程管理提供一个安全通道。传统的 Unix 工具不提供认证保护，也不提供机密性，但是 SSH 提供这些功能。

2. IPSec

IP 安全，通常也称为 IPSec，用于在通信的两个设备之间提供一个安全通道。计算机、路由器、防火墙等都能够与其他网络设备建立 IPSec 会话。IPSec 能够提供机密性、数据认证、数据完整性，以及防止重放攻击等服务。

IPSec 的实现有很多种，它被广泛地部署在虚拟专用网（VPN）中，也能用于保护局域网或广域网上的两台计算机之间的通信。因为 IPSec 工作在网络协议栈的网络层和传输层之间，应用程序无须理会 IPSec，就可以直接利用 IPSec 的功能。IPSec 也可以简单地用于阻止特定的协议，或者阻止来自特定计算机或 IP 地址范围的通信。当在两个设备之间使用时，设备之间需要相互认证。IPSec 协议的设计很灵活，能够支持多种加密和认证算法。

3.2 授 权

与身份认证配合使用的是授权（Authorization）。身份认证确定用户是谁；而授权规定该用户能做什么。授权通常被看成是一种建立对资源访问的方式，这里的资源如文件、打印机。授权也能够处理用户在系统或网络上可能拥有的特权。授权甚至指定用户能否访问系统。有各种类型的授权系统，包括用户特权、基于角色的授权、访问控制列表，以及基于规则的授权。

需要提醒的是，对授权的描述，通常是从用户对资源（如文件）的访问或者行使特权（如关闭系统）方面进行的。然而，也有专门针对系统特定区域的授权。例如，许多操作系统被分成用户空间和内核空间，可执行文件在其中一个空间或另一个空间中的运行能力是受到严格控制的。要在内核空间中运行，可执行文件必须拥有特权，而这种特权通常仅限于本机操作系统组件。

3.2.1 用户特权

用户特权（User Right/Privilege）不同于权限/许可（Permission）。用户特权提供了授予影响整个系统的操作的权力。例如，创建组（Group）、把用户分配到组、登录系统等都属于用户特权。它们可以分配给用户。其他用户特权则是隐含的，会被赋给默认的组——由操作系统创建而非管理员（Administrator）创建的组。这些特权不能被移除。

在 Unix 系统的典型实现中，隐含的特权被赋给 Root 账户。这个账户可以在系统上做任何事情，而隶属于 Users 的账户只具有有限的权力，包括登录系统、访问某些文件，以及运行他们被授权允许执行的应用程序。

在某些 Unix 系统上，系统管理员能够授予某些用户以 Root 账户的身份使用特定命令的权力，而无须向这些命令提供 Root 账户口令。一个可以执行此操作且位于公共域中的程序被称为 Sudo。

3.2.2 基于角色的授权（RBAC）

公司中的每个工作都有一个角色来完成它。如果某个员工要做好自己的工作，他需要有特权（做某件事的权限）和许可（访问特定的资源并利用它们做特定的事情的权限）。早期计算机系统的设计者认识到，系统使用者的需求并不一样，并不是所有用户都应给予管理系统的权限。

早期的计算机系统有两个用户角色，分别是普通用户和管理员。早期的系统根据用户更适合哪个组（普通用户组和管理员组）来定义角色并赋予相应的权限。管理员（超级用户、Root 用户等）被赋予特别的权限，可以访问比普通用户更多的计算机资源。例如，管理员能够添加用户、分配口令、访问系统文件和程序，以及重启计算机。普通用户能够登录系统，读取他自己的文件，修改它和执行程序。这种分组后来被扩展，增加了审计员的角色。审计员能够读取系统信息和其他人在系统中的活动信息，但是不能修改系统数据或执行管理员角色的其他功能。

随着系统的发展，用户角色更加细化了。例如，通过用户的安全许可来量化用户，并赋予相应的访问特定数据或运行某些程序的权限。用户的其他差别可能根据用户在数据库或其他应用系统中的角色而定。一般而言，角色由部门分配，如财务、人力资源、信息技术，以及销售部门。

一般来说，RBAC（Role-Based Authorization）把角色定义为组织中的一项工作职责。RBAC给角色而不是给单独的用户分配访问权。一般情况下，用户比角色多得多。用户与角色的关系是多对多的关系，角色与资源或系统对象的关系也是多对多的关系，如图3-7所示。

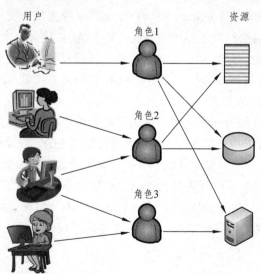

图 3-7　RBAC 系统中用户、角色和资源的关系

在基于角色的系统的最简单的例子中，用户被简单地添加到拥有特定的权限和特权的组中。其他基于角色的系统使用更加复杂的访问控制系统，包括某些只有得到操作系统的支持才能实现的访问控制系统。例如，在 Bell-LaPadula 安全模型中，数据资源被分成不同的层或域。每个域代表一种数据分类。没有特定的授权，数据不能从一个域移到另一个域。并且，用户必须有权访问域才能使用数据。在这种角色中，用户不能向低级的域中写数据（例如，从绝密级向秘密级写数据），也不能从比他们能访问的域高级的域中读数据（例如，被赋予访问公共域的用户，不能读取秘密级或机密级的域）。

Unix 的基于角色的访问控制工具可用于将管理员权限委派给普通用户。这是通过定义角色账户，或者定义能够用于执行某些管理任务的账户实现的。角色账户无法用于登录，他们只能通过 Su 命令进行访问。

3.2.3　访问控制列表（ACL）

某些社交场合只有被邀请的人才能参加。为了确保只有被邀请的嘉宾参加聚会，可能需要将一份被邀请人的名单提供给门卫。当你抵达时，门户会检查你的名字是否在名单里面，以此决定你是否能进入。这种场合也可能通过比对照片来核实身份，不过，这是一个使用访问控制表（Access Control Lists，ACL）的简单并且很好的例子。

信息系统也可以使用 ACL 来确定是否允许访问所请求的服务或资源。此时，对系统中文件的访问，通常是由每个文件上附带 ACL 信息控制的。同样，网络设备上不同类型的通信也可以通过 ACL 来控制。

1. 文件访问权限

Windows 和 Unix 系统都使用文件访问权限来管理对文件的访问。实现方式虽然不同，但在两个系统上都工作得很好。只有在需要进行跨平台互操作的时候，才会出现维护恰当授权的问题。

Windows 文件访问权限：Windows 的 NTFS 文件系统为每个文件和文件夹都提供了一个 ACL。ACL 由一系列访问控制项（ACE）组成。每个 ACE 包含一个安全标识符（SID，一个以 S 开头的数字串）和赋予那个 SID 的访问权限。访问权限可以是允许访问或拒绝访问，而 SID 可能代表用户账户、计算机账户或者组。ACE 可以由系统管理员、文件所有者或者具有"应用权限的权限"的用户来指派。

Windows 系统登录过程的部分功能，是确定特定用户或计算机的特权和组成员身份。这会构造出一个列表，包含了用户的 SID、用户隶属的组的 SID，以及用户拥有的特权（用特殊身份的 SID 代表）。注意，每个 SID 都是唯一的。这个列表将作为登录用户的令牌（Token），附在这个用户启动的所有正在运行进程上。当用户访问系统资源的时候，系统将比较用户的令牌和所访问资源上的 ACL，决定用户是否具有访问权限及何种访问权限。

Windows 系统中的权限被分得很细。表 3-1 中列出的权限实际上代表权限集合，但是这些权限也可以单独指派。

表 3-1 Windows 文件权限

权　限	如果在文件夹上授予	如果在文件上授予
完全控制	所有权限	所有权限
修改	列出文件夹，读取和修改文件夹上的权限及属性，删除文件夹，将文件添加到文件夹中	读取，执行，更改和删除文件及文件属性
读取和执行	列出文件夹内容，读取文件夹上的信息（包括权限和属性）	读取和执行文件，读取文件上的信息（包括权限和属性）
列出文件夹内容	遍历文件夹（查看各级子文件夹），执行文件夹中的文件，读取属性，列出文件夹中的文件夹，读取数据，列出文件夹中的文件	N/A
读取	列出文件夹，读取属性，读取权限	读取文件，读取属性
写入	创建文件，创建文件夹，写入属性，写入权限	将数据写入文件，将数据附加到文件上，写入权限和属性
特殊权限*	细粒度的权限选择	细粒度的权限选择

*这些权限不同于表中所示的权限分组。表中列出的每个权限都可以单独应用。

　　当进程试图访问某资源时，Windows 的安全子系统就比较"该资源上的 ACE 列表"和"用户的令牌中的 SID 列表和特权"。一旦两个列表中存在相同的 SID，并且所请求的访问权限也匹配，系统就授权该进程访问资源，除非访问权限是拒绝访问。如果匹配失败，将导致拒绝访问。另外，访问权限是累积计算的。也就是说，如果用户仅被授予了对资源的读取权限，而用户隶属的某个组被授予了写入权限，则该用户将拥有对该资源的读写权限。还有，拒绝访问权限的优先级高于允许访问权限。例如，用户被授予了允许读取权限，但是用户隶属的某个组被授予了拒绝读取权限，则用户无法读取资源。

　　值得注意的是，Windows 系统中的文件访问权限和其他基于对象的权限也可以通过共享文件夹的权限加以补充。也就是说，如果一个文件夹能够通过 SMB 协议直接从网络上访问，就可以在该文件夹上设置"共享权限"。这些权限将会和设置在该文件夹上的"NTFS 权限"一起，控制对该文件夹资源的访问。如果这两套权限集合之间存在着冲突，则使用其中更具有限制性的权限。例如，如果"共享权限"把文件夹的读取和写入权限赋给组 Accountants，而 Alice 隶属于这个组，但是这个文件夹上的"NTFS 权限"却拒绝 Alice 访问，那么，Alice 将被拒绝访问这个文件夹。

　　Unix 文件访问权限：传统的 Unix 文件系统不使用 ACL，而通过限制用户账户和组的访问来保护文件。比如说，如果你想授予读取某个文件的权限给文件所有者之外的某个人，你将无法办到。如果你想将读取权限授予给一个组而将写入权限授予给另一个组，你也不能办到。某些 Unix 系统（比如 Solaris）通过提供 ACL 解决了缺乏细粒度访问控制的问题，不过，在我们了解此类系统之前，我们先看一下传统的文件保护系统。

　　在 Unix 系统中，除了文件名之外，关于文件的其他信息都包含在索引节点（inode）中。包括文件所有者的用户 ID、文件所属的组，以及文件模式——读/写/执行权限集合。

　　Unix 通过分配文件访问权限来控制对文件的访问。访问权限包括 3 个级别：所有者（Owner）、组（Group）和其他人。所有者的权限包括：决定谁可以访问该文件并读取它，谁可以写入它，谁可以执行它（如果是一个可执行文件的话）。这些权限缺少粒度。与文件一样，目录也有可赋予所有者、组和其他人的权限。表 3-2 给出了这些权限及说明。

表 3-2　传统 Unix 的文件权限

权　限	文件用户可以	目录用户可以
读取	打开文件并读取文件内容	列出目录中的文件
写入	向文件写入数据，修改、删除文件，或者向文件添加内容	在目录中添加或移除文件或链接
执行	执行程序	打开或执行目录中的文件；使目录和子目录成为当前目录
拒绝	什么也做不了	什么也做不了

除了使用传统的 Unix 文件保护方案，某些 Unix 系统也提供了 ACL。可以在文件上定义 ACE，并通过命令设置。这些命令包括有关 ACE 类型（用户或 ACL 掩码）、用户 ID（UID），组 ID（GID）和权限的信息。掩码类 ACE 为用户（不包括所有者）和组指定了可用的最高权限。也就是说，即使某用户被明确授予了写入或执行权限，如果 ACL 掩码被设置为读取，则该用户只能获得读取权限。

2. 网络设备的 ACL

网络设备使用 ACL 来控制对网络的访问。具体来说，路由器和防火墙的 ACL 指明了来访的流量可以访问哪台计算机的哪个端口，或者该设备能够接受哪种类型的流量并路由到其他网络上。

3.2.4　基于规则的授权

基于规则（Rule）的授权需要开发一套规则来规定特定的用户在系统上能够做什么。简单的规则如"用户 Alice 能够访问资源 Z 但不能访问资源 D，"更复杂的规则如"用户 Bob 只有在数据中心的控制台上才能读取文件 P"。在一个较小的系统上，基于规则的授权可能并不难维护，但是在较大的系统上和网络上，管理这些规则是一件令人难以忍受和非常烦琐的事。

3.3　实践练习

3.3.1　破解 Windows 账户口令

对于抵御入侵者，口令认证系统是应用最广泛的防范手段。口令的作用就是对登录到系统上的用户 ID 进行认证。反过来，用户 ID 通过以下几种方法来保证系统的安全性：

（1）用户 ID 决定了用户是否被授权访问系统（允许匿名访问的除外）。

（2）用户 ID 决定了该用户所拥有的访问权限。如 Windows 中的管理员 Administrator 拥有最大的访问权限，而来宾 Guest 拥有很少的权限。

（3）用户 ID 还可以应用在自主访问控制机制中。比如，一个用户如果可以列出其他用户的 ID，那么他就可以授权这些用户读取他所拥有的文件。

以下是一些常用的口令攻击的策略：

（1）离线字典攻击：攻击者使用工具或技巧获得口令文件，然后使用破解口令工具并利用口令字典来尝试破解口令。

（2）特定账户攻击：攻击者把目标锁定为特定的账户，不断用猜测的口令登录系统，直到登录成功，则发现正确的口令。

（3）常用口令攻击：用常用的口令对大量的用户 ID 进行登录尝试。很多人倾向于选择容易记忆的口令，这就是这类攻击容易成功的原因。

（4）针对特定用户的口令猜测：攻击者会搜集特定用户的个人信息，如电话号码、生日、QQ 号、门牌号、车牌号等，以及与他相关的亲人的信息。攻击者可以用它们尝试登录，更有效的方式是把这些信息及相应的组合存放到口令字典中，使用破解口令的工具来找到口令。

其他攻击口令的策略，还包括：在别人暂时离开计算机期间偷偷访问；利用用户的疏忽来获得口令，如有人喜欢把口令记在屏幕旁边的纸上；通过社会工程的方法欺骗用户泄露口令；利用人们喜欢重复使用相同的口令来猜测其他系统的口令；利用包嗅探软件捕获网上传输的口令（无论是否加密）。

无论口令存在多少安全方面的脆弱性，它依然是最通用的用户认证技术，并且这种状况将来也不易改变。

最常用口令破解方法，是基于口令字典的方法。这种方法创建一个庞大的口令字典文件，并使用其中的每个口令对口令文件进行尝试。它通过对口令字典中的每一个口令使用 Salt（盐值）来进行散列运算，并和口令文件中存储的散列值进行比较，如果相同，则找到口令。如果没有发现相匹配的口令，那么破解程序将会尝试去改变口令字典中相似的口令，包括倒置拼写、添加特殊字符、字符串或数字等。

容易破解的口令通常都是简单的口令或常用的口令，复杂的口令通常难以破解。以下"破解 Windows 账户口令"的演示充分地说明了这一点。演示环境是 Windows 7 旗舰版。

（1）破解前准备：创建多个 Windows 账户，为每个账户设置口令。有的设置简单的口令，有的设置复杂的口令。

创建新账户的一种方法："控制面板"→"用户账户和家庭安全"→"用户账户"→"管理其他账户"→"创建一个新账户"。新账户名为 Alice，如图 3-8 所示。单击"创建账户"完成账户的创建。再次选择"创建一个新账户"，重复创建 5 个账户，名称分别是 Bob、Upsoar、Trump、Solar、Bashar（账户类型任意），如图 3-9 所示。

为每个新创建的账户设置一个口令（也称密码）。在图 3-9 所示的窗口中分别单击每一个新创建的账户，为每个账户创建一个口令，如图 3-10 和图 3-11 所示。口令设置如下（括号内是口令）：Alice（123123）、Bob（Weston1）、Upsoar（thermonuclear）、Trump（\$20TDzg-1O0%）、Solar（abcdefg）、Bashar（@asasaY0u）。

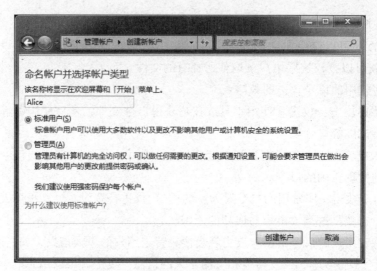

图 3-8　创建新账户

图 3-9　创建的新账户

图 3-10　更改账户

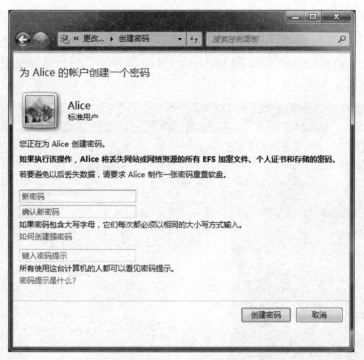

图 3-11　创建密码

（2）破解本机的账户口令。

运行口令破解程序 L0phtCrack，如图 3-12 所示。按照其向导逐步操作，单击"Next"，显示"获取加密口令"窗口，如图 3-13 所示。保持默认的选择，即从本地注册表获得加密的口令。单击"Next"，显示"选择审核方法"，如图 3-14 所示。保持默认选择，单击两次"Next"，单击"Finish"。等待几秒钟后，破解完成，如图 3-15 所示。

账户 Alice、Solar 和 Upsoar 的口令被破解了，它们的口令比较简单。而 Trump 和 Bashar 的口令没有被破解，原因是它们使用了多种字符，包括大小写字母、数字和其他字符，并且有一定的长度。Bob 的口令"Weston1"其实并不复杂，但是也没有被破解。根本原因是在图 3-14 中选择的是仅用口令字典中的字符串破解口令，而口令字典中没有"Weston1"。如果重新破解，并选择图 3-14 中的第 2 项"Common Password Audit"，则 Bob 的口令"Weston1"也会破解，如图 3-16 所示。原因是"Common Password Audit"方式会对字典中的字符串做必要的修改，如在字符串中添加数字或其他符号，或者用 3 替换 E，用$替换 S。不过这种方式花费的时间比较长。

如果选择图 3-14 中的第 3 项"Strong Password"，则破解过程中不仅会使用口令字典中已有的字符串和修改的串，还会尝试所有的字母和数字的组合。当然，这种方式花费的时间更长。

（3）破解非本机的账户口令。

在 Windows 系统中，口令及账户信息保存在注册表的 SAM 和 SYSTEM 配置单元中，需要先获得它们。这两个配置单元以独立的文件保存在 Windows 系统的 System32\config 文件夹下，并且受到系统的保护，正常情况下无法复制。如果有应急修复盘、备份磁带或系统克隆文件，可以从中提取出这两个文件。当然，也可以使用特殊的工具从当前系统中复制出这两个文件，如使用 WinHex 工具来提取。

如果已经得到这两个文件，要破解其中的口令。选择图 3-13 中的第 3 项"Retrive from SAM/SYSTEM backup"即可。当单击向导的最后一个页面的"finish"按钮后，L0phtCrack 工具会根据你指定的文件分别导入 SAM 和 SYSTEM 文件。之后就可以使用与前述一样的方法进行破解。这里就不演示了。

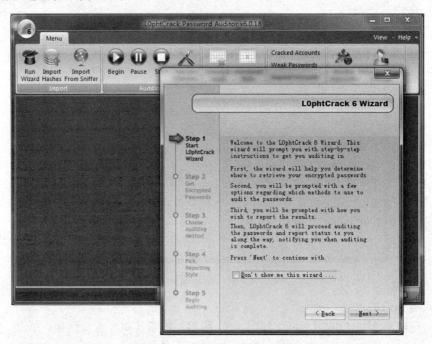

图 3-12　L0phtCrack 的主界面

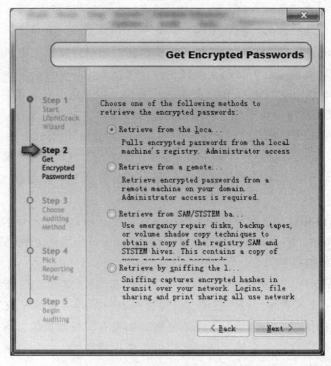

图 3-13　选择获取加密口令的方法

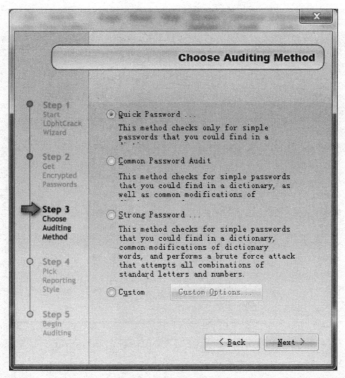

图 3-14　选择审核方法

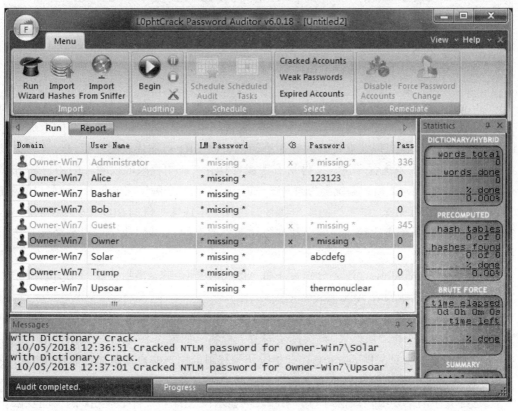

图 3-15　口令破解结果（快速破解）

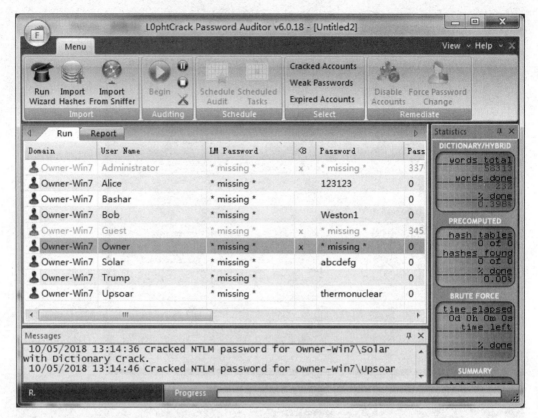

图 3-16   口令破解结果（常规破解）

3.3.2　查看和使用 Windows 的访问控制列表

Windows 的 NTFS 文件系统为每个文件和文件夹都提供了一个访问控制列表 ACL。ACL 由一系列访问控制项（ACE）组成。每个 ACE 包含一个安全标识符（SID）和赋予那个 SID 的访问权限。访问权限可以是允许访问或拒绝访问，而 SID 可能代表用户账户、计算机账户或者组。ACE 可以由系统管理员、文件所有者或者具有"应用权限的权限"的用户来指派。

用户登录 Windows 之后，系统会为当前账户创建一个访问令牌，它包含了当前账户的 SID、当前账户隶属的组的 SID，以及当前账户拥有的特权（用特殊身份的 SID 代表）。当用户访问系统资源的时候，系统将比较用户的令牌和所访问资源上的 ACL，决定用户是否具有访问权限及何种访问权限。

下面让我们在 Windows 7 下先分别看一看 ACL 和访问令牌，然后检验一下 ACL 的功能。

（1）查看访问控制列表 ACL。

在 NTFS 文件系统中的任意文件或文件夹上单击右键，如我们在上一章的实践操作中创建的文件 cert.pfx，选择"属性"，再选择"安全"标签，如图 3-17 所示。该图中的"组和用户名"下显示的是 4 个对文件 cert.pfx 具有相应访问权限的用户账户或组账户名称（注意，ACL 中实际存储的是这些账户的 SID 而非名称，SID 是一个以 S 开头的数字串，每个 SID 都是唯一的）。选择其中的某一项，该窗口的下半部分则显示该 SID 对文件 cert.pfx 的访问权限。这些内容就是文件 cert.pfx 的 ACL，并且有 4 个 ACE。

图 3-17　访问控制列表

（2）查看当前用户账户的访问令牌。

这里使用进程管理工具 ProcessHacker 来查看账户的访问令牌。以管理员身份运行该程序，其界面如图 3-18 所示。"User Name"一栏显示的是运行该进程账户，该图显示有 4 个账户 System、Local Service、Network Service 和 Owner 运行了这些进程。Owner 是当前用户账户，其他 3 个是系统账户。注意，如果以默认的身份运行 ProcessHacker，则许多进程的"User Name"一栏将为空。

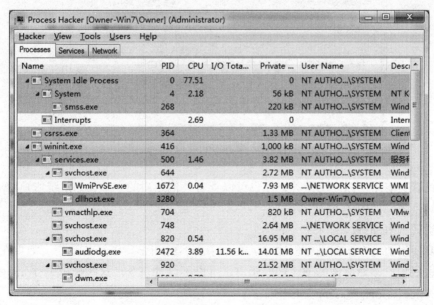

图 3-18　ProcessHacker 的主界面

图 3-18 只显示了一个以当前账户的身份启动的进程 dllhost.exe，这个进程不是当前用户直接启动的，而是系统帮助启动的。这里我们手动启动几个普通程序，如记事本、画图等。然后在 ProcessHacker 的窗口中，找到"User Name"为 Owner 的进程，如 notepad.exe（记事本）进程，单击右键，选择"Properties"，选择 Token 标签，结果如图 3-19 所示。该图中显示了账户 Owner 的 SID 值，以及账户 Owner 所隶属的组及特权身份（SID 已替换成名称）。选择 Owner 启动的另一进程 mspaint.exe（画图），查看其携带的令牌。你会发现，除了窗口标题栏显示的进程名称和进程标识 PID 不同外，其他和 notepad.exe 进程是一样的。但是，如果查看进程 dllhost.exe 携带的令牌，则内容与 notepad.exe 和 mspaint.exe 并不完全相同。

图 3-19　账户 Owner 的令牌

除了查看当前用户账户的令牌，你也可以查看其他账户的令牌，如系统账户 System 在某个进程上的令牌，如图 3-20 所示。

（3）验证 ACL 的效果。

这里要使用前一个实践操作创建的 Alice、Bob、Bashar 及 Trump 账户，如果在你的计算机上没有这些账户，你应该先创建这些账户，可以不设置口令。这些账户中 Trump 是管理员账户，而 Alice、Bob、Bashar 是标准账户。

图 3-20　账户 System 在进程 services.exe（500）上的令牌

　　在默认的管理员账户下，先查看 D：盘根目录下文件夹 Share 的访问控制列表，如图 3-21 所示。与图 3-17 比较一下，你会发现文件 cert.pfx 的访问 ACL 与 Share 的 ACL 是完全一样的（只是 Share 文件夹多了一条"浏览文件夹内容"）。这是因为它们都继承了 D：盘根目录的 ACL。然后，进入 Share 文件夹，创建一个文本文件 readme.txt，内容为"Hello!"。如果你查看 readme.txt 的 ACL，你会发现它继承了 Share 文件夹的 ACL。

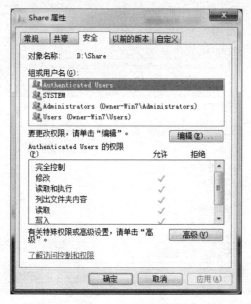

图 3-21　文件夹 Share 的访问控制列表

然后更改 D：盘根目录下文件夹 Share 的访问控制列表：

① 添加账户 Alice，并设置"完全控制"权限，方法如下：在文件夹 Share 的安全属性对话框中选择"编辑"→"添加"，在弹出的"选择用户和组"对话框中，选择"高级"→"立即查找"，在"搜索结果"中选择"Alice"，单击"确定"，选择"完全控制"，如图 3-22 所示。

② 添加账户 Bob，并设置拒绝"读取"，方法同前，设置结果如图 3-23 所示。

③ 添加账户 Trump，并设置拒绝"完全控制"，设置结果如图 3-24 所示。单击"确定"，单击"是"。

图 3-22　为账户 Alice 设置完全控制文件夹 Share 的访问权限

图 3-23　为账户 Bob 设置拒绝读取文件夹 Share 的访问权限

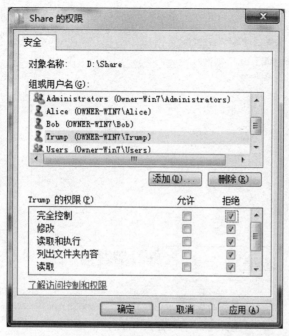

图 3-24 为账户 Trump 设置拒绝完全控制文件夹 Share 的访问权限

在继续后面的操作之前，先说明一下，在 Windows 7 下，管理员账户默认隶属于组 Administrators 和 Users，标准用户账户默认隶属于 Users 组。你可以通过如下操作查看账户 Trump 和 Alice 所隶属的组："控制面板"→"系统和安全"→"管理工具"→"计算机管理" →"本地用户和组"→"用户"，在 Trump 或 Alice 上单击右键，选择"属性"→"隶属于"， 如图 3-25 和图 3-26 所示。

图 3-25 管理员 Trump 所隶属的组

图 3-26 标准账户 Alice 所隶属的组

切换用户，以 Bashar 账户登录系统，然后访问 D:\Share 下的 Readme.txt 文件，该文件能够正常打开。这很好解释，因为 Bashar 隶属于 Users 组，而 User 组对 Readme.txt 具有"读取和执行"的权限（继承自 Share 的 ACL），如图 3-27 所示。

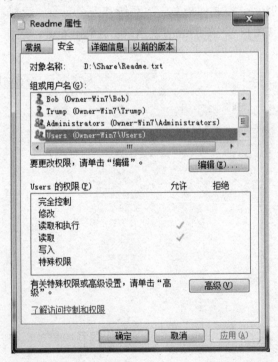

图 3-27 User 组对 Readme.txt 具有读取和执行的权限

现在尝试在 Share 下创建文件，也成功了。在文件夹 Share 的 ACL 中，Users 组仅具有"读取和执行"的权限，并没有"写入"的权限。那为什么 Bashar 账户可以创建文件呢？原因是

Share 的 ACL 中有一个特殊的组账户"Authenticated Users"，它对文件夹 Share 具有可读、可写的权限，如图 3-21 所示。"Authenticated Users"指 Windows 系统中所有使用用户名、密码登录并通过身份验证的账户（但不包括来宾账户 Guest，即使来宾账户有密码）。这就是 Bashar 账户可以在 Share 下创建文件（当然也可以创建文件夹）的原因。这也是 NTFS 的权限累加原则的实际应用。

切换用户，以 Bob 账户登录系统，然后进入 D：\Share 文件夹，结果被拒绝，如图 3-28 所示。原因如下：尽管 Bob 和 Bashar 都是标准用户，默认情况下都可以进入 Share 文件夹并打开和创建文件，但是因为在前面我们在 Share 的 ACL 上为 Bob 设置了拒绝"读取"权限，而 NTFS 的拒绝权限的优先级高于允许权限。事实上，不仅标准用户如此，管理员用户也是如此。

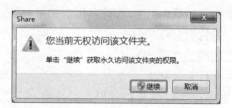

图 3-28　Bob 访问文件夹 Share 被拒绝

切换用户，以管理员账户 Trump 登录系统，然后进入 D：\Share 文件夹，结果也被拒绝。原因同上。

切换用户，以最初的管理员账户登录系统，再次更改 D：盘根目录下文件夹 Share 的访问控制列表，删除其中的"Authenticated Users"账户。方法如下：打开"Share 的安全属性对话框"→"高级"→"更改权限"→ 取消"包括可从该对象的父项继承的权限"→"添加"。这会取消对父项的 ACL 的继承并复制一份与父项相同的 ACL，这样才可以删除其中的 ACE，而继承的 ACE 无法被删除，如图 3-29 所示。接下来选择其中的"Authenticated Users"账户，单击"删除"按钮，单击"确定"3 次。

图 3-29　取消 Share 对父项 ACL 的继承并复制一份

再次切换到 Bashar 账户，然后访问 D：\Share 下的 Readme.txt 文件，可以打开。尝试在 Share 下创建文件或文件夹，无法创建。刚才可以创建，现在不能，为什么？你能解释吗？

现在切换到 Alice 账户，，然后访问 D：\Share 下的 Readme.txt 文件，可以打开。尝试在 Share 下创建文件或文件夹，创建成功。Alice 和 Bashar 及 Bob 都是标准用户，为什么 Bashar 不能在 Share 下创建而 Alice 可以呢？因为我们曾经在 Share 的 ACL 上专门为 Alice 添加了一个"完全控制"的 ACE，如图 3-22 所示。

习 题

1. 什么是身份认证？什么是授权？它们之间有什么关系？

2. 为什么口令认证方法被认为并不可靠？

3. 可用于身份认证的认证因子有哪些？

4. 什么是双因子认证？有什么优势？

5. 请描述 Unix 口令方案中保存口令及验证口令的过程。

6. Unix 口令方案中的盐值有什么作用？

7. 什么是口令字典攻击？

8. 为什么有些口令容易被破解，而有些不易被破解？

9. 你知道有哪些破解 Unix 和 Windows 系统口令的方法？

10. 请描述"质询-响应"认证的基本过程。为什么"质询-响应"认证完全避免了在传输过程中泄露口令？

11. Kerberos 系统的主要缺陷是什么？

12. 什么是一次性口令？为什么它比传统的口令安全？

13. 请描述基于序列的一次性口令系统的工作过程。

14. 请说明基于证书的认证的基本原理。

15. TLS/SSL 是怎么实现 Web 服务器和客户端相互验证身份的？它们又是如何实现共享会话密钥的？

16. 在使用智能卡的、基于证书的认证系统中，智能卡的作用有哪些？使用此类系统时应该注意些什么？

17. 生物识别的原理是什么？

18. 特权（privilege）和权限（permission）的区别是什么？

19. 如何在 Windows 系统中实现基于角色的授权？

20. Windows 系统中，用户名和 SID 是一一对应的吗？

21. 什么是 ACL？什么是 ACE？在 Windows 系统中，从哪里可以看到 ACL？

22. 什么是访问令牌？Windows 中的访问令牌通常包含哪些内容？

23. 什么是 Windows 账户的 SID？

24. 请描述当用户访问 NTFS 文件系统上的某个文件时，Windows 系统的授权过程。

25. Windows NTFS 文件系统上的权限具有哪些特点？

26. 请描述传统的 Unix 文件保护方案。

第4章 恶意软件

学习目标

....

（1）了解各类恶意软件的含义。

（2）能够描述恶意软件的主要传播机制。

（3）能够描述恶意软件的主要载荷类型。

（4）理解病毒、蠕虫和木马的工作原理。

（5）能够描述 Bot、Rootkit 的基本特点。

（6）能够描述防范恶意软件的一般方法。

（7）理解 DoS/DDoS 的原理。

（8）能够描述构造 DDoS 攻击网络的过程。

（9）了解多种保护系统安全或检测恶意软件的工具的使用。

恶意软件指可以中断用户的计算机、手机、平板电脑或其他设备的正常运行或对其造成危害的恶意代码。存在多种不同的恶意软件类别，包括但不限于蠕虫病毒、特洛伊木马、间谍软件和按键记录器。这些术语通常可以互换使用，越来越多的恶意软件变体现在混合使用了不同的技术。

如今的大多数恶意软件聚焦于让恶意软件作者获利。通常采用的手段是窃取机密数据，如用户名、密码、信用卡详细信息或其他财务细节。然后使用这些敏感信息来针对个人和企业发起进一步的攻击或出售给其他恶意角色。本章将描述恶意软件的威胁及防范措施，主要从恶意软件的传播机制和载荷两个方面，对各种恶意软件进行探讨。分布式拒绝服务攻击（DDoS）会借助恶意软件来控制大量的计算机，所以，本章最后对 DDoS 进行了简单的介绍。

4.1 恶意软件概述

早期的恶意软件种类少，每类恶意软件的特色也很明显，很容易进行分类。通常根据恶意软件是否依附于宿主程序来区分。如病毒是寄生性代码，需要依附于宿主程序，而蠕虫、木马和僵尸则是可以独立运行的程序。另外一个区分方法是恶意软件是否自我复制。如木马和垃圾邮件不自我复制，而病毒和蠕虫会自我复制。

伴随着计算机技术的发展，恶意软件的种类也在不断增加。单纯的依据某个标准对恶意软件分类已经无法满足要求。这个时候需要从多种角度对恶意软件进行分类。比较有用的方法是从恶意软件向目标传播的传播机制，以及恶意软件到达目标之后所执行的动作或载荷进行分类。

传播机制的例子有：① 感染现有的可执行程序或由病毒解释的内容并随后传播到其他系统中；② 利用软件漏洞（本地的或网络的，通过蠕虫或夹带式下载实施）来允许恶意软件自我复制；③ 借助社会工程说服用户绕过安全机制来安装木马程序或响应网络钓鱼。

恶意软件一旦到达目标系统，其可能执行的恶意行为（也就是恶意软件的载荷）包括：① 破坏系统或者数据文件；② 窃取服务，以便使系统成为僵尸网络中的一个僵尸代理；③ 通过按键记录程序或间谍软件窃取系统信息，特别是登录口令或其他个人隐私信息；④ 隐藏自身的存在，以防止被检测出来和禁止运行。

早期的恶意软件倾向于使用单一的传播方式传播单一的载荷。随着恶意软件的发展进化，集成了多种传播机制和多种载荷的混合型恶意软件逐渐增多，它们的传播能力更强，恶意行为更多。混合攻击使用了多种感染或传播手段，最大化其传播速度和攻击的严重程度。一些恶意软件甚至支持某种更新机制，允许恶意软件部署之后改变其传播范围和载荷机制。

在恶意软件发展早期，其开发和部署需要一定的编程技术和技巧。20 世纪 90 年代初，病毒制作工具包的出现改变了这种情况，而后在 21 世纪出现了更多通用的攻击工具包，这些攻击工具包极大地助长了恶意软件的开发和部署。目前，这些被称作犯罪软件（Crimeware）的工具包，包含了多种传播机制和载荷模块。即使是新手，也可以对它们进行选择、组合及部署。这些工具包也可以很容易地针对最新发现的漏洞来定制，从而在漏洞被发现到被广泛修补（通过补丁程序）这段时间内进行攻击。这些工具包显著增加了有能力部署恶意软件的攻击者的人数。尽管使用这些工具包制作的恶意软件往往不如那些从头设计的恶意软件复杂，其生成的恶意软件变种的绝对数量仍然会给对抗它们的防御系统造成相当大的麻烦。

宙斯（Zeus）犯罪软件工具包是此类攻击工具包的一个典型例子。它被用于生成很多非常高效、隐秘的恶意软件。这助长了很多犯罪活动，特别是截获并利用银行信用卡凭证。其他广泛使用的攻击包包括 Blackhole、Sakura 和 Phoenix。

过去近 20 年来，恶意软件发展的另一个显著的变化是，攻击者由个人的、常常以炫耀技术能力为目的，转变为更加有组织和更具危害性的攻击源。这些攻击源包括有政治动机的攻击者、罪犯和有组织的犯罪团伙。他们向公司、国家和政府代理人出售服务。这显著改变了恶意软件数量上升背后的可用资源和动机，并实际上催生了包括出售攻击包、访问受害主机，以及窃取信息之类的地下经济。

近年来还出现了一种新的攻击形式——高级持续性威胁（Advanced Persistent Threats，APT）。APT 并不是一种新型的恶意软件，而是利用丰富的资源、持续地使用各种入侵技术和恶意软件攻击选定的目标（通常是一些商业或政治目标）。APT 常常来自国家支持的组织，有些也可能来自犯罪企业。APT 与其他类型攻击的不同之处在于，APT 精心地选择攻击目标，持续地、长期地并且常常是隐秘地对目标进行攻击。

从窃取与知识产权相关的数据，窃取与安全和基础设施相关的数据，到物理性的破坏基础设施，都有可能是 APT 的目的。APT 所采用的技术，包括社会工程、钓鱼邮件，以及夹带式下载（在目标组织的员工可能会访问的网站上实施）。其目的是用拥有多种传播机制和载荷的复杂的恶意软件感染目标。一旦获得了对目标组织的系统的初始访问权限，攻击者就会利用更多的攻击工具来维持和扩大他们的访问权限。由于此类攻击针对特定的目标并且持续地攻击，所以更加难于防御。这需要组合多种防御技术，同时也需要通过培训提高员工防范此类攻击的安全意识。即使采用当前最好的应对策略，利用0day漏洞和新的攻击方法，APT攻击仍然可能会成功。因此，能够检测、响应和缓解此类攻击的多层防护措施是必要的。防护措施可能包括监视恶意软件的命令和控制流，检测渗透数据流。

接下来，我们将探讨各种类型的恶意软件，之后讨论相应的防范措施。

4.2　病毒——通过感染内容进行传播

第一类恶意软件传播方式涉及寄生性软件片段，它们将自身附加到某些现有的可执行内容上。这些软件片段可以是感染应用程序、实用程序或系统程序的机器码，或者甚至是感染用于启动计算机系统的代码的机器码。后来，也出现了脚本语言代码形式的寄生性软件片段。脚本语言代码通常用于支持数据文件（如 Word 文档、Excel 电子表格或 Adobe PDF 文档）中的活动内容（Active Content）。

4.2.1　病毒的性质

计算机病毒是一种通过修改其他程序来感染它们的软件片段。这种修改包括向其他程序注入病毒代码来复制病毒程序，被注入病毒代码的程序会继续感染其他程序。1986 年，Brain 病毒被首次发现。它是一个以 MSDOS 系统为目标的病毒，在当时感染了大量的计算机。

典型的病毒会把自己嵌入到程序文件中。当被感染的程序文件运行时，病毒也得到了运行，它就会继续感染其他程序文件。当毫无戒心的用户通过磁盘、U 盘或网络交换被病毒感染的程序或数据时，病毒就在计算机之间传播开来。在网络环境下，访问其他计算机上的文档、程序或系统服务的能力，为病毒的传播提供了温床。

附着在程序文件上的病毒，能够做该程序可以做的任何事情。当宿主程序运行时，病毒也会偷偷地运行。一旦病毒代码运行，它就能执行当前用户的权限所允许的任何功能，如删除文件和程序。在早些年，病毒在恶意软件中占绝对优势的一个原因，是当时的个人计算机缺少用户认证和访问控制。因此，病毒能够感染系统中任何可执行的内容。另外，大量的程序通过软盘来分享也让病毒的传播变得容易了，尽管速度可能较慢。具有严格访问控制功能的现代操作系统，显著地限制了这种传统的、机器可执行代码形式的病毒的传播。这导致了利用活动内容的宏病毒的出现。某些类型的文档，如微软的 Word、PowerPoint、Excel 文档，或 Adobe 的 PDF 文档都支持活动内容。这些文档即使在用户正常使用系统时也容易被用户修改和共享，并且它们没有像程序那样受到访问控制的保护。当前，病毒通常采用现代恶意软件使用的传播机制来传播，包括利用蠕虫和木马进行传播。

计算机病毒由三个部分构成：感染机制、触发条件和载荷。更普遍地讲，很多现代的恶意软件也包括了这三个部件的一个或多个变体。感染机制指病毒传播以实现自我复制的方式。触发条件指激活或释放病毒载荷的事件或条件，有时被称为逻辑炸弹（Logic Bomb）。载荷指病毒除传播之外的活动。载荷可能包括破坏性的活动，也可能包括无破坏但引人注意的活动。

在病毒的生命期中，病毒通常会经历以下 4 个阶段：

休眠阶段：病毒处于停顿状态。病毒最终会被某些事件激活。如某个日期、某个程序或文件的出现，或者磁盘的容量超过某个限度。注意，并不是所有的病毒都有这个阶段。

传播阶段：病毒将其自身的一个副本嵌入到其他程序中，或者嵌入到磁盘上某些系统区域中。这个副本可能与传播中的版本不同，因为病毒经常通过变形来逃避检测。每个被感染的程序现在都包含病毒的一个副本，这些副本自身也会进入传播阶段。

触发阶段：病毒被激活以执行其预先设定的功能。与休眠阶段一样，触发阶段可以由各种系统事件引起，包括该病毒副本复制自身的次数。

执行阶段：执行病毒功能。有些可能是无害的，如在屏幕上的显示一条信息，有些则具有破坏性，如破坏程序和数据文件。

感染可执行程序文件的大多数病毒，是以基于某个特定操作系统的特定方式运行的，在某些情况下，还可能针对某个特定的硬件平台。因此，它们在设计时都会利用这些特定系统的细节和漏洞。不过，宏病毒针对的是特定类型的文档，而这些文档通常得到各种系统的支持。

在感染可执行程序文件时，传统的病毒会把自己的代码添加到程序文件的首部或尾部，或者嵌入到程序文件的内部。无论如何，当被感染的程序运行时，病毒代码会首先得到执行，然后才执行程序的原始代码。

4.2.2　病毒的分类

病毒有多种分类方式。依据病毒感染的目标分类，病毒可分为：

引导扇区病毒：感染主引导记录或引导记录，当从含有这种病毒的盘区启动系统时，病毒会在操作系统之前进入内存，并伺机传播。

程序文件病毒：感染系统中的可执行文件。

宏病毒：感染含有宏代码或脚本代码的文件，这些宏或脚本代码由应用程序解释执行。

多元病毒：以多种方式感染文件。通常情况下，多元病毒能够感染多种类型的文件，因此需要处理所有可能感染的部位才能根除这种病毒。

依据病毒采用的隐藏策略，病毒又可以分为：

加密型病毒：一种使用加密来掩盖其内容的病毒。病毒的一部分创建一个随机加密密钥，并加密病毒的其余部分。密钥与病毒一起存储。当被感染的程序执行时，病毒就使用存储的密钥解密它自己。当病毒通过复制进行传播时，它会选择一个不同的随机密钥。因为每个病毒实例都使用不同的密钥来加密自身的大部分内容，所以在这类病毒中看不到特有的位模式。

隐蔽型病毒：一种专门设计用来防止被反病毒软件检测出来的病毒。它并不仅仅隐藏病毒的载荷，而是隐藏整个病毒。实现病毒隐藏的方法有代码更换、压缩或 Rootkit 技术。

多态病毒：在传播过程中，多态病毒会创建功能相同但位模式截然不同的副本，以便挫败病毒扫描程序对它的检测。原因是多态病毒的"特征码"将随着每个副本而变化。为了实现这种变化，病毒可能随机地插入多余的指令，或者交换彼此独立的指令的顺序。一种更有效的方法是使用加密。病毒中负责生成密钥和执行加密/解密的部分被称为变异引擎（Mutation Engine）。变异引擎自身也会随着每次的使用而改变。

变形病毒：与多态病毒一样，变形病毒每次感染都会发生改变。不同的是，变形病毒在每次感染时都会使用多种转换技术完全重写它自己，以增加检测的难度。另外，变形病毒不仅会改变病毒代码的位模式，也可能会改变其行为。

4.2.3　宏病毒和脚本病毒

20 世纪 90 年代中期，宏或脚本病毒成为当时最流行的病毒。宏病毒感染用于支持活动内容的脚本代码。这些活动内容存在于多种类型的用户文档中，如微软的 Word、Excel 等文档，以及 Adobe 的 PDF 文档等。因为以下原因，宏病毒极具威胁性：

（1）宏病毒与软件平台无关。许多宏病毒会感染微软 Word 文档或其他微软 Office 文档中的宏，或者 Adobe 的 PDF 文档中的脚本代码。任何支持这些应用的硬件平台和操作系统都可能被感染。

（2）宏病毒只感染文档，不感染可执行代码。而计算机系统中的绝大部分信息是以文档的形式而非程序的形式存在的。

（3）宏病毒易于传播，因为人们会分享这类文档。一种非常常见的分享方式是通过电子邮件。

（4）由于宏病毒感染用户文档而非系统程序，传统的文件系统访问控制对阻止宏病毒的传播作用有限，因为用户通常会修改它们。

宏病毒利用了 Word 或其他类型文档对使用脚本或宏语言的活动内容的支持。通常，用户使用宏来自动完成一些重复性的任务，以减少键盘输入。宏也用于支持动态内容、表单验证，以及其他与这类文档有关联的有用的任务。

微软的 Office 后续版本提供了对宏病毒越来越强的防护能力。例如，微软提供了一个可选的宏病毒防护工具，它会检测出可疑的 Word 文件，并提醒用户打开含有宏的文件的潜在风险。各个反病毒软件公司也开发了用于检测和移除宏病毒的工具。尽管宏病毒和杀毒软件之间的较量仍在继续，但是宏病毒目前已经不再是主要的恶意软件威胁了。

宏病毒另一个可能的宿主是 Adobe 的 PDF 文档。PDF 文档能够支持许多嵌入式组件，包括 JavaScript 和其他类型的脚本代码。尽管后来的 PDF 阅读器会在这些脚本代码运行时提醒用户，但是提示信息能够被修改，从而欺骗用户允许脚本代码运行。如果这种情况发生了，宏病毒的脚本代码可能会感染用户访问的其他 PDF 文档。或者它会安装木马，或者像蠕虫一样。

4.3　蠕虫——利用漏洞进行传播

恶意软件的另一类传播涉及软件漏洞的利用，而计算机蠕虫通常会利用软件漏洞。蠕虫是一种主动寻找并感染其他计算机的程序，每一台被感染的计算机随后继续寻找并感染其他计算机。蠕虫程序利用客户机或服务器程序中的软件漏洞来获得对每个新系统的访问。它们可以利用网络连接在系统之间传播，也可以通过共享媒介传播，如 U 盘或 CD、DVD 数据光盘。电子邮件蠕虫通过附带的文档中的宏或脚本代码传播，或通过即时通信附件中的宏或脚本代码传播。一旦激活，蠕虫可能会再次复制并传播。除了传播之外，蠕虫通常还会携带某种形式的载荷。

第一个知名的蠕虫程序是 20 世纪 80 年代早期在 Xerox Palo Alto 实验室中实现的。这个蠕虫程序是非恶意的，它被用来寻找空闲的系统来运行计算密集型的任务。

为了复制自身，蠕虫使用某些方法来访问远程系统，包括以下方法（其中大部分方法现在仍然被蠕虫使用）：

电子邮件或即时通信工具：蠕虫通过电子邮件把自己发送到其他系统，或者通过即时通信服务把自己作为附件发送出去。这样，当打开或浏览电子邮件或附件时，蠕虫代码就会被执行。

文件分享：蠕虫在 U 盘等可移动媒介上创建自己的副本，或者像病毒那样感染其他合适的文件；然后，当可移动媒介连接到其他系统时，蠕虫就利用某些软件漏洞自动运行，或者当用户打开被感染的文件时运行。

远程执行能力：通过显式地使用远程执行工具，或者利用网络服务中的程序缺陷让其无法工作，蠕虫能够在其他系统上执行自身的副本。

远程文件访问或传输能力：蠕虫利用远程文件访问或传输服务将自己从一个系统复制到另一个系统，之后，目标系统的用户就可能会执行它。

远程登录能力：蠕虫以合法用户的身份登录到远程系统，然后使用命令将自己复制到远程系统，然后执行。

新复制的蠕虫在远程系统上运行后，一方面会执行载荷功能，另一方面也会继续传播。

蠕虫通常具有与计算机病毒一样的生命阶段：休眠阶段、传播阶段、触发阶段和执行阶段。在传播阶段，蠕虫通常执行以下功能：

（1）通过检查主机列表、地址簿、好友列表、可信节点，以及其他可用于访问远程系统的信息，或者通过扫描可能的目标主机地址，或者通过搜索合适的可移动设备，来寻找访问其他系统的合适方法。

（2）使用找到的访问方法把自己复制到远程系统上，并使它运行。

在将自己复制到远程系统上之前，蠕虫可能会先尝试确定一下该系统是否已被感染。在多进程系统中，蠕虫也会通过把自己重命名为系统进程，或者使用某些不会引起系统操作者注意的名字来伪装自己。较新的蠕虫甚至能够将自己的代码注入系统中已经存在的进程中，并以该进程的一个额外的线程来运行，以此进一步隐藏自己。

4.3.1 发现目标

网络蠕虫在传播阶段的首要工作是寻找其他可以感染的系统，这个过程被称为扫描。它会利用可远程访问的网络服务中的软件漏洞。这类蠕虫必须识别出运行有容易被感染的网络服务的潜在系统，然后感染它们。之后，一般来说，被感染的机器上的蠕虫会重复同样的扫描过程，直到被感染机器形成一个庞大的分布式的网络。

这类蠕虫使用的网络地址扫描策略包括：

随机扫描：每台被感染的主机使用不同的种子探测 IP 地址空间中的随机地址。该技术会产生大量的网络流量，可能导致在发起实际攻击之前，操作就中断了。

黑名单扫描：攻击者首先编制一个潜在的、易感染机器的长名单。为避免攻击被检测出来，这可能是一个比较耗时的过程。一旦完成这个名单，攻击者就开始感染名单中的机器。每一个被感染的机器会被分配名单中的一部分机器，负责对它们进行扫描感染。该种策略会使得扫描时间非常短，从而很难被检测出来。

拓扑式扫描：该方法使用被感染机器上的信息来找到和扫描更多的机器。

本地子网扫描：如果可以感染防火墙后的某台主机，就可以利用这台主机来寻找它所在的本地网络中的其他目标。这台主机使用子网地址结构来发现本该受防火墙保护的其他主机。

4.3.2　蠕虫历史

1988 年由 Robert Morris 编写并发布到 Internet 上的 Morris 蠕虫是出现最早、最知名的蠕虫。Morris 蠕虫被设计用来在 Unix 系统上传播，它采用了多种传播技术。当蠕虫的一个副本开始运行时，其首要任务是找到从当前主机所能进入的其他主机。Morris 蠕虫是通过检查主机中的各种列表和数据库来完成该任务的，其中包括当前系统所信任的主机表、用户的邮件转发文件、远程账户访问权限表和网络连接状态报告程序。对于每一台找到的主机，该蠕虫会尝试多种方法来获得访问权：

（1）尝试以合法用户身份登录远程主机。在这种方法中，蠕虫首先尝试破解本地口令文件，然后，利用破解得到的口令和相应的用户 ID 登录远程主机。该方法的前提是许多用户在不同的系统上使用相同的口令。为了获得口令，蠕虫运行密码破解程序，尝试用以下字符串作为口令：

① 每个用户的账户名和账户名中字母的简单的排列。

② Morris 蠕虫认为可能的 432 个候选口令。

③ 本地系统字典中的所有单词。

（2）利用 Unix 的 Finger 协议中的一个漏洞，该协议会报告远程用户的位置。

（3）利用负责收发送邮件的远程进程的调试选项中的一个陷门。

如果上述方法有任何一个成功，Morris 蠕虫就能够与操作系统命令解释器进行通信。它会向该命令解释器发送一个简短的引导程序，并发出一个命令来执行该程序，然后注销登录。然后，引导程序回调父程序并下载蠕虫的其余部分。这样新的蠕虫就可以执行了。

1998 年出现的 Melissa 电子邮件蠕虫，是第一个同时含有病毒、蠕虫和木马的新一代恶意软件。它将 Word 宏病毒嵌入电子邮件的附件中。一旦接收者打开（甚至无须打开）电子邮件的附件，宏病毒就会被激活。接着像蠕虫一样，将自己发送给用户电子邮件地址簿中的所有人；像病毒一样，损害用户系统，包括禁用某些安全工具，把自己复制到其他文档中……

1999 年，Melissa 蠕虫的一个更加强大的版本出现了。新版本利用电子邮件程序支持的 Visual Basic 脚本语言，不需要用户打开邮件附件，只要打开包含该蠕虫的邮件就会被激活。只要被激活，Melissa 蠕虫马上就向被感染主机知道的所有电子邮件地址转发自己，进行传播。因此，以往病毒需要花费数月或数年才能达到的传染数量，Melissa 蠕虫几个小时内就可以做到。这使得反病毒软件在病毒造成很大破坏之前做出响应变得非常困难。

2001 年 7 月首次出现的 Code Red 蠕虫利用微软 IIS 服务器的一个安全漏洞进行渗透或传播。它还使 Windows 系统的系统文件检查器失效。该蠕虫通过探测随机地址来进行传播。在某段时间内，它只进行传播。然后，它利用大量被感染的主机向一个政府网站发送大量的数据包，进行拒绝服务攻击（DoS 攻击）。攻击之后该蠕虫将暂时停止活动一段时间，并定期重新展开攻击。在第二轮攻击中，Code Red 蠕虫在 14 h 内感染了近 36 万台服务器。除了对目标服务器造成严重破坏外，它还占用了大量的 Internet 资源，使服务中断。

2001 年 8 月首次出现的 Code Red II 是另一种不同的变种，它也以微软的 IIS 为攻击目标。该变种试图感染与被感染系统处于同一子网的系统。同样地，它会安装一个后门，让攻击者可以在受害主机上远程执行命令。

2001 年 9 月出现的 Nimda 蠕虫也具有蠕虫、病毒和移动代码的特征。它使用以下方法进行传播：① 使用电子邮件发送它自己；② 寻找未受到安全保护的文件共享来感染共享的文件；③ 利用微软 IIS 中已知的漏洞来上传自己并感染 IIS 和它上面的文件；④ 感染存在漏洞且访问已被感染的 Web 服务器的 Web 客户端的主机；⑤ 利用早期的蠕虫留下的后门访问系统。

2003 年年初出现的 SQL Slammer 蠕虫利用了微软 SQL 服务器中的一个缓冲区溢出漏洞。该蠕虫代码极为紧凑且传播速度极快，10 min 内就感染了 90%的存在该漏洞的主机。

2003 年年末 Sobig.F 蠕虫出现了，它利用开放的代理服务器将被感染的机器变成垃圾邮件发送器。在其活动最频繁的时候，据报告显示，每 17 个邮件中就有一个是它发送的，而且仅在最初的 24 h 内就产生了超过 100 万个它自己的副本。

2004 年出现的 Mydoom 蠕虫是一种大量发送邮件的电子邮件蠕虫。它沿袭了在被感染的计算机上安装后门的做法，从而使黑客可以远程访问用户的口令、信用卡卡号等数据。Mydoom 蠕虫达到了每分钟复制 1 000 次的速度。据报道，它在 36 h 内，向 Internet 发送了 1 亿条被感染的消息。

2006 年出现的 Warezov 蠕虫家族，会在系统目录中创建几个可执行文件，并通过添加一条注册表项，把它设置成每当 Windows 启动都自动运行。Warezov 蠕虫会在多个类型的文件中搜索电子邮件地址，并将自己作为邮件附件发送出去。它的一些变种能够下载其他恶意软件，如木马和广告软件。许多 Warezov 的变种还会禁止安全相关软件的运行或更新。

2008 年 11 月首次发现的 Conficker（或 Downadup）蠕虫，传播速度非常快，成为 2003 年 SQL Slammer 蠕虫发现以来传播感染最广泛的蠕虫之一。该蠕虫最初通过 Windows 系统中的缓冲区溢出漏洞进行传播，后续的版本还能通过 USB 设备或网络文件共享进行传播。

2010 年，震网（Stuxnet）蠕虫被发现，但是它在先前一些时间已经悄悄地传播开来。与许多以往的蠕虫不同，震网蠕虫故意限制其传播的速率以减少其被发现的机会。它把目标对准工业控制系统，主要是那些与伊朗核计划有关的系统。震网蠕虫支持多种传播机制，包括 USB 设备、网络文件共享，使用了最少 4 种未知的 0day 漏洞。其规模和代码的复杂度、前所未有的 4 个 0day 漏洞的使用和开发中的花销与付出引发了相当多的讨论，其中一种说法认为它可能是第一个被正式用来针对国家级物理设施的网络战武器。而研究人员在分析 Stuxnet 蠕虫时注意到，尽管他们预料到能够发现软件具有间谍行为，但却从未想到能看到有恶意软件能够有针对性地破坏其目标。这一结果已经导致数个国家将注意力转向利用恶意软件作为武器的方向上来。

2011 年晚些时候发现的 Duqu 蠕虫使用了与 Stuxnet 蠕虫相关的代码。尽管看上去它仍然是针对伊朗核计划，但其目标并不相同，它是一个网络间谍程序。Flame 蠕虫系列是 2012 年发现的著名的网络间谍蠕虫，它似乎以中东国家为目标。

4.3.3　蠕虫技术的现状

蠕虫技术目前的发展水平包括：

多平台：新的蠕虫不再局限于 Windows 平台，而是能够攻击多种平台，特别是那些流行的 Unix 平台，或者利用流行的文档类型支持的宏或脚本语言。

利用多种漏洞：新的蠕虫使用多种方法来渗透系统，如利用 Web 服务器、浏览器、电子邮件、文件共享，以及其他基于网络的程序的漏洞来传播，或者利用共享的媒介来传播。

超快速传播：使用多种技术手段优化蠕虫的传播速度，尽可能在短时间内感染尽可能多的机器。

多态：为了躲避检测、过滤和实时分析，蠕虫借鉴了病毒的多态技术。传播中的蠕虫会利用功能上等价的指令和加密技术，为其新的副本生成新的代码。

变形：除了改变代码，变形蠕虫还拥有多种行为模式，能够在传播的不同阶段表现出不同的行为。

传输工具：因为蠕虫能够迅速地感染大量的系统，因此它们是传播很多种恶意载荷的理想工具，如分布式拒绝服务中的 Bot、Rootkit、垃圾邮件生成器，以及间谍软件。

0 day 漏洞利用：为了实现最大的轰动效果和传播范围，蠕虫会利用未知的漏洞。这种漏洞只有在蠕虫发动攻击时，才会被一般的网络社区发现。

4.3.4　其他形式的蠕虫

移动代码，指那些不加修改就能够在不同系统平台上运行并且能够实现相同功能的程序（如脚本、宏或其他可移植指令）。移动代码能够从远程系统传送到本地系统，然后在没有得到用户明确许可的情况下在本地系统中运行。移动代码经常用于传播病毒、蠕虫和木马。某些移动代码能够利用漏洞实现某些功能，如非授权的数据访问或特权攻击。常用的移动代码载体包括 Java applet、ActiveX、JavaScript 和 VBScript。使用移动代码在本地系统上进行恶意操作的最常见方法有跨站点脚本、交互式动态 Web 站点、电子邮件附件、从不可信网站上下载不可信的软件。

随着 2004 年 Cabir 蠕虫的发现，第一个手机蠕虫出现了。随后在 2005 年又出现了 Lasco 和 CommWarrior 手机蠕虫。这些蠕虫通过蓝牙或彩信（MMS）进行传播。手机蠕虫的感染目标是那些允许用户从非蜂窝网络运行商那里安装软件的智能手机。所有这些早期的手机蠕虫以使用塞班系统的手机为目标，而近期的恶意软件则以安卓系统或苹果的 iOS 系统为目标。这些恶意软件可以使手机完全无用，删除手机数据，或者向收取额外费用的号码发送信息。虽然上述实例表明手机蠕虫是可能的，但是目前已知的大多数手机恶意软件是通过含有木马的软件安装包植入手机的。

另外一种利用软件漏洞的途径涉及利用用户应用程序中的缺陷（Bug）来安装恶意软件。其中一种常见的技术是利用浏览器漏洞，使得当用户浏览一个被攻击者控制的 Web 页面时，该页面包含的代码会利用浏览器的缺陷，在用户不知情或未允许的情况下，下载并安装恶意软件。这种攻击叫作夹带式下载。在多数情况下，这类恶意软件不像传统蠕虫那样传播，而是等待那些无防备的用户浏览恶意的 Web 页面来传播。

点击劫持，也称为用户界面伪装攻击，是一种攻击者收集被感染用户鼠标点击信息的攻击。攻击者可以强迫用户做一系列事情，从调整计算机的设置到在用户不知情的情况下让用户访问可能含有恶意代码的网站。同时，利用 Adobe Flash 和 JavaScript，攻击者甚至可能在一个合法按钮上面或下面部署一个按钮，让用户难以觉察到它。这种攻击的典型例子是利用多重透明层或不透明层来欺骗用户在试图点击最上面的页面时，却实际上点击了另一个按钮或链接到另一个页面。这样，攻击者劫持了指向某个页面的点击，把它们重定向到另一个页面。后一个页面极有可能属于另一个应用或域。

使用类似的技术，键盘输入也可以被劫持。通过精心组合样式表、iframe 和文本框，可以让用户误以为他们是在为他们的电子邮件或银行账户输入口令，而实际上他们的口令被输入到一个由攻击者控制的框架里。

4.4 木马、垃圾邮件——通过社会工程传播

社会工程是我们要讨论的最后一种恶意软件传播方式。社会工程欺骗用户协助损害他们自己的系统或个人信息。这种情况会在用户允许安装和执行一些木马程序或脚本代码，或者浏览或回应一些垃圾邮件的时候发生。

4.4.1 特洛伊木马

特洛伊木马是一个有用的或者表面上看起来有用的程序，但其内部藏有恶意代码，当被调用时，会执行非预期的或有害的功能。特洛伊木马伪装成合法软件以监视或访问用户系统，从而窃取、删除、阻止或修改数据，以及中断设备或网络性能。存在多种特洛伊木马，包括允许网络犯罪分子完全远程控制受感染设备的后门特洛伊木马，可将设备纳入僵尸网络再用于发起拒绝服务攻击的特洛伊木马，以及允许使用设备来发起垃圾电子邮件攻击的电子邮件特洛伊木马等。

特洛伊木马能够用于间接地完成攻击者无法直接完成的功能。例如，要访问存储在用户文件中的、敏感的个人信息，攻击者可以创建一个木马程序，当它被执行时，它会扫描用户的文件来获得想要的敏感信息，然后通过 Web 表单或电子邮件或文本消息发送给攻击者。然后，攻击者把木马程序合并到某个游戏或实用程序中，发布到某个知名的软件发布网站或应用商店上，引诱用户下载并运行它。许多声称是最新的防病毒扫描器或系统安全更新程序，实际上却是携带有搜索银行凭证的间谍软件等载荷的木马程序。因此，用户需要采取预防措施来验证所安装的软件的来源。

特洛伊木马一般属于下面三种模型中的一种：

（1）继续执行原程序的功能，附带地执行另外的恶意行为。

（2）继续执行原程序的功能，但是会对其进行修改，以执行恶意行为（如登录程序木马收集用户的口令）或隐瞒其他恶意活动（如进程列表程序木马不显示某些恶意的进程）。

（3）用恶意功能完全替代原程序的功能。

一些木马利用某些软件漏洞来避开用户的协助，实现自动安装和执行。这类木马使用了蠕虫的某些特性，但是又不像蠕虫，因为它们并不自我复制。此类攻击的一个著名例子，是2009 年和 2010 年年初极光行动（Operation Aurora）中的 Hydraq 木马。它利用 IE 浏览器中的一个漏洞来安装自己，并以数个高知名度的公司作为其攻击目标。

4.4.2 手机木马

手机木马最早出现在 2004 年。和手机蠕虫一样，手机木马的目标是智能手机。早期的手机木马针对塞班系统。随着塞班系统的没落，手机木马将目标转向了安卓手机和苹果的iPhone。这些木马通常经由特定手机系统的应用市场来传播。

2011 年，谷歌从安卓市场中移除了众多含有 DroidDream 恶意代码的木马应用程序。DroidDream 是一个强大的僵尸代理程序，它利用当时某些 Android 版本中的漏洞，获得访问系统的所有权限，监视数据并安装额外的代码。不过，DroidDream 仅仅是众多 Android 恶意软件家族中的一种。绝大多数 Android 恶意软件会将被攻击的手机加入一个僵尸网络。通常还会开启具有高额附加费用的服务或者收集个人信息。

由于苹果公司对其应用市场的严格控制，目前绝大多数苹果手机木马以那些被"越狱"的手机为攻击目标，这些木马通过非官方的应用市场进行传播。尽管如此，不少版本的 iOS包含有某种形式的图形或 PDF 漏洞。事实上，这些漏洞是用于"越狱"iPhone 的主要方法，但它们也给恶意软件入侵 iPhone 开辟了通道。尽管苹果公司修复了其中的一些漏洞，但是新的木马变种仍然陆续被发现。这恰恰从侧面表明了，即便是对资源充足的公司，在一个复杂系统（如操作系统）中编写安全软件有多么的困难。

4.4.3 垃圾（大量不请自来的）邮件

近 10 多年来，随着 Internet 爆炸式的发展，电子邮件的广泛使用和发送大量电子邮件的极低成本，使不请自来的垃圾邮件大量涌现。这不仅导致转发此类流量的网络基础设施的成本的提高，也给用户带来了不便——用户需要从大量的无用的邮件中过滤出有用的邮件。为了应对垃圾邮件的爆炸式增长，很多提供检测和过滤垃圾邮件的产品出现了。双方激烈竞争，前者不断采用新技术逃避检测，后者则尽力阻止它们。

近年来，垃圾邮件的数量减少了很多。一个原因是通过社交网络传播的攻击快速增长，其中包括对垃圾信息的传播。这反映出社交网络使用的快速增长，它们为攻击者开辟了新的阵地。

虽然某些垃圾邮件是由合法的邮件服务器发送的，但是绝大多数垃圾邮件是由僵尸网络（Botnet）操纵僵尸机发送的。后面我们会讨论僵尸和僵尸网络。大部分垃圾邮件的内容仅仅是广告，试图说服收件人在线上购买他们的产品，如医药；或者用于诈骗，如证券诈骗。但是垃圾邮件同样也是恶意软件的重要载体。电子邮件可能有一个文档附件，如果打开该文档，它就会利用某个软件漏洞向用户的系统安装恶意软件，就像我们在前面提到的那样。或者，垃圾邮件可能有一个木马程序附件或脚本代码附件，如果运行的话，也会在用户的系统上安装恶意软件。有些木马会利用软件漏洞来逃避用户的安装许可。最后，垃圾邮件可以被用作钓鱼攻击。通常的做法是，要么引导用户进入一个看似合法的非法网站，如网上银行，试图从中获取用户的登录名和口令等信息；要么引导用户在某些表单中填写足够的个人信息，让攻击者在身份盗窃中可以冒充用户的身份。尽管如此，在多数情况下，钓鱼攻击要想成功，需要用户主动地查看邮件和附件，或者允许安装一些程序。

4.5 系统破坏载荷

一旦恶意软件在目标系统中启动，下一步需要关心的就是其在系统中会有什么样的行为。也就是，它携带了什么样的载荷。某些恶意软件并不携带载荷，无论是故意还是因意外而被过早地释放出来，这类恶意软件的唯一目的是传播出去。更普遍的情况是，恶意软件携带一个或多个执行秘密行动的载荷。

一种在许多病毒和蠕虫中存在的早期的载荷，会在特定的触发条件满足时，引起被感染系统上的数据的破坏。一个相关的载荷在被触发时会在用户的系统上显示扰人的消息或内容。另一个更加恶劣的载荷变种试图对系统造成实质的损害。所有这些行为都是在破坏计算机系统软件或硬件的完整性，或者破坏用户数据的完整性。这些改变可能不会立即发生，而是仅在特定的触发条件被满足（满足了其逻辑炸弹代码的执行条件）时发生。

4.5.1 数据破坏

首次发现于 1998 年的 CIH（Chernobyl）病毒是一个早期的例子，它是一个具有破坏性、寄生性、驻留内存的病毒。它感染 Windows 95/98 中打开的可执行文件。当触发日期一到，它会用 0 重写被感染系统的硬盘上的最初的 1 兆字节，造成整个文件系统的巨大破坏。这种情况首次发生于 1999 年 4 月 26 日，据估计当时有超过 100 万台计算机被感染。

同样地，大规模垃圾邮件蠕虫 Klez 是一个感染从 Windows 95 直到 XP 系统的、具有破坏性的蠕虫，首次发现于 2001 年。该蠕虫通过电子邮件把自己发送到在地址簿中和文件中找到的邮件地址。它能够终止和删除某些运行在系统中的反病毒程序。在触发日期，即每年某几个月的 13 号，它会清空本地硬盘上的文件。

除了破坏数据，某些恶意软件会加密用户的设备或网络的存储设备上的文件。要恢复对加密文件的访问，用户必须向网络犯罪分子支付"赎金"，通常是通过很难跟踪的电子付款方法，如比特币。用户付了赎金之后才能够获得恢复数据的解密密钥。这类恶意软件有时被称为勒索软件（Ransomware）。

2017 年 5 月，全英国上下 16 家医院遭到大范围网络攻击，医院的内网被攻陷，导致这16 家机构基本中断了与外界联系，内部医疗系统几乎停止运转，很快又有更多医院的计算机遭到攻击，这场网络攻击迅速席卷全球。这场网络攻击的罪魁祸首就是一种叫 WannaCrypt 的勒索软件。

勒索软件本身并不是什么新概念。勒索软件最早出现在 1989 年，是由 Joseph Popp 编写的叫"AIDS Trojan"（艾滋病特洛伊木马）的恶意软件。在 1996 年，哥伦比亚大学和 IBM 的安全专家撰写了一个叫 Cryptovirology 的文件，明确描述了勒索软件的概念：利用恶意代码干扰中毒者的正常使用，只有交钱才能恢复正常。

最初的勒索软件和现在看到的一样，都采用加密文件、收费解密的形式，只是所用的加密方法不同。后来除了加密外，也出现通过其他手段勒索的，如强制显示色情图片、威胁散布浏览记录、使用虚假信息要挟等形式，向受害者索取钱财的勒索软件，这类勒索软件在近几年来一直不断出现。WannaCrypt 也是同样的勒索方式，它通过邮件、网页甚至手机侵入，将计算机上的文件加密，受害者只有按要求支付等额价值 300 美元的比特币才能解密，如果 7 天内不支付，WannaCrypt 声称计算机中的数据信息将会永远无法恢复。

早期的勒索软件使用较弱的加密算法，有可能不需要支付赎金就能破解，后来开始使用公钥密码和越来越长的密钥对数据进行加密，破解这种加密非常困难。WannaCrypt 勒索软件使用的就是 2048 bit 密钥长度的 RSA 公钥密码算法对数据进行加密处理。通过随机生成的 AES 密钥、使用 AES-128-CBC 方法对文件进行加密，然后将对应的 AES 密钥通过 RSA 加密，再将 RSA 加密后的密钥和 AES 加密过的文件写入到最终的.WNCRY 文件里。以现在的计算能力，基本没有办法破解它。

4.5.2　物理损害

系统损坏类载荷的进一步变种以造成物理设备损害为目标。受感染的系统显然是最容易受害的目标设备。上面提到的 CIH 病毒不仅毁坏数据，还会试图重写用于引导计算机启动的 BIOS 代码。如果成功，引导过程将会失败，系统将无法使用，除非重写 BIOS 代码或者更换 BIOS 芯片。

前面提到的 Stuxnet 蠕虫，把攻击某些特定的工业控制系统软件作为其关键载荷。如果控制系统使用了某个西门子工业控制软件并且设备具有特定的配置，一旦该控制系统被 Stuxnet 蠕虫感染，蠕虫会替换系统中原来的控制代码，令控制设备偏离其正常的运行范围，导致该系统控制的设备停止运转。伊朗铀浓缩项目使用的离心机被高度怀疑是 Stuxnet 蠕虫的目标，因为在该蠕虫活动的时候，这一设备的故障率远高于正常水平。

4.5.3　逻辑炸弹

数据破坏型恶意软件的一个重要组成部分是逻辑炸弹。逻辑炸弹是嵌入在恶意软件中的代码，在特定条件满足时便会"爆炸"（执行）。能够引爆逻辑炸弹的条件很多，例如，特定的文件或设备是否存在、某个特定的日期或星期几、某个软件的特定版本或配置，运行程序的某个特定用户等。逻辑炸弹一旦被引爆，它会修改或删除数据或整个文件，导致计算机停机等。

4.6　Zombie、Bot——攻击代理载荷

此类载荷（攻击代理）可以让攻击者偷偷地使用被感染的系统上的计算资源和网络资源。

这种被感染的系统被称为僵尸（Bot、Zombie），它会秘密地控制其他连接到 Internet 的计算机，并利用后者发起攻击。这样的攻击方法，使得很难追踪到僵尸程序的制作者。Bot 经常被植入到属于毫无戒备的第三方的成百上千台计算机上。大量的 Bot 常常能够以一种协调的方式行动；这样的一大群僵尸被称为僵尸网络（Botnet）。此类载荷攻击的是被感染系统的完整性和可用性。

4.6.1　Bot 的使用

Bot 可应用于：

（1）实施分布式拒绝服务攻击（DDoS）：DDoS 攻击是一种攻击某个计算机或网络而使用户不能获得正常服务的攻击。

（2）发送垃圾邮件：在 Botnet 和数千个 Bot 的帮助下，攻击者能够发送大量的垃圾邮件。

（3）嗅探通信流量：Bot 也可以使用包嗅探器查看经过被控主机的数据包，寻找感兴趣的明文数据。嗅探经常被用来获取用户名和口令这样的敏感信息。

（4）记录下用户的按键：如果被控主机使用加密的通信信道（如 HTTPS 或 POP3S），那么，单纯地嗅探网络数据包是无用的，因为攻击者不知道解密数据包的密钥。但是通过使用键盘记录器来捕获被感染机器上的键盘输入，攻击者可以获得敏感信息。

（5）传播新的恶意软件：Botnet 可用来传播新的 Bot。这是很容易做到的，因为所有的 Bot 都通过 HTTP 或 FTP 来下载和执行文件。

（6）安装广告插件和浏览器辅助插件（BHO）：Botnet 也能够用来获得经济利益。方法如下：建立一个虚假的网站，在上面放置一些广告链接——网站的经营者要与那些为广告点击付费的某些托管公司达成协议。然后，借助 Botnet 让那些点击自动执行，数千个 Bot 就可以迅速地在弹出式的广告窗口上点击。这个过程的增强版是，让 Bot 劫持受害主机的主页，这样，每一次受害主机使用浏览器时，都会完成广告点击。

（7）攻击 IRC 聊天网络：Botnet 也用来攻击 Internet 中继聊天（Internet Relay Chat，IRC）网络。攻击者特别喜欢克隆攻击。在这种攻击中，攻击者命令每一个 Bot 将其大量的克隆体连接到受害 IRC 网络。受害网络会被来自成千上万的 Bot 的服务请求或者那些克隆的 Bot 的成千上万的加入通道的服务请求所淹没。这样受害 IRC 网络就瘫痪了，这很像 DDoS 攻击。

（8）操纵在线投票或游戏：在线投票和游戏越来越受到关注，而使用 Botnet 操纵它们相当容易。因为每一个 Bot 都有一个不同的 IP 地址，所以，每一个投票都和真实的用户投票有相同的可信度。在线游戏可以用相似的方法操纵。

4.6.2　远程控制功能

是否具有远程控制功能是 Bot 和蠕虫不同的地方。蠕虫自我传播并自我激活，而 Bot 是由某种形式的命令与控制（C&C）服务器网络控制的。Bot 和 C&C 之间的通信不需要连续，而可以在 Bot 发觉它可以访问网络时周期性地创建。

早期实现远程控制的方式使用 IRC 服务器。所有的 Bot 都会加入这个服务器的一个特定通道中，并把通道中收到的消息当作命令处理。近年来越来越多的 Botnet 倾向于避免使用 IRC

机制，转而使用利用协议（如 HTTP）实现的隐蔽通信通道。使用点到点协议的分布式控制机制也是一种可用的远程控制方法，它可以避免单点失败的问题。

最初的 C&C 服务器使用固定的 IP 地址，这意味着它们很容易被定位并被执法机构接管或铲除。后来的一些恶意软件家族使用另外的技术，如自动生成大量的服务器域名供 C&C 服务器使用，Bot 将会尝试与这些域名联系。如果一个服务器域名不能使用了，攻击者可以换一个 Bot 一定会尝试联系的域名。对抗这种技术需要使用逆向工程分析其域名生成算法，然后尝试控制所有这些域名。另一种用于隐藏服务器的技术是 fast-flux DNS 技术——频繁地改变与给定的服务器域名相关联的 IP 地址，通常每几分钟改变一次，并在大量的服务器代理中循环，这些代理常常是 Botnet 的其他成员。这些措施都会妨碍执法机构应对 Botnet。

一旦控制模块与 Bot 之间建立了通信通道，控制模块就可以操纵 Bot 了。最简单的形式是，控制模块简单地向 Bot 发送命令，让 Bot 执行 Bot 中已经存在的例程。更加灵活的形式是，控制模块向 Bot 发送更新命令，要求 Bot 从某个 Internet 地址下载一个文件并执行它。后一种情况使 Bot 成为一种可用于多种攻击的更通用的工具。控制模块也可以收集 Bot 获得的信息，攻击者可以利用这些信息进行攻击。

4.7 按键记录器、网络钓鱼、间谍软件——信息窃取载荷

此类载荷的一个共同目的是获得用户在银行、游戏或其他相关网站的登录名和口令。攻击者利用它们模仿合法的用户来访问这些网站。有时为了侦查或监视，这类载荷也会以文档或系统配置细节为目标，这种情况比较少见。这类载荷以破坏机密性为目的。

4.7.1 凭证盗窃、键盘记录器和间谍软件

按键记录器记录用户的按键操作以提取用户名、密码和其他敏感信息。这些信息经常被网络犯罪分子用于进一步的恶意活动。间谍软件跟踪用户浏览活动并收集有关个人或组织的信息，然后秘密地将收集的信息发送到另一个机构，以便进行进一步的恶意使用，或在用户不知情的情况下控制某个设备。

一般情况下，用户通过加密信道（如 HTTPS 或 POP3S）向银行、游戏或相关网站发送他们的登录名和口令凭证，以保护这些信息不被监听。为了绕过这个防护，攻击者可以安装一个键盘记录器，以捕获被感染机器中的按键信息，从而可以监视那些敏感信息。为了避免收到来自被感染机器的所有键盘输入（有很多无用的信息），按键记录器通常会包含某种形式的过滤机制，让它只返回与攻击者想要的关键字相近的信息（如"登录用户"或"口令"等）。

为了应对按键记录器，一些银行或其他网站转而使用一个图形化的小程序来输入关键信息，如口令。因为这种方法没有使用键盘来输入文本，所以传统的按键记录器无法捕获信息。为了对付这种方法，攻击者开发了更加通用的间谍软件载荷，来监听受害者系统中更多的活动。这可能包括监视浏览活动的历史和内容，重定向某些 Web 页面请求到攻击者控制的虚假网站，动态修改浏览器和某些网站之间交换的数据。所有这些会导致用户个人信息遭到严重

的侵害。

由 Zeus 犯罪软件工具包创建的 Zeus 网银木马，是此类间谍软件的一个突出例子。Zeus 网银木马使用按键记录器和嗅探器窃取银行和金融凭证，并可能修改某些 Web 网站的表单数据。该木马常常利用垃圾邮件或通过某个包含有"驱动下载攻击"的 Web 网站进行传播。

4.7.2　网络钓鱼和身份盗窃

另一种用于捕获用户登录名和口令的方法，是在垃圾邮件中包含指向被攻击者控制的虚假网站的 URL，并让这个虚假网站模仿一些银行、游戏或其他类似网站的登录界面。邮件中通常包含有提示用户需要紧急验证他们的账户以免被锁定的信息。如果用户粗心大意，没有意识到自己正受到诈骗，跟随链接并提供了相关信息，就会导致攻击者利用截获的用户凭证信息让用户受损。

更普遍的是，此类垃圾邮件引导用户到一个被攻击者控制的虚假 Web 网站，或者引导用户填写某个表单并回复给攻击者可以访问到的邮件地址，以便大范围地收集用户的个人隐私信息。有了足够的信息，攻击者可以"猜测"用户的身份，进而获得对其他敏感资源的访问，这被称作钓鱼攻击——利用社会工程，伪装成来源可信的通信取得用户的信任。

这些更普通的用于钓鱼攻击的垃圾邮件，常常通过 Botnet 被广泛地分发至大量的用户。虽然邮件的内容与大部分收件人的可信来源并不匹配，但是只要邮件分发到足够多的用户，就会有一部分易受骗的用户回应它，攻击者就会有利可图。

一种更加危险的变种是鱼叉式钓鱼攻击，它同样是一封声称来源可信的电子邮件。不同的是，攻击者会认真研究邮件接收者，每一封邮件都针对特定的接收者精心制作，常常通过引用一系列信息来说服接收者邮件是真实的。这大大增加了收件者如攻击者所希望的那样做出响应的可能性。

4.7.3　侦察、间谍和数据渗漏

侦察型载荷的目标是获得某种想要的信息并反馈给攻击者。凭证盗窃和身份盗窃只是侦察型载荷的特殊例子，但也是最常见的例子，虽然也存在其他目标的侦察型载荷。2009 年的极光行动（Operation Aurora）利用木马来获得对一些高科技公司、安全公司和防务承包商的源代码库的访问，并有可能修改它们。2010 年发现的 Stuxnet 蠕虫，通过获取硬件和软件的配置细节来确定它是否已入侵了特定的目标系统。

4.8　后门、Rootkit——隐蔽载荷

最后一类载荷涉及恶意软件用来隐藏它在系统中的存在及提供秘密访问系统的技术。这类载荷同样攻击被感染系统的完整性。

4.8.1 后门

后门，也被称为陷门，是进入一个程序的秘密入口，使得知道它的人不必经过通常的安全访问步骤就可以进入程序。多年来，后门一直被程序员合理地用于程序的调试和测试。这样的后门被称为维护挂钩（Maintenance Hook）。当程序员开发具有身份认证或者很长的配置过程的应用程序而需要用户输入许多不同的值时，往往会用到后门。因为在调试这些程序时，开发者希望获得特权或者避免所有必要的设置和认证过程。程序员也想确保当内置在应用程序中的认证机制出现错误时，还有其他激活程序的方法。准确地说，后门是能够识别一些特殊的输入序列或者当被某个用户 ID 运行或某个不可能的事件序列发生时所触发的代码。

当程序员无所顾忌地使用后门获得非授权访问时，后门就变成了威胁。后门的一个例子是，在 Multics 的开发过程中，美国空军"老虎队"（模仿攻击者）负责对该系统进行渗透测试。所用的策略之一是向一个运行 Multics 系统的站点发送伪造的操作系统升级程序，而升级程序包含一个能够通过后门激活的木马程序。通过这个木马程序，老虎队能够访问 Multics 系统。这个威胁设计得如此之妙，以至于 Multics 的开发人员甚至在被告知这个威胁之后，都无法找到它。

近年来，后门常常被做成一个网络服务，来监听某个非标准的端口。攻击者会连接到这个端口并通过它向被入侵的系统发布命令。

由于很难通过操作系统对应用程序中的后门进行控制，因此针对后门的安全措施必须重点关注程序的开发过程和软件的更新活动，以及希望提供网络服务的程序。

4.8.2 Rootkit

Rootkit 是安装在系统中，用来支持以管理员（或超级用户 Root）权限对系统进行访问的一组程序，同时尽最大的可能隐藏自身的存在。安装后，Rootkit 背后的恶意角色可以跟踪设备上完成的所有操作、运行文件、安装程序和其他恶意软件并修改软件（包括防病毒程序）。Rootkit 能够访问操作系统的所有功能和服务，不过，它会以恶意且隐蔽的方式更改主机的标准功能。拥有了管理员或超级用户权限，攻击者就完全控制了系统，可以添加或修改程序和文件、监视进程、发送和接收网络通信，以及根据需要设置后门。Rootkit 非常难以检测和移除。

Rootkit 能够对系统做很多修改来隐藏自己，使得用户很难察觉到它的存在，也很难确定它对系统做了哪些修改。基本上来说，Rootkit 是通过破坏系统对进程、文件、注册表的监控和报告机制来实现隐藏的。

Rootkit 可以使用以下特征分类：

持续的（Persistent）：系统每一次启动都会被激活。这类 Rootkit 必须把它的代码存储在持续性存储中，如注册表或文件系统，并配置一种方式使它不需要用户干预就可以自己执行。这意味着它很容易被检测出来，因为它在持续性存储中的副本可能被扫描出来。

基于内存的（Memory Based）：没有持续性存储代码，因此重启后就会失效。不过，因为它仅存在于内存中，所以较难被检测出来。

用户模式（User Mode）：截获 API 调用，并修改返回值。例如，当一个程序执行列出目录中文件的操作时，Rootkit 使得返回结果中不包括与 Rootkit 相关的文件。

内核模式（Kernel Mode）：能够截获对本地内核模式的 API 调用。此类 Rootkit 还能够通过将恶意软件进程从内核活动进程列表中删除来隐藏自己。

基于虚拟机的（Virtual Machine Based）：此类 Rootkit 首先会安装一个轻量级的虚拟机监视器，然后在监视器之上的虚拟机中运行操作系统。此后，Rootkit 就能够透明地拦截和修改虚拟系统中发生的状态和事件。

外部模式（External Mode）：恶意软件被放置在目标系统的正常操作模式之外，比如 BIOS 中或系统管理模式中等，这样它就可以直接访问硬件。

这个分类展示了 Rootkit 制作者和防范 Rootkit 的人之间的持续性的军备竞赛。Rootkit 制作者利用更加隐蔽的机制来隐藏他们的代码。而防范 Rootkit 的人则开发加固系统的机制以对抗 Rootkit 的破坏，或者当破坏发生时能够检测出来。许多这样的进展与寻找"底层"形式的攻击有关。早期的 Rootkit 工作在用户模式下，通过修改实用程序和库来隐藏自身的存在。不过它们所做的修改能够被内核中的代码检测到，因为内核中的代码在低于用户模式的层面下运行。后来的 Rootkit 使用了更加隐蔽的技术，包括内核模式 Rootkit 和虚拟机 Rootkit 等。

内核模式 Rootkit 在内核中进行修改，与操作系统代码共存，这使得它们很难被检测出来。因为任何"反病毒"程序现在都受制于与 Rootkit 用于隐藏自身的同样的"低级"修改。

最新的 Rootkit 使用的代码对目标操作系统完全不可见。这可以通过某个流氓式的或被入侵的虚拟机监视器或监管程序（Hypervisor）实现，并常常得到新型处理器提供的"硬件虚拟化支持"的辅助。这种 Rootkit 的代码完全运行在目标操作系统的内核代码的视野之下，而目标操作系统并不知道自己正运行在虚拟机中，并会被下层的代码悄无声息地监视和攻击。

几种虚拟化 Rootkit 的原型已经在 2006 年示范过。其中，SubVirt 攻击运行在微软的 Virtual PC 或 VMware Workstation 监管程序之下的 Windows 系统，所采用的方法是修改它们使用的引导过程。当然，这些修改也使得这类 Rootkit 能够被检测出来。不过，另一个名为 Blue Pill 的 Rootkit 能够在系统下安装一个轻薄的监管程序来攻击本地的 Windows Vista 系统，然后继续无缝地在虚拟机中执行 Vista 系统。因为只需利用 Vista 内核执行一个流氓驱动，该 Rootkit 就能够在目标系统正在运行时完成安装，这非常难以检测出来。对于运行在具有"硬件虚拟化支持"的新型处理器之上但并没有使用虚拟机监管程序的系统来说，此类 Rootkit 特别具有威胁性。

其他 Rootkit 变种利用 Intel 处理器用于控制低级硬件的系统管理模式（System Management Mode，SMM），或者 Intel 处理器首次引导时使用的 BIOS 代码，来攻击系统。此类 Rootkit 的代码能够直接访问所附属的硬件设备，对于运行在这些特殊模式之外的代码而言，通常是不可见的。要防范这类 Rootkit，必须保证整个引导过程都是安全的。

4.9　恶意软件的防范

应对恶意软件威胁理想的方法是预防（Prevention）：首先阻止恶意软件进入系统，或者阻止其修改系统。完全达到这一目标几乎是不可能的。当然，采取适当的措施来加固系统和用户以预防感染，可以显著地减少恶意软件成功攻击的次数。

预防恶意软件首要对策之一，是确保所有系统尽可能使用当前系统，所有补丁都已安装，这样可以减少系统上可能被利用的漏洞的数目。接下来则是为应用程序和存储在系统中的数据设置适当的访问控制权限，使得任何用户能够访问的文件个数尽可能地少，从而降低恶意软件运行时可能感染或破坏文件的个数。这些措施直接针对蠕虫、病毒和某些木马使用的关键传播机制。

除此之外，还需要对用户进行安全培训，提高用户的安全意识。因为某些恶意软件可能会使用针对用户的社会工程传播方法。培训的目标是让用户对这类攻击有更好的警惕性，较少地做出导致受到攻击的行为。

如果预防措施失败了，还可以使用相关技术支持以下缓解恶意软件威胁的措施：

（1）检测（Detection）：一旦发生感染，能够确定感染已经发生了并定位恶意软件。

（2）识别（Identification）：一旦检测到恶意软件，能够识别出是何种恶意软件感染了系统。

（3）清除（Removal）：一旦识别出特定的恶意软件，能够将该恶意软件所有痕迹从所有被感染的系统中清除，以阻止其继续扩散。

如果成功检测到恶意软件但没有成功识别或清除，可以选择删除所有被感染文件或恶意文件，并重新加载这些文件的干净的备份版本。对于有些特别顽固的感染，可能需要完全清理所有的存储，然后使用干净的媒介重建系统。

可以在多个位置检测恶意软件。例如，在被感染的系统上使用基于主机的"反病毒"程序，监视进入系统的数据和系统上运行的程序的行为。或者，把检测功能集成到组织的防火墙和 IDS 系统使用的安全周界机制中。还有，检测也可以分布式地同时从主机和边界传感器收集数据（这可能会覆盖大量的网络和组织），以便能够以最大的视野了解恶意软件的活动情况。以下仅介绍基于主机的"反病毒"程序（也称为基于主机的安全扫描器）。

使用反病毒软件的首要位置是各个终端系统。这不仅赋予反病毒软件最大的权限来收集恶意软件对目标系统造成的影响，还能够将恶意软件的活动限制在最小范围。个人计算机如今广泛地使用反病毒软件，部分原因是恶意软件在数量上和活动上的爆炸性增长造成的。这类软件可以视为基于主机的入侵检测系统的一种形式。早期的恶意软件使用相对简单和易于检测的代码，所以能够被相对简单的反病毒软件识别出来并清除掉。随着恶意软件军备竞赛的升级，恶意软件代码和反病毒软件都在变得更加复杂。

反病毒软件的发展可以划分为四代：

第一代，简单的病毒扫描器。它需要病毒特征码来识别病毒。病毒也许会包含"通配符"，但本质上，同一种病毒所有的副本都具有相同的结构和比特模式。这种根据特征码识别病毒的扫描器只能检测出已知的病毒。另一种类型的第一代病毒扫描器记录下系统中程序文件的长度，把文件长度的变化视为是被病毒感染的结果。

第二代，启发式扫描器。它不再依赖病毒的特征码，而是通过启发式规则来寻找可能的恶意软件。其中有一类扫描器寻找与恶意软件有关的代码片段。例如，某个扫描器寻找多态病毒使用的加密循环的起始部分，并发现加密密钥。一旦找到加密密钥，扫描器就能解密恶意软件并识别它，然后清除感染部分，恢复程序的正常运行。另一种方法是完整性检测。每一个程序都被附加一个校验和。如果恶意软件修改或替换了某个程序文件而没有更改该程序文件的校验和，完整性检查就能发现该程序文件被修改了。为了应对那些在感染文件时能自动修改其校验和的恶意软件，可以使用带加密功能的散列函数生成文件的指纹，并且把加密密钥和程序文件分开存储，以免恶意软件访问加密密钥，生成一致的指纹。另外，如果把需要受到保护的程序文件放在可信的位置中，也可以检测出在这些位置中替换或安装流氓代码或程序的企图。

第三代，活动诱捕（Activity Traps）程序。它是内存驻留程序，通过恶意行为来识别恶意软件，而不是通过被感染文件中的恶意代码的结构特征进行识别。这类程序的优点是不需要为大量的恶意软件生成特征码和启发式规则，只需要识别少量正在企图进行感染的恶意活动，然后进行干预即可。

第四代，全面的保护。第四代产品是综合运用各种反病毒技术的软件包，包括扫描和活动诱捕组件。此外，还加入了访问控制功能。这个功能限制了恶意软件渗透系统的能力，从而限制了恶意软件修改文件以继续传播的能力。

恶意软件和反病毒软件之间的较量还在继续。伴随着第四代安全软件包，很多安全软件采用了更全面的防御策略，将防御范围扩大到更通用的计算机安全措施。其中包括更加复杂的反病毒方法。下面介绍其中两种最重要的方法。

第一种是通用解密（Generic Decryption，GD）技术。该技术使反病毒程序在保持快速扫描的同时，轻易地检测出甚至最复杂的多态病毒及其他恶意软件。回想一下，当含有多态病毒的文件执行时，病毒必须解密它自己才可以激活。为了检测这样的结构，可执行文件需要在 GD 扫描器之下运行，GD 扫描器包括以下要素：

（1）CPU 仿真器：一个基于软件的虚拟计算机。可执行文件中的指令由仿真器解释，而不是直接在底层的处理器上执行。仿真器通过软件模拟了处理器的所有寄存器和其他处理器中的硬件，这样，底层的处理器将不会受到在仿真器中被解释执行的程序的影响。

（2）病毒特征码扫描器：扫描目标代码来寻找已知的病毒特征码的模块。

（3）仿真控制模块：控制目标代码执行的模块。

每一次仿真开始时，CPU 仿真器会逐条解释目标代码中的指令。因此，如果代码中包含有解密并恢复恶意软件的例程，那么，该例程代码将被解释出来。实际上，恶意软件恢复它自己是帮助反病毒程序完成了工作。控制模块会周期性地中断仿真器的执行，并扫描目标代码中是否含有病毒特征码。在解释过程中，目标代码不会对实际的计算机环境造成破坏，因为它是在完全受控的环境中被解释执行的。

第二种是基于主机的行为阻断软件。它其实是一种基于主机的入侵检测系统。不同于启发式或基于特征码的扫描器，行为阻断软件与主机的操作系统相结合，实时监控恶意的程序行为，并在恶意行为有机会影响系统之前将其阻断。被监控的程序行为包括：

（1）试图打开、浏览、删除或修改文件。

（2）试图格式化磁盘及其他不可恢复的磁盘操作。

（3）修改可执行程序或宏的运行逻辑。

（4）修改关键的系统设置，如启动设置。

（5）在电子邮件或即时通信客户端中使用脚本语言发送可执行内容，以及初始化网络通信。

因为行为阻断软件能及时阻断可疑软件的执行，这比起现有的反病毒检测技术（如特征码或启发式扫描）具有很大的优势。因为即使有非常多的方式来打乱和再重排病毒或蠕虫的指令序列，并且其中很多方式都可以有效地躲避特征码或启发式扫描器的检测，但是最终，恶意代码必须向系统发送特定的请求。所以，如果行为阻断软件能够拦截所有这样的请求，那么，不管恶意程序的运行逻辑看上去多么模糊，行为阻断软件都能够识别并阻断其恶意行为。

单纯的行为阻断是有局限性的。因为在所有恶意行为被识别出来之前，恶意代码已经在目标机器上执行了，所以，在它被检测并阻止之前，它可能已经对系统造成了破坏。

本节主要介绍了基于主机的安全扫描器。除了在各个主机上部署反病毒软件，还可以在防火墙或入侵检测系统上部署，或者使用分布式收集数据的方法来检测恶意行为。这里不做介绍。

4.10 分布式拒绝服务攻击

拒绝服务（DoS）是一种通过耗尽 CPU、内存、带宽及磁盘空间等系统资源，来阻止或削弱对网络、系统或应用程序的授权使用的行为。如果这种攻击是从某个单一的主机或网络节点发起的，那么它被称为 DoS 攻击。一种更为严重的威胁是 DDoS 攻击。在 DDoS 攻击中，攻击者能够募集遍及整个 Internet 的大量主机，同时或以协同的方式，对目标发动攻击。这里我们只关注 DDoS 攻击。首先介绍这种攻击的特征和类型。其次，了解攻击者在募集发送攻击的网络主机时所采用的方法。最后看一看应对 DDoS 的方法。

4.10.1 DDoS 攻击描述

DDoS 攻击试图消耗目标设备的资源，使其不能提供服务。一种分类 DDoS 的方式，是依据它消耗的资源类型进行分类。概括地说，被消耗的资源可以是目标系统上内部主机资源，也可以是被攻击目标所在的局部网络的数据传输容量。

内部资源攻击的一个简单例子是 SYN 洪泛攻击。图 4-1 描述了这种攻击步骤。

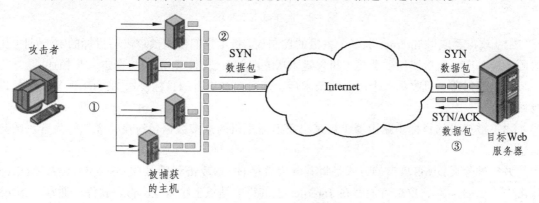

图 4-1 分布式 SYN 洪泛攻击

（1）攻击者取得 Internet 上多个主机的控制权，指示它们与目标 Web 服务器取得联系。

（2）被夺取控制权的主机开始向目标 Web 服务器发送 TCP/IP SYN（同步/初始化）数据包，而数据包中的源地址是错误的 IP 地址（将会作为目标服务器返回信息的地址）。

（3）每一个 SYN 数据包是一个用来打开一个 TCP 连接的请求。对每一个这样的数据包，目标 Web 服务器都会使用一个 SYN/ACK（同步/确认）数据包响应，试图与一个使用伪造的 IP 地址的 TCP 实体建立 TCP 连接。Web 服务器会为每一个 SYN 请求保存一个数据结构并等待回应。随着越来越多的流量不断涌入，Web 服务器会逐渐停顿下来。结果是受害的 Web 服务器始终等待着完成虚假的"半开"连接，而合法的连接却被拒绝。

TCP 状态数据结构是 DDoS 攻击中的一种很流行的内部资源目标，但绝不是唯一的。下面是其他的例子：

（1）在许多系统中，只有有限的数据结构用来存放进程信息（进程标识符、进程表条目、进程槽等）。通过写一个仅重复生成自己的副本而不进行其他操作的简单程序或脚本，入侵者就可以消耗掉这些数据结构。

（2）入侵者还可能试图通过其他方法消耗磁盘空间，这些方法包括：

① 生成过多的邮件信息。

② 故意产生必须记录的错误。

③ 把文件放在匿名的 FTP 空间或网络共享空间中。

图 4-2 描述了通过消耗数据传输资源进行攻击的一个例子。包括以下步骤：

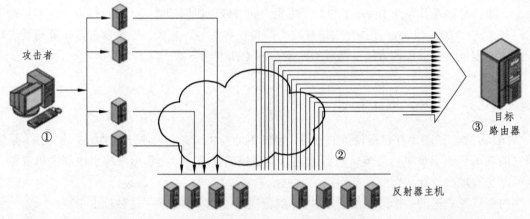

图 4-2　分布式 ICMP 攻击

（1）攻击者取得 Internet 上多个主机的控制权，指示它们使用被攻击的目标的 IP 地址（作为源地址）向一组扮演反射器的主机发送 ICMP ECHO 数据包，后面将会进一步描述。

（2）反射器主机收到多个虚假的请求后，通过向被攻击的目标发送 ECHO 回复数据包进行回应。

（3）被攻击的目标（路由器）被来自反射器主机的众多数据包淹没，无法转发合法的数据包。

另一种分类 DDoS 攻击的方式是将其分为直接 DDoS 攻击和反射 DDoS 攻击。在直接 DDoS 攻击中（见图 4-3），攻击者能够在 Internet 上的许多站点上植入 Zombie 软件。通常，DDoS 攻击包括两级 Zombie 机器：主 Zombie 和从 Zombie。两类机器都被恶意代码感染了。攻击者协调并触发主 Zombie，主 Zombie 反过来协调并触发从 Zombie。两级 Zombie 的使用不仅使得追踪攻击来源变得越发困难，而且攻击规模也更大了。

反射 DDoS 攻击增加了另一层机器（见图 4-4）。在这种类型的攻击中，从 Zombie 构造要求回应的数据包，而将其中的源 IP 地址设置为被攻击的目标的 IP 地址。这些数据包被发送到未被感染的机器。随后，这些未被感染的机器作为反射器，向被攻击的目标做出回应。与直接 DDoS 攻击相比，反射 DDoS 能够牵涉更多的机器和更多的流量，因此更具有破坏性。另外，因为攻击来自广泛分布的未被感染的机器，追踪攻击源头或者过滤攻击数据包也变得更加困难。

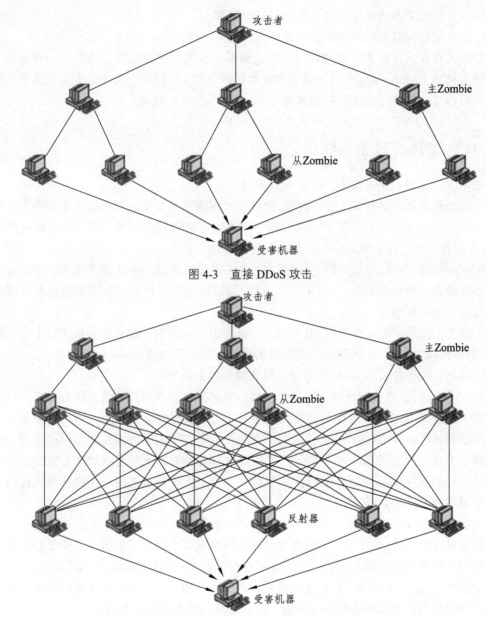

图 4-3　直接 DDoS 攻击

图 4-4　反射 DDoS 攻击

4.10.2　构造 DDoS 攻击网络

DDoS 攻击的第一步，是攻击者使用 Zombie 软件感染大量的机器，这些被感染的机器最终将被用于执行攻击。这一攻击阶段的基本要素如下：

（1）可以执行 DDoS 攻击的软件。这种软件必须能够在大量的机器上运行，必须能够隐藏它的存在，必须能够与攻击者进行通信或者具有某种时间触发机制，必须能够向目标发起预期的攻击。

（2）某个在大量的系统中存在的漏洞。攻击者必须知道某个能够让他安装 Zombie 软件的漏洞，而很多系统管理员和用户还没有修补这个漏洞。

（3）定位存在漏洞机器的策略，一种称为扫描的过程。

在扫描过程中，攻击者首先搜寻一些存在漏洞的机器并将其感染。然后，一般来说，安装在被感染机器上的 Zombie 软件会重复同样的扫描过程，直到一个包含了大量被感染机器的分布式网络创建完成。所使用的扫描策略在 4.3.1 小节中已经给出。

4.10.3 DDoS 攻击的防范

一般来说，抵御 DDoS 攻击有以下 4 条防线：

（1）攻击预防和先发制人（攻击前）：使被攻击者能够承受攻击而不拒绝为合法客户提供服务。所采用的技术包括执行资源消耗策略，根据需要提供后备资源。另外，预防机制修改 Internet 上的系统和协议，来减少 DDoS 攻击的可能性。

（2）攻击检测和过滤（攻击时）：试图在攻击一开始就将其检测出来并迅速响应。这样做可以最小化攻击对目标的影响。检测方式包括寻找可疑的行为模式。响应措施包括过滤掉某些可能是攻击的数据包。

（3）攻击回溯和识别（攻击时和攻击后）：试图识别攻击源，把它作为预防未来攻击的第一步。但这种方式往往不能很快地产生结果来减轻正在发生的攻击。

（4）攻击反应（攻击后）：试图排除或降低攻击带来的影响。

很多 DDoS 攻击的关键性内容是使用虚假的源地址。这既可以掩盖直接或分布式 DDoS 攻击的攻击者，又可以用来将反射会放大的网络通信流量涌向目标系统。因此，根本的、长期有效的抵御 DDoS 攻击的方法，是限制主机系统发送带有虚假源地址数据包的能力。也就是过滤掉带有虚假源地址数据包。实施过滤的路由器或网关应该尽可能地接近数据包源头，它们知道入站数据包的有效地址范围。典型地，为一个组织或家庭用户提供网络连接的 ISP 路由器就是实施过滤的好地方。

要成功地响应 DDoS 攻击，需要制订一个良好的偶然事件响应计划。这个计划必须包括如何联系你的 ISP 的技术人员。因为在受到攻击的情况下，网络可能无法正常使用，所以必须能够使用非网络连接的联系方式。这个计划也要包括如何响应攻击的具体措施。

当检测到 DDoS 攻击时，首先要做的是识别出攻击的类型，然后选择最佳的方法来抵御它。这通常包括捕获进入的数据包并分析，寻找常见的攻击数据包类型。

组织可能也希望 ISP 能够追踪攻击数据包流，识别出源头。然而，如果攻击者使用虚假的源地址，这将是很困难的，而且非常耗时。

如果无法过滤掉足够的数据包从而保证网络的连通性，则需要有一个应急策略来切换到备份服务器，或者快速地用新的服务器建立具有新地址的新站点，以便恢复服务。

除了及时地响应攻击，组织的事故响应策略可以指定用来响应类似的意外情况的进一步措施。这应该包括分析攻击和响应，以便从中汲取教训，改进今后的处理措施。

4.11 实践练习

4.11.1 使用安全工具检测恶意软件

有各种各样的恶意软件检测工具，以下简单介绍 3 种。

1. Windows 7 或 Windows 10 默认内置的 Windows Defender

Windows Defender 是 Windows 附带的一种反间谍软件，当它打开时会自动运行。使用反间谍软件可帮助保护用户的计算机免受间谍软件和其他可能不需要的软件的侵扰。当连接到 Internet 时，间谍软件可能会在用户不知道的情况下安装到用户的计算机上，并且当用户使用 CD、DVD 或其他可移动媒体安装某些程序时，间谍软件可能会感染用户的计算机。Windows Defender 提供以下两种方法帮助防止间谍软件感染计算机：

（1）实时保护。Windows Defender 会在间谍软件尝试将自己安装到计算机上并在计算机上运行时发出警告。如果程序试图更改重要的 Windows 设置，它也会发出警报。

（2）扫描选项。可以使用 Windows Defender 扫描可能已安装到计算机上的间谍软件，定期计划扫描，还可以自动删除扫描过程中检测到的任何恶意软件。

使用 Windows Defender 时，更新"定义"非常重要。定义是一些文件，它们就像一本不断更新的有关潜在的软件威胁的百科全书。Windows Defender 确定检测到的软件是间谍软件或其他可能不需要的软件时，使用这些定义来警告潜在的风险。为了帮助用户保持定义为最新，Windows Defender 与 Windows Update 一起运行，以便在发布新定义时自动进行安装。

在 Windows 7 中，可以从"控制面板"→"系统和安全"→"操作中心"中找到它，如图 4-5 所示。单击"立即扫描"，则执行快速扫描。除了快速扫描，也可以对计算机进行全面扫描或自定义扫描，如图 4-6 所示。

图 4-5　Windows Defender（扫描前）

图 4-6　Windows Defender（扫描后）

2. 专业的安全软件

专业的安全软件有瑞星杀毒软件、AVG 等。这里简要介绍一下 AVG 的安装及使用。

（1）安装。首先确保计算机没有使用运行反病毒软件或安全套件。如果有，需要完全卸载它。现在，就可以按照以下步骤来安装免费的反病毒程序 AVG 了。

① 在浏览器地址栏输入 http：//free.avg.com，单击页面中的 Download 按钮，将会看到一个对话框，提醒我们是否保存 AVG 安装程序。选择 Save，等待下载完成。

② 运行安全程序，根据提示完成安装。安装完成之后的 AVG 软件主界面如图 4-7 所示。

图 4-7　AVG 软件主界面

（2）使用。一般来说，反病毒程序会自动监视计算机系统上的恶意软件，并自动更新它自己。不过，用户也可以手动下载更新，为完全扫描设置一个扫描计划，或者更改这个软件的基本设置。

　　① 单击"扫描计算机"对计算机进行完全扫描。

　　② 在"扫描计算机"的右侧有一个白色齿轮的按钮，单击该按钮，可以设置扫描计划。

　　③ 单击回退箭头，回到程序的主界面。在这里，可以对相应的保护对象进行配置。

3. 利用安全网站检测可疑的文件

　　除了在本地运行恶意软件检测软件外，也可以将可能包含恶意代码的文件上传到 Internet 的某些检测恶意文件的网站上，让这些网站检测某些文件是否安全。这些网站通常使用多种恶意软件检测工具对我们提供的文件进行扫描，因此更加可靠。除了使用恶意软件检测软件，某些网站还提供了能够分析恶意代码行为的在线沙箱。

　　这里仅给出一个例子：Jotti's malware scan。使用浏览器访问 https：//virusscan.jotti.org/。打开 Jotti's malware scan 主页，如图 4-8 所示。该页面底部给出了所使用的扫描工具，共 15 种。单击中间的 Browse 按钮，选择要检测的文件。文件上传成功之后，该网站很快就会给出检测结果，如图 4-9 和图 4-10 所示（这里选择了一个早期的包含恶意代码的 bits.dll 文件）。图 4-10 表明 15 种扫描工具都检测出该文件包含恶意代码。

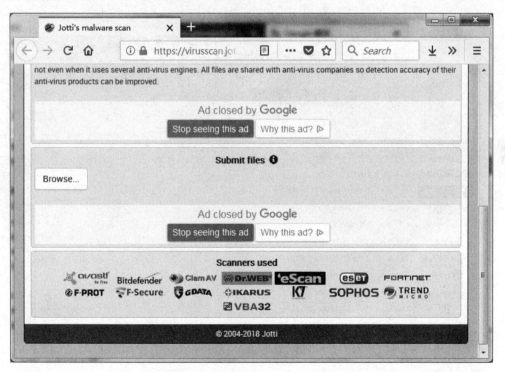

图 4-8　Jotti's malware scan 页面

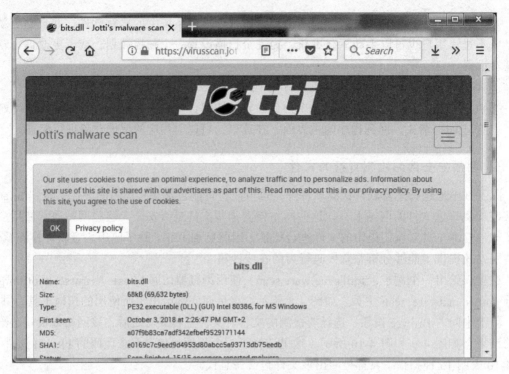

图 4-9　Jotti 的检测结果（1）

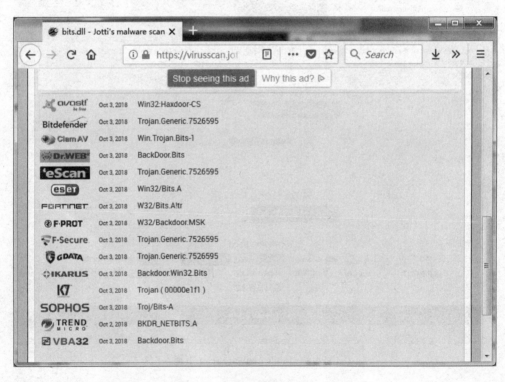

图 4-10　Jotti 的检测结果（2）

另一个检测恶意文件网站：https：//www.vicheck.ca/。

4.11.2　动态分析恶意软件

利用动态分析工具检测恶意软件。动态分析是在一个受监视的环境中执行可疑程序，以观察其行为的过程。这种技术能够快速地告诉你恶意程序创建了什么文件、添加哪些注册表项，以及所联系的网站等信息。动态分析通常需要借助相应的工具来实现。这里仅简要介绍工具 Process Monitor 在恶意软件分析中的基本操作。

Process Monitor 是一种基于 API 钩子和通知例程的变化检测工具。它可以记录与文件系统、注册表、网络、进程、线程有关的活动的详细信息。Process Monitor 通过：① 加载一个内核驱动程序来拦截某些函数的调用；② 使用 Windows 事件追踪（ETW）机制来捕获网络活动；③ 使用通知例程来监视进程和线程的活动。

要监视可疑的程序，你应该在一个封闭的环境中运行它，以避免它感染正常的系统。常用的做法是使用虚拟机作为封闭的环境。操作过程如下：

（1）在 VMware Workstation 启动一台 Windows 7 虚拟机，把可疑的程序和 Process Monitor 复制进去。

（2）在虚拟机中先启动 Process Monitor，如图 4-11 所示。其窗口中显示的是它捕获的各种事件。

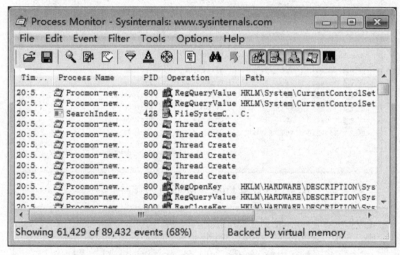

图 4-11　Process Monitor 主界面

（3）运行可疑程序。作为演示，我们使用了一个模拟的恶意程序，名字叫作 Virus.exe。在虚拟机中运行该程序。

（4）单击 Process Monitor 界面中的 Filter 工具，显示过滤设置窗口，如图 4-12 所示。将 Architecture 改为 Process Name，然后单击文本输入框右侧的下箭头按钮，选择 Virus.exe。单击 Add 按钮，表示仅监视 Virus.exe 进程，如图 4-13 所示。

（5）单击"OK"按钮，此时 Process Monitor 窗口中只显示 Virus.exe 的有关活动，如图 4-14 所示。可以放大窗口以显示更多信息，也可以单击通过窗口右边的 4 个按钮，选择性地查看特别关心的事件，如这个程序在文件系统中的活动，如图 4-15 所示。经分析发现，这个程序尝试修改系统文件夹 System32 下的多个 dll 文件，但未成功。但是它成功感染了和它位于同一个文件夹下的 Windows 的记事本程序 notepad.exe，如图 4-16 和图 4-17 所示，使这个程序文件的大小从 189 KB 增加到 193 KB。

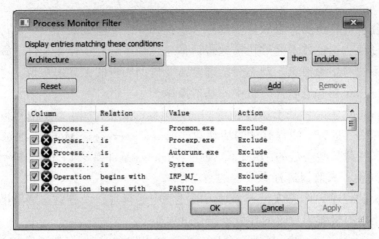

图 4-12　设置 Process Monitor 过滤器（1）

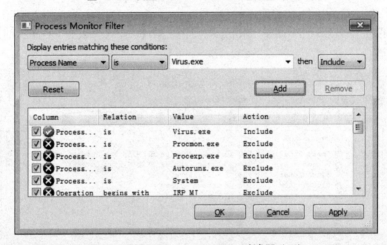

图 4-13　设置 Process Monitor 过滤器（2）

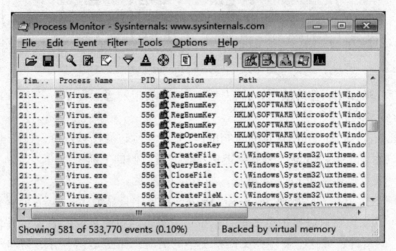

图 4-14　Process Monitor 窗口仅显示 Virus.exe 的活动

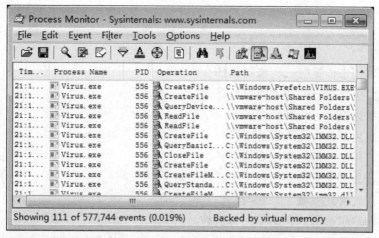

图 4-15　Process Monitor 窗口仅显示 Virus.exe 的文件活动

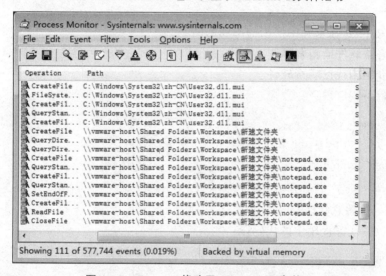

图 4-16　Virus.exe 修改了 notepad.exe 文件

图 4-17　notepad.exe 文件长度增加了

习 题

1. 恶意软件用来传播的三大机制是什么？

2. 恶意软件可能携带的四大类载荷是什么？

3. 高级持续性威胁有什么特征？

4. 病毒或蠕虫通常会经历哪些阶段？

5. 病毒可以用哪些机制来隐藏自己？

6. 蠕虫用什么方法来访问远程系统进行传播？

7. 什么是"夹带式下载"？它与蠕虫有何区别？

8. 什么是特洛伊木马？它是如何传播的？

9. 后门、Bot、按键记录器、间谍软件和 Rootkit 有什么区别？它们可以在同一个恶意软件中呈现吗？

10. 列出 Rootkit 在系统中使用的不同层面。

11. 防范恶意软件措施有哪些？

12. 简要介绍四代反病毒软件。

13. 思考以下程序段：

```
legitimate code
    if data is Friday the 13th;
    crash_computer（）;
legitimate code
```

这属于哪一类恶意软件？

14. 思考以下认证程序中的代码段：

```
username = read_username（）;
password = read_password（）;
if username is "133t h4ck0r"
return ALLOW_LOGIN;
if username and password are valid
return ALLOW_LOGIN
else return DENY_LOGIN
```

这属于哪一类恶意软件？

15. 假如你捡到一个 U 盘。如果你将此 U 盘直接连接到你的工作计算机上并查看其中的内容，这一做法可能会带来什么样的威胁？特别地，思考一下，是不是我们所讨论的每种恶意软件都可以通过 U 盘进行传播？你将采用哪些步骤以降低这些威胁，并安全地查看 U 盘中的内容？

16. 假如当你从一些网站上收集一些短视频时，你看到一个弹窗，告诉你必须要安装这个专门的解码器才可以观看这些视频。如果你同意了安装请求，可能给你的计算机系统造成什么威胁？

17. 什么是 DDoS 攻击？它通常利用哪些资源进行攻击？

18. 攻击者如何构造 DDoS 攻击网络？

19. 防范 DDoS 的基本措施有哪些？

20. 如果你的计算机没有安装可以检测恶意软件的工具, 如何检测你从网上下载的程序文件是否安全？

第5章　入侵检测与防火墙

学习目标

．．

（1）了解网络入侵、入侵者及入侵行为模式。

（2）了解常用的入侵技术与入侵检测技术。

（3）理解并掌握入侵检测系统的组成、功能与分类。

（4）理解并掌握入侵防御系统的功能。

（5）了解常见的入侵检测产品与入侵防御产品。

（6）理解并掌握防火墙的基本概念。

（7）掌握防火墙的主要参数、常见的系统模型。

（8）掌握硬件防火墙及 Windows 防火墙的基本配置。

5.1　网络入侵概述

5.1.1　网络入侵与入侵者

网络入侵是指任何威胁和破坏网络系统资源的行为（如非授权或越权访问系统资源、网络服务受到影响等）。入侵包括用户未授权登录，授权用户非法取得更高级别的权限的操作，网络系统受到病毒、蠕虫和特洛伊木马攻击等。

网络入侵具备的特点有：没有地域和时间的限制，通过网络的攻击往往混杂在大量正常的网络活动之间，隐蔽性强，网络入侵手隐蔽和复杂。

实施入侵行为的"人"称为入侵者。在网络入侵者中，有些入侵者精通网络技术的原理与应用，也有些入侵者对网络技术了解的并不是那么深入，而是利用已有网络入侵工具对网络进行入侵的。在早期对入侵的研究中，Anderson 把入侵者分为假冒者、非法者和隐秘用户等三类。

假冒者：批未经授权使用计算机的用户和突破系统的访问控制从而冒用合法用户账号的入侵者。

非法者：指未经授权访问数据、程序和资源的合法用户，或者已经获得授权访问，但是滥用权限的合法用户。

隐秘用户：夺取系统超级控制权，并使用该权限逃避审计和访问控制，或者阻止生成审计记录的入侵者。

假冒者可能是外部使用者，非法者一般是内部人员，隐秘用户可能是外部使用者，也可能是内部人员。

入侵者的目的可能各个不相同，有的可能只是由于好奇心，想看看网络里有什么；有的可能是心怀恶意的，企图通过入侵获取受权限保护的数据，或者修改被保护的数据，或者扰乱系统。

5.1.2 入侵者的行为模式

随着人们对网络安全的重视，网络安全技术不断推陈出新，操作系统的版本不断更新，漏洞被发现后被及时补上，入侵者的技术和行为模式也在不断地变化。但是，入侵者的行为与普通用户有很大的不同，入侵者的行为一般会遵循几种常见的入侵者行为模式之一。

通常，黑客入侵计算机是为了获得满足感或赢得地位。黑客联盟聚集了很多精英，他们的地位由能力所决定。因此，攻击者常常伺机寻找目标，然后与其他人共享信息。

黑客一般的行为模式：

（1）收集渗透目标信息：通过对目标系统扫描探测、服务查点，搜集目标系统的配置、主机 IP 地址、公司人员、安全防御及防火墙等信息。

（2）选择入侵突破点，侵入系统：根据收集到的信息，对目标系统的薄弱点进行分析，选择入侵突破点，如利用系统漏洞或猜解口令的方式等，入侵系统并获得系统的一定权限。然后，就可以进行实质性操作了。

（3）安放后门，清除痕迹：一般黑客从入侵的系统撤出时，会植入后门程序，以方便以后再次登录；同时，会删除日志，清除他留下的痕迹，以免被管理员发现。

网络犯罪组织现在已经成为基于互联网的系统所面临的最为普遍和共同的威胁。这些组织可能受公司或政府雇用并为其服务，但更多的是由社会上的相对分散的黑客们组成。

不同于传统的黑客凭机会寻找目标，网络犯罪组织通常有特定的目标，或者至少在心里有特定的目标范围。一旦某个网站被侵入，攻击者迅速获取尽可能多的有价值信息，然后退出。

犯罪组织的行为模式可能会如下：

（1）迅速准确的行动，使他们的活动更加难以察觉。

（2）通过漏洞端口渗透周边。

（3）使用特洛伊木马（隐藏的软件）留下后门，以便下次进入，使用嗅探器捕获口令，一旦被发现就离开。

（4）尽量少犯错。

内部攻击是最难以察觉和预防的。员工能够访问并且已经熟悉公司数据库的结构和内容信息。内部攻击可能是出于报复或仅仅是错误的权益意识。内部威胁的可能的行为模式如下：

（1）为自己及朋友创建网络账户。

（2）访问他们日常工作中通常不会使用的账户和应用。

（3）通过电子邮件联系以前和未来的雇主，秘密地进行即时聊天。

（4）执行大批量的下载和文件复制。

（5）下班时间访问网络。

5.1.3　入侵技术

网络入侵技术通常利用网络或系统存在的漏洞和安全缺陷进行攻击，最终以窃取目标主机的信息或破坏系统为主要目的。因此，当某些系统缺陷、安全漏洞被修补之后，这些入侵方式也就很难得逞了。通常情况下，入侵都是以信息搜集为前提，对目标系统的脆弱点采取相应攻击入侵手段，从而达到入侵目的。网络入侵方式也是在不断更新的，当前常用的入侵技术有扫描探测技术、口令获取技术、缓冲区溢出攻击技术、欺骗类攻击技术、SQL 注入攻击技术等。

1. 扫描探测技术

扫描探测技术是入侵者利用特定的软件对目标 IP 地址空间进行扫描或嗅探，根据扫描技术侦察得知目标主机的扫描端口是否处于激活状态，主机提供了哪些服务，提供的服务中是否有某些缺陷，以及服务器的操作系统，从而为以后的入侵打下基础。

扫描探测是网络入侵的第一步，大多数入侵者都会在对系统发动攻击之前进行扫描探测。常见的探测攻击有 NMAP、Nessus、X-Scan 等，有的探测工具甚至还具有自动攻击等功能。

端口扫描是针对 TCP 和 UDP 端口的，扫描者发送一个 TCP 包过去，如果收到带有 RST 标示的包，表示端口是关闭的，如果什么包也没有收到，端口可能是打开的。

漏洞扫描是针对软硬件系统平台存在某种形式的脆弱性，扫描方式主要有 CGI 漏洞扫描、HTTP 漏洞扫描、POP3 漏洞扫描等，这些漏洞扫描都是建立在漏洞库基础之上的，最后再把扫描结果与漏洞库数据进行匹配，得到漏洞信息。

为降低被防火墙或入侵检测系统（IDS）检测到的风险，入侵者一般会采用比较陷落的扫描方式，如慢扫描或分布式扫描等，扫描技术正向着高速、隐蔽、智能化的方向发展。

如果扫描作为一种主动攻击行为很容易被发现，那么嗅探则要隐蔽得多。嗅探是入侵者对网络上流通的所有数据包进行捕获，从而获取并筛选出对自己入侵有用的信息。常用的工具，如 Sniffer Pro、Wireshark、TCPDump 等。

2. 口令获取技术

网络入侵的目标是获取系统的访问权限，或者扩大其在系统中的权限范围。大多数的初始攻击都是利用系统或软件中存在的漏洞，让入侵者可以在系统上执行代码并留下后门。另外，入侵者可能会尝试获取受系统保护的信息，大多数情况下，这些信息都是以用户口令的形式存在。因此，如果知道其他用户的口令，入侵者就可以登录系统，使用合法用户的所有权限。于是，获取口令便成为一项重要的入侵技术。

获取口令主要有以下方法：

（1）通过网络监听非法得到用户口令。这类方法有一定的局限性，但危害性极大，监听者往往能够获得其所在网段的所有用户账号和口令，对局域网安全威胁巨大。

（2）对于特定用户进行猜测破解。如果知道用户的账号，可以采用猜测方法破解用户口令，可以从用户个人及家庭信息，如用户姓名，用户的配偶或孩子的姓名，用户的电话号码、房间号码及汽车牌号，用户感兴趣的事物等，猜测用户的口令。这种方法不受网段限制，但黑客要有足够的耐心和时间。

（3）暴力破解。在获得一个服务器上的用户口令文件后，用暴力破解程序破解用户口令，该方法的使用前提是黑客获得口令的 Shadow 文件。此方法在所有方法中危害最大，因为它不需要像第二种方法那样一遍又一遍地尝试登录服务器，而是在本地将加密后的口令与 Shadow 文件中的口令相比较就能非常容易地破获用户密码，尤其对那些口令安全系统极低的用户（如某用户账号为 zys，其口令就是 zys666、666666 或干脆就是 zys 等）更是在短短的一两分钟内，甚至几十秒内就可以将其破解。

（4）通过社会工程的方式得到用户口令。

3. 缓冲区溢出攻击技术

缓冲区溢出攻击是指利用缓冲区溢出漏洞所进行的攻击行为，即将一个超过缓冲区规定长充的字符串放置到缓冲区所致。缓冲区溢出攻击能干扰并有某些特权运行的程序的功能，这样便能使攻击者取得程序的控制权，进而实现对整个目标主机的控制，进行各种各样的非法操作。

缓冲区溢出攻击是远程网络攻击的常用技术，而一旦遭受到缓冲区溢出攻击，可能导致程序运行失败、死机、重启等后果。第一个缓冲区溢出攻击是发生在 1988 年的 Morris 蠕虫，致使 Internet 上的几万台计算机陷于瘫痪。防范缓冲区溢出攻击比较有效的方法是关闭异常端口或服务，及时为软件打补丁和修复系统漏洞。

4. 欺骗类攻击技术

欺骗类攻击是网络入侵者常用的攻击手段之一，常见的有 IP 欺骗、Web 欺骗和 ARP 欺骗等。

IP 地址欺骗是突破防火墙常用的方法，同时也是其他一系列攻击方法的基础。之所以使用这个方法，是因为 IP 自身的缺点。IP 地址欺骗指入侵者通过篡改其发送的数据包的源 IP 地址，来骗取目标主机信任的一种网络欺骗攻击方法。其原理是利用了主机之间的正常信任关系，也就是 RPC 服务器只依靠数据源 IP 地址来进行安全校验的特性。常用来攻击基于 Unix 的操作平台，通过 IP 地址进行安全认证的服务，如 Rlogin、Rsh 等。使用加密方法或包过滤可以防范 IP 地址欺骗。

Web 欺骗是一种建立在互联网基础上，十分危险却又不易察觉的非法欺诈行为。攻击者切断用户与目标 Web 服务器之间的正常连接，建立一条从用户到入侵者主机，再到目标 Web 服务器的连接，最终控制着从用户到目标 Web 服务器之间传输的数据，这种攻击方式常称为"中间人攻击"。Web 欺骗可能导致重要的账号密码的泄露，严重者当用户进行网购或登录网银时被欺骗，则会造成巨大的经济损失。

ARP 欺骗是一种利用 ARP 协议漏洞，通过伪造 IP 地址和 MAC 地址实现欺骗的攻击技术。

5. SQL 注入攻击技术

SQL 注入攻击，是对数据库进行攻击的常用手段，入侵者通过网站程序源码中的漏洞进行 SQL 注入攻击，渗透获得想得到的数据，获得数据库的访问权限等，其中获得账号及密码是其中最基础的目的。甚至发生数据库服务器被攻击，系统管理账户被篡改的结果。

由于 SQL 注入手法非常灵活，语句构造也很巧妙，并且是从正常的 WWW 端口进入访问，看起来和正常的 Web 页面访问很相似，所以目前防火墙一般对 SQL 都不会发出警告，用户平时对日志不太注意，很可能被长时间入侵都毫无察觉。使用 SQL 通用防注入系统的程序，或用其他更安全的方式连接 SQL 数据库等可以有效防止 SQL 注入式攻击。

5.2　入侵检测技术

入侵检测是指识别非法用户未经授权使用计算机系统，或合法用户越权操作计算机系统的行为，通过对计算机网络中若干关键点或计算机系统资源信息的收集并对其进行分析，从中发现网络或系统中是否有违反安全策略的行为和攻击的迹象。

入侵检测技术是为保证计算机系统和计算机网络系统的安全而设计与配置的一种能够及时发现并报告系统中未授权或异常现象的技术，是一种用于检测计算机网络中违反安全策略行为的技术。

下面介绍一些常用的入侵检测技术。

5.2.1　审计记录

入侵检测的一个基本工具是审计记录。用户活动的记录应作为入侵检测系统的输入。一般采用下面两种方法。

原始审计记录：几乎所有的多用户操作系统都有收集用户活动信息的审计软件。使用这些信息的好处是不需要额外使用收集软件。其缺点是审计记录可能没有包含所需的信息，或者信息没有以方便的形式保存。

专用审计记录：使用的收集工具可以只记录入侵检测系统所需要的审计记录。此方法的优点在于提供商的软件可适用于不同的系统。缺点是一台机器要运行两个审计包管理软件，需要额外的开销。

每个审计记录可以包含以下几个域：

主体：行为的发起者。主体通常是终端用户，也可以是充当用户或用户组的进程。所有的活动来自主体发出的命令。主语分为不同的访问类别，类别之间可以重叠。

动作：主体对一个对象的操作或联合一个对象完成的操作。例如，登录、读、I/O 操作和执行。

客体：行为的接收者。客体包括文件、程序、消息、记录、终端、打印机、用户或程序创建的结构。当主体是活动的接收者时，则主体也可看成客体，如 Email。客体可根据类型分类。客体的粒度可根据客体类型和环境发生变化。例如，数据库行为的审计可以以数据库整体或记录为粒度进行审计。

异常条件：若返回时有异常，则标志出该异常情况。

资源使用：指大量元素的列表。每个元素都给出某些资源使用的数量（例如，打印或显示的行数、读写记录的次数、处理器时钟、使用的 I/O 单元、会话占用的时间）。

时间戳：用来表示动作发生时间的唯一标志。

5.2.2 统计异常检测

统计异常检测分为两类：阈值检测和基于轮廓的检测。

阈值检测与一段时间间隔内特殊事件发生的次数有关。如果发生次数超过期望的合理次数，则认为可能存在入侵。即使面对并不老练的攻击者，阈值分析本身也显得粗糙且效率不高。阈值和时间间隔必须事先选定。因为用户是不断变化的，阈值检测很可能导致大量误报或漏报。只有和其他高级技术共同使用，阈值检测才会有效。

基于轮廓的异常检测可以归纳出每个用户过去行为的特征或用户组过去行为的特征，用于发现有重大偏差的行为。轮廓可能包含多个参数集，所以只发生一个参数的偏差不足以产生警告。

统计异常检测基于对审计记录的分析。审计记录以两种方法作为入侵检测函数的输入。第一种，设计者需制定度量用户行为的量化机制。一段时间内对审计记录的分析可作为一般用户的活动轮廓。这样，审计记录就可用于定义典型的行为。第二种，当前审计记录作为入侵检测的输入，即入侵检测模型分析当前审计记录，判定当前行为与典型行为的偏差。

可用于基于轮廓入侵检测的度量机制如下：

计数器：一个非负整数。如果没有管理员的干预，它只能增加，不能减少。通常，某些事件类型的发生次数在一段时间内不发生变化。例如，一小时内一个用户登录的次数，一个用户会话期间执行命令的次数，一分钟内口令验证失败的次数。

标准值：一个可增可减的非负整数。通常，标准值用于衡量某些实体的当前值。例如，分配给用户态应用的逻辑连接次数和用户态进程发出消息的数目。

间隔计时器：指两个相关事件相继发生的时间间隔。例如，连续两次成功登录到一个账号的时间间隔。

资源利用：一定时间内资源消耗的数量。例如，一次用户会话中打印的页数，程序执行消耗的总时间。

利用以上度量机制，可以使用多种方法判定当前活动是否可接受。这些方法可以是均值和标准差、多变量、马尔柯夫过程、时间序列、可操作性等。

最简单的统计测试是测量一段历史时期内一个参数的均值和标准差。这可以反映一般行为和行为变化。均值和标准差可广泛用于计数器、计时器、资源利用。该方法只能用于粗糙的入侵检测判断。

多变量模型建立在两个或多个变量的关联之上。这种关联可用于更准确地定义入侵者行为（例如，处理器时间和资源使用，登录频率和会话结束时间）。

马尔柯夫过程模型用于确定各种状态的转化概率。例如，检查两个命令相继发生的概率。

时间序列模型着眼于时间间隔，查找发生过快或过慢的事件序列。有多种统计测试方法可用于提取异常行为的时间特征。

最后一种方法是操作模型，它用于判断什么是异常的，而不是自动分析以前的审计记录。一般地，确定一个范围，超出此范围的被认为是入侵者。此方法适用于可由特定类型活动推导出来入侵者行为的情况。例如，短时间内有大量的登录企图，则表明存在入侵。

利用统计方法的最大优点在于不用预先具备安全漏洞方面的知识。检测程序首先学习什么是正常行为，然后再去查找行为的偏差。此方法与系统特征和脆弱性无关。因此，它可广泛用于多种系统。

5.2.3　基于规则的入侵检测

基于规则的入侵检测系统通过观察系统中的事件，运用规则集来判断一个给定的行为模式是否可疑。在一般情况下，我们将所有的方法分为异常检测和攻击鉴别，尽管这两类方法有重叠部分。

基于规则的异常检测：在检测方法与强度上与统计异常检测类似。使用基于规则的方法分析历史审计记录，识别使用模式，并自动产生描述该模式的规则。规则表示用户的历史行为模式、程序、特权、时间槽、终端等。通过观察当前行为，将每个行为与规则集进行匹配，判定它是否符合某个历史行为模式。

与统计异常检测一样，基于规则的异常检测不用知道系统内部的安全脆弱性知识。而且，此方法建立在对过去行为的观察之上，假设将来的行为类似于过去的行为。若要使得该方法有效，需要包含大量规则的数据库。

基于规则的渗透鉴别：不同于一般的入侵检测方法。该系统的关键特征在于使用规则鉴别已知的渗透或利用已知漏洞的渗透。规则可用来识别可疑行为，即使这个行为符合已经建立的使用模式。通常，这种系统中的规则与特定的机器和操作系统有关。产生这些规则的最有效方法是分析攻击工具和网络脚本。此外，由专家定义产生的规则可以作为对该规则的有效补充。对于后者，通常采用的方法是询问系统管理员和安全分析师，收集一组已知渗透方案和危及目标系统安全的关键事件。

5.2.4　基于比率的错误

入侵检测系统要想实用化，则需要保证在可接受的误报率内，检测到大量的入侵。如果只能检测到少量入侵，则系统给人以安全的假象。反之，如果没有入侵而系统频繁报警（误报），系统管理员可能忽略这些报警，或浪费大量时间分析本次虚假报警。

可是由于概率自身的特点，使得很难符合既要有高检测率又要有低误报率的标准。一般来说，相对于合法使用系统的次数，如果入侵的实际次数比较少，则在严格区分合法行为和入侵行为的条件下，误报率会比较高。这是一种被称为基率谬误的例子的现象。

5.2.5　分布式入侵检测

传统意义上，入侵检测的研究都集中在独立的单机系统设施上。然而，一个典型的组织需要保护局域网或互联网络内主机群的安全。虽然每台主机上都可以安装一个单机入侵检测系统，但是通过网络入侵检测系统的协作，可使主机获得更有效的防护。

分布式入侵检测系统设计中存在下述一些主要问题：

（1）分布式入侵检测系统可能要处理不同格式的审计记录。在异构环境中，不同的系统会使用不同的原始审计记录收集系统。如果还装有入侵检测系统，则可能还要收集与安全性相关的其他格式的审计记录。

（2）网络中一个或多个节点负责收集和分析网络中各系统的数据。这样，未加工的数据或汇总性数据将在网络之间传递。因此，有必要保证数据的完整性和保密性。要求完整性是为了防止入侵者通过篡改传输的审计信息掩饰其行为。保证保密性是因为审计信息是有价值的。

（3）可使用集中式结构和非集中式结构。在集中式结构中，所有审计数据的收集和分析由一个节点负责。此结构减轻了对输入报告综合处理的任务，但也产生了一个潜在的瓶颈和单点失败问题。对于非集中式结构，有多个分析中心，但它们之间必须协调活动和交换信息。

现有的一些分布式入侵检测系统的整体结构，主要有 3 个部分：

（1）主机代理模块：审计收集模块作为后台进程运行在监测系统上。它的作用是收集有关主机安全事件的数据，并将这些数据传至中心管理员。

（2）局域网监视器代理模块：其运作方式与主机代理模块相同，但它还分析局域网的流量，将结果报告给中心管理员。

（3）中心管理机模块：接收局域网监视模块和主机代理模块送来的报告，分析报告，并对其进行综合处理用以判断是否存在入侵。

5.2.6 蜜 罐

入侵检测技术中一个相对较新的创新是蜜罐。蜜罐是诱导潜在的攻击者远离重要系统的一个圈套。它的功能是：

（1）避免攻击者直接攻击重要系统。

（2）收集攻击者的活动信息。

（3）希望攻击者在系统中逗留足够的时间，使管理员能对此攻击做出响应。

这些系统充满合法用户不会访问、但是表面看起来有价值的虚假信息。因此，任何对蜜罐的访问都是可疑的。蜜罐系统使用的工具包括灵敏的监视器和事件日志。事件日志用以检测访问活动和收集攻击者攻击活动的信息。因为任何对蜜罐的攻击，系统都给出攻击成功的假象，所以系统管理员可以在不暴露真正工作系统的条件下，有时间转移、记录、跟踪攻击者。

蜜罐是一种资源，没有生产价值。蜜罐的基本思想是：网络外部的人与蜜罐的互动没有任何正当的理由。因此，任何试图与系统之间的通信都有可能是探测、扫描或攻击。相反，如果一个蜜罐主动与外界进行通信，那么它已经很可能被破坏了。

最初研究者使用一台有 IP 地址的机器作为蜜罐来引诱黑客。最近的研究集中在如何建立整个蜜罐网络，用来模拟一个企业，其中会使用到实际的或模拟的通信量和数据。一旦黑客进入这个网络，管理员就能详细观察到他们的行为，找出防范措施。

蜜罐可以部署在不同的地点。蜜罐的位置取决于一系列因素，比如，组织有兴趣收集的信息的类型，以及组织可以容忍的获取最大量数据的风险水平。

外部防火墙外的蜜罐对跟踪试图连接的网络范围内未使用的 IP 地址是有用的。在这个位置上的蜜罐并不增加内部网络的风险。在防火墙内部有一个受损系统的危险被成功避免了。

此外，由于蜜罐吸引了很多潜在的攻击，它减少了防火墙和 IDS 传感器内部的警报，减轻了管理人员的负担。外部蜜罐的缺点是，它几乎没有检测内部攻击者的能力，特别是外部防火墙在两个方向上过滤流量时。

对外提供服务的网络，如网站和邮件，通常被称为 DMZ（非军事区），是部署蜜罐的另一种选择。安全管理员必须确保 DMZ 中的其他系统是免受蜜罐行为影响的。这种位置部署的蜜罐有一个缺点就是：网络不是完全可用的，防火墙会阻塞所有试图访问不需要服务的目的指向 DMZ 的通信。因此防火墙需要开放全部通信，即使是允许之外的，当然这是危险的，否则就要限制蜜罐的有效性。

一个完全处于内部网络的蜜罐有一些自己的优点。最大的优势就在于，它能够捕捉内部攻击。位于内部网络中的蜜罐可以检测出防火墙的一些配置错误，如防火墙的配置错误使得防火墙通过了不允许从因特网到内部网络的通信。当然，内部网络蜜罐也有它自身的缺陷。最严重的就在于，一旦蜜罐被攻破，它就可以攻击其他的内部系统。任何后续从因特网流向内部网络的流量都将不会被屏蔽，因为防火墙会认为这是与蜜罐的通信。另外一个内部蜜罐的困难就是，防火墙必须调整自己的过滤器，允许通向蜜罐的通信，因此复杂的防火墙配置可能损害内部网络。

5.3　入侵检测系统与入侵防御系统

5.3.1　入侵检测系统及其组成

入侵检测系统（Intrusion Detection System，IDS）是一种实时的网络入侵检测和响应系统，它能够实时监控网络传输，它依照一定的安全规则，使用入侵检测技术对被保护的网络流量进行检测，或对系统的运行状况进行监视，自动检测可疑行为，分析来自网络外部和内部的入侵信号，尽可能发现各种攻击企图、攻击行为或攻击结果，在发现有入侵行为或者将要有入侵行为时发出警报，实时对攻击做出响应，并提供补救措施，以保证网络系统资源的机密性、完整性和可用性，最大限度地为网络系统提供安全保障。入侵检测系统是防火墙之后的第二道安全闸门。

一个入侵检测系统通常由探测器（Sersor）、分析器（Analyzer）、响应单元（Response Units）和事件数据库（Event Databases）组成。事件是 IDS 中所分析的数据的统称，它可以是从系统日志、应用程序日志中所产生的信息，也可以是在网络抓到的数据包。

（1）探测器：探测器主要负责收集数据。入侵检测的第一步就是收集数据，内容包括任何可能包含入侵行为线索的系统数据，如网络数据包、日志文件和系统调用记录等。通常需要在计算机网络系统中的若干个不同的关键点收集数据，这是因为入侵检测在很大程度上依赖于收集数据的正确性和可靠性。有时从一个数据源来的数据有可能看不出问题，但是从几个数据源来的数据的不一致却是可疑行为或入侵物最好标识。探测器将这些数据收集起来后，发送到分析器进行处理。

（2）分析器，又称为分析部件，它的作用是分析从探测器中获得的数据，主要包括两个方面：一是监控进出主机和网络的数据流，看是否存在对系统的入侵行为；另一个是评估系统关键资源和数据文件的完整性，看系统是否已经遭受了入侵。前者的作用是在入侵行为发生时发现它，从而避免遭受攻击；后者是在遭受攻击时，未能及时发现和阻止攻击行为，但可以通过攻击行为留下的痕迹，了解攻击行为的一些情况，从而避免再次遭受攻击。对系统资源完整性的检查也有利于对攻击行为进行取证。

（3）响应单元。它的作用是对分析所得结果做出相应的动作，或者是报警，或者是要改文件属性，或者是阻断网络连接等。

（4）事件数据库。又称为日志部件，存放的是各种中间数据，记录攻击的基本情况。

5.3.2 入侵检测系统的功能

最初的入侵检测系统使用由操作系统生成的审计数据，几乎所有的活动都在系统中有记录，因而有可能通过检查日志、分析审计数据来检测到入侵；检查系统损坏的程度，跟踪入侵者及采取相应措施防止类似入侵再次发生。随着入侵检测技术的发展，入侵检测系统不仅可以作为事后的审计分析工具，同样也可以实施实时报警。

一个成功的入侵检测系统，不仅可使系统管理员时刻了解网络系统的任何变更，还能给网络安全策略的制定提供依据。它应该管理配置简单，非专业人员也容易上手。入侵检测的规模还应根据网络规模、系统构造和安全需求的改变而改变。入侵检测系统在发现入侵后，会及时做出响应，包括切断网络连接、记录事件和报警等。因此，概括地说，入侵检测系统应该具有以下功能：

（1）监测并分析用户和系统的活动。

（2）查找非法用户和合法用户的越权操作。

（3）审计系统配置和漏洞，并提示管理员修补漏洞。

（4）评估系统关键或敏感资源和数据的完整性。

（5）识别已知的攻击行为。

（6）异常行为模式的统计分析。

（7）操作系统的审计跟踪管理，并识别违反安全策略的用户活动。

5.3.3 入侵检测系统的分类

按照入侵检测输入数据的来源和系统结构来看，入侵检测系统可以为基于主机的入侵检测系统（HIDS）、基于网络的入侵检测系统（NIDS）和分布式入侵检测系统。

1. 基于主机的入侵检测系统（HIDS）

基于主机的入侵检测系统的输入数据来源于系统的审计日志，主要是针对该主机的网络实时连接及对系统审计日志进行智能分析和判断。基于主机的入侵检测系统通常安装在重要的系统服务器、工作站或用户机器上，它要求与操作系统内核和服务紧密捆绑，监控各种系统事件，如对内核或 API 的调用，以此来防御攻击并对这些事件进行日志；还可以监测特定的系统文件和可执行文件调用；对于特别设定的关键文件和文件夹也可以进行适时轮询的监控。HIDS能对检测的入侵行为、事件给予积极的反应，如断开系统、封掉用户账号、杀死进程、提交警报等。HIDS最适合检测内部人员的误操作及已经避开传统的检测方法而渗透到网络中的活动。

基于主机的入侵检测系统的优点主要有：

（1）监视特定的系统活动非常有用。HIDS易于监视用户和访问文件的活动，如对敏感文件、目录、程序或端口的存取，以及试图访问特殊的设备等。

（2）误报率要低。HIDS通常情况下，比NIDS的误报率要低，因为检测在主机上运行的命令序列比检测网络流更简单，系统的复杂度也少得多。

（3）适用于加密和交换的环境。

（4）对网络流量不敏感。一般不会因为网络流量的增加而遗漏对网络行为的监视。

基于主机的入侵检测系统的缺点主要有：

（1）系统需要安装在需要保护的设备上，依赖于服务器固有的日志和监测能力。但服务器审计信息存在弱点，如易受攻击，入侵者可通过使用某些系统特权或调用比审计更低级的操作来逃避审计。

（2）全面部署HIDS的花费较大，因此通常选择部分主机进行保护，而那些未安装HIDS的计算机将成为保护的盲点，入侵者可以将这些计算机作为攻击目标，因为HIDS除了监测安装自身的主机外，根本不监测网络的情况。

（3）某些网络攻击不能够被分析主机审计记录检测到。

（4）HIDS的运行或多或少会影响主机的性能，可能降低应用系统的效率。

（5）HIDS只能对主机的特定用户、应用程序执行动作和日志进行检测，所能检测的攻击类型受到限制。

2. 基于网络的入侵检测系统（NIDS）

基于网络的入侵检测系统（NIDS）的输入数据来源于网络信息流，通常部署在企业网络出口处，或者内部关键子网边界等比较重要的网段内，检测流经整个网络的流量和网段中各种数据包。NIDS能够检测该网段上发生的网络入侵，也可以在检测到入侵后，通过向连接的交换机或防火墙发送指令阻断后续攻击。

基于网络入侵检测系统（NIDS）的优点：

（1）成本较低。将安全策略配置在几个关键访问点上就可以保护大量主机或服务器。

（2）不影响业务系统。它不需要改变服务器等主机配置，不需要安装额外软件，不会影响系统的性能。

（3）实时检测和响应。一旦发现恶意访问或攻击，NIDS通常能在微秒或秒级发现，这种实时性能使得系统可以根据预先定义的参数迅速采取相应的行动，从而将入侵活动对系统的破坏降到最低。

（4）能够检测未成功的攻击企图。部署在防火墙外面的NIDS可以检测到旨在利用防火墙所保护资源的攻击。

基于网络的入侵检测系统也有一些弱点：

（1）只检测与它直连的网段的通信，不能检测不同网段的数据包。

（2）NIDS通常采用特征检测法，只能检测出普通攻击，很难实现复杂的、需要大量计算和分析时间的攻击检测。

（3）NIDS 通常会将大量的数据传回分析系统中。

（4）处理加密的会话过程较困难。目前通过加密通道的攻击尚不多，但随着 IPv6 的普及，这个问题会越来越突出。

3. 分布式入侵检测系统

分布式入侵检测系统一般由多个部件组成，分布在网络的各个部分，完成相应的功能，分别进行数据采集、数据分析等。通过中心的控制部件进行数据汇总、分析、对入侵行为进行响应等。在这种结构下，不仅可以检测到会对单独主机的入侵，同时也可以检测到针对整个网段主机的入侵。

5.3.4　入侵防御系统

随着网络攻击技术的不断发展，对安全技术提出了新的挑战。防火墙技术和 IDS 技术由于自身的局限性难以应对，并且随着网络应用的发展和网络结构的日趋复杂，这种局限性表现得越来越突出。

通常，人们认为防火墙可以保护处于它身后的网络不受外界的侵袭和干扰。但是，传统防火墙在使用的过程中暴露出以下的不足和弱点：第一，传统的防火墙在工作时，入侵者可以伪造数据绕过防火墙或者找到防火墙中可能敞开的后门；第二，防火墙完全不能防止来自网络内部的袭击，通过调查发现，将近 65% 的攻击都来自网络内部，对于那些对企业心怀不满或假意卧底的员工来说，防火墙形同虚设；第三，防火墙主要针对网络层与传输层进行检测与拦截，但对来自应用层的深层攻击行为就显得无能为力。防火墙作为访问控制设备，无法检测或拦截嵌入到普通流量中的恶意攻击代码，如针对 Web 服务的 Code Red 蠕虫等。

入侵检测系统（IDS）可以弥补防火墙的不足，为网络提供安全监控，并且在发现入侵的初期采取相应的防护手段。IDS 系统作为必要的附加手段，已经为大多数组织机构的安全构架所接受。

但是，与此同时，大家也逐渐意识到 IDS 所面临的问题：第一，IDS 系统是以旁路被动的方式工作，只能检测攻击，而不能有效阻止攻击；第二，随着网络速度的加快，即使 IDS 检测出攻击行为并报警，网络管理人员也可能来不及对入侵做出响应。蠕虫、病毒、DDoS 攻击、垃圾邮件等混合威胁越来越多，传播速度加快，留给人们响应的时间越来越短，使用户来不及对入侵做响应，往往造成企业网络瘫痪。即使某些设备采用与防火墙联动的方式来阻止攻击，通常也只是一种"事后"补救的措施，存在明显的漏洞。IDS 与防火墙之间到目前为止，还没有一个统一的接口规范，加上越来越频发的"瞬间攻击"（即一个会话就可以达成攻击效果，如 SQL 注入攻击、溢出攻击等），使得 IDS 与防火墙联动在实际应用中效果并不显著。

基于防火墙与 IDS 的局限性，入侵防御系统（Intrusion Prevention System，IPS）成为新一代的网络安全技术。

入侵防御系统，是在入侵检测系统（IDS）的基础上，结合防火墙技术，采用在线工作模式，增加了事件处理及安全防护功能，能够主动对安全事件进行响应。入侵防御系统可以深度感知检测数据流量，对恶意报文进行丢弃，主动阻止这些异常的或是具有伤害性的网络行为。

入侵防御系统串联在网络中，保证所有的网络数据都要经过 IPS 设备，IPS 对网络流量中的恶意数据包进行检测，对攻击性的流量进行自动拦截，使它们无法造成损失。IPS 如果检测到攻击企图，就会自动将攻击包丢掉或采取措施阻断攻击源，而不把攻击流放进内部网络。

入侵检测系统（IDS）对那些异常的、可能是入侵行为的数据进行检测和报警，告知使用者网络中的实时状况，并提供相应的解决、处理方法，是一种侧重于风险管理的安全产品。

入侵防御系统（IPS）对那些被明确判断为攻击行为，会对网络、数据造成危害的恶意行为进行检测和防御，降低或是减免使用者对异常状况的处理资源开销，是一种侧重于风险控制的安全产品。

IPS 产品的入侵检测技术在沿用传统 IDS 的检测技术的基础上，针对各种网络攻击技术提出更细粒度的检测技术，实现深度检测，并使用多种综合检测机制，以提高检测的精度。

从功能角度分析，入侵防御系统具有以下特点：

（1）IPS 是一种主动的、积极的入侵防范和组织系统。

IPS 的设计目标旨在准确监测网络异常流量，自动对各类攻击性的流量，尤其是应用层的威胁进行实时阻断，而不是简单地在监测到恶意流量的同时或之后才发出告警。IPS 是通过直接串联到网络链路中而实现这一功能的。它部署在网络的进出口处，当它检测到攻击企图后，会自动将攻击包丢掉或采取措施将攻击源阻断，使攻击包无法到达目标，从而可以从根本上避免黑客的攻击。

（2）IPS 为企业网络提供"虚拟补丁"。

IPS 预先、自动拦截黑客攻击、蠕虫、网络病毒、DDoS 等恶意流量，使攻击无法到达目的主机，这样即使没有及时安装最新的安全补丁，企业网络仍然不会受到损失。IPS 给企业提供了时间缓冲，在厂商就新漏洞提供补丁和更新之前确保企业的安全。

（3）IPS 对网络流量进行整形与控制。

目前企业网络的带宽资源经常被严重占用，主要是在正常流量中夹杂了大量的非正常流量，如蠕虫病毒、DoS 攻击等恶意流量，以及 P2P 下载、在线视频、垃圾邮件、网上聊天、网络游戏等垃圾流量，造成网络堵塞。IPS 可以过滤正常流量中的恶意流量，同时对垃圾流量进行阻断和控制，规范用户网络行为，净化用户网络空间。应该说，入侵防御系统注重访问控制和主动防御，而不仅仅是检测攻击和记录日志，弥补了入侵检测系统（IDS）的不足，实现了技术和功能两个层面的跨越。

5.3.5 产品介绍与网络部署

入侵检测系统产品与入侵防御系统产品，都可以分为硬件产品和软件产品两大类。

硬件产品和防火墙一起放置在机架上，而不是安装在操作系统中，可以很容易地把入侵检测系统嵌入到网络中。市面上入侵检测与入侵防御的产品很多，国内的主要厂商有华为、天融信、绿盟科技、启明星辰等，每个厂商都有多款产品可供选择。

1. 入侵检测系统的产品介绍

入侵检测系统的硬件产品主要有华为 NIP2000D/5000D 入侵检测系统、绿盟 NIDS 4000A 入侵检测系统、启明星辰 NS2800 入侵检测系统、天融信 TS-71230 入侵检测系统等。

图 5-1 华为入侵检测设备 NIP 2000D

对于硬件产品的选用，通常考虑的要点有：

（1）反躲避技术，即能否有效检测分片、TTL 欺骗、异常 TCP 分段、慢扫描、协同攻击等。

（2）产品的伸缩性，即系统支持的传感器数目、最大数据库规模、传感器与控制台之间通信带宽和对审计日志溢出的处理等。

（3）产品支持的入侵特征数。

（4）产品的响应方法，可从本地、远程等多角度考察，是否支持防火墙联动等。

（5）特征库升级及维护费用，特征库需要不断更新才能检测出新出现的攻击方法。

（6）是否通过了国家权威机构的评测，权威机构有国家信息安全测评认证中心、公安部计算机信息系统安全产品质量监督检验中心等。

入侵检测系统的软件系统主要有 Snort、Suricata、OSSEC HIDS、BASE、Sguil 等。

Snort 是一个开源 IDS，它采用灵活的基于规则的语言来描述通信，将签名、协议和不正常行为的检测方法结合起来。其更新速度极快，成为全球部署最为广泛的入侵检测技术，并成为入侵检测与入侵防御技术的标准。

Suricata，是一款高性能的网络 IDS、IPS 和网络安全监控引擎。它是由 the Open Information Security Foundation 开发，是一款开源的系统。在所有目前可用的 IDS/IPS 系统中，Suricata 最能够与 Snort 相抗衡。该系统有一个类似 Snort 的架构，依赖于像 Snort 等的签名，甚至可以使用 VRT Snort 规则和 Snort 本身使用的相同的 Emerging Threat 规则集。

OSSEC HIDS 是一个基于主机的开源入侵检测系统，它可以执行日志分析、完整性检查、Windows 注册表监视、Rootkit 检测、实时警告及动态的适时响应。OSSEC 客户端在大多数操作系统上本地运行，包括 Linux 各版本、Mac OSX 和 Windows。它还通过趋势科技的全球支持团队提供商业支持，这是一个非常成熟的产品。

BASE，又称基本的分析和安全引擎，BASE 是一个基于 PHP 的分析引擎，它可以搜索、处理由各种各样的 IDS、防火墙、网络监视工具所生成的安全事件数据。其特性包括一个查询生成器并查找接口，这种接口能够发现不同匹配模式的警告，还包括一个数据包查看器/解码器，基于时间、签名、协议、IP 地址的统计图表等。

Sguil 是一款被称为网络安全专家监视网络活动的控制台工具，它可以用于网络安全分析。其主要部件是一个直观的 GUI 界面，可以从 Snort/barnyard 提供实时的事件活动。还可借助于其他的部件，实现网络安全监视活动和 IDS 警告的事件驱动分析。

2. 入侵检测系统的网络部署

IDS 设备的主要应用场景是实时监控网络安全状况，当发现攻击时，产生报警并记录攻击事件。入侵检测系统一般旁路部署于网络中，如图 5-2 所示。旁路部署的关键在于，IDS 设备需要获取镜像的业务流量进行检测，IDS 设备不参与流量的转发。入侵检测系统可以部署于互联网接入点和服务器前端，以维护网络安全。

部署在互联网接入点时，可以实现以下目标：

（1）检测外部用户对内网客户端及浏览器的攻击行为，避免因网络威胁造成的数据丢失、破坏或成为僵尸。

（2）检测外部用户对内网服务器与应用系统的攻击行为，提供告警功能，保护业务系统的正常运行。

（3）识别互联网的流量类型，包括限制 P2P、网络视频、IM、网游、炒股软件等流量并提供日志信息。

部署于服务器前端时，可以实现以下目标：

（1）检测蠕虫活动、针对服务和平台的漏洞攻击，防止因为恶意软件造成服务器数据的损坏、篡改、失窃或成为僵尸。

（2）检测 DoS/DDoS 对应用服务器的攻击。

（3）检测针对 Web 应用的新型攻击，如 SQL 注入、跨站脚本、各种扫描、猜测和窥探攻击。

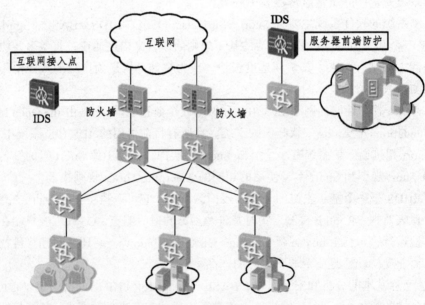

图 5-2　入侵检测系统的部署

3. 入侵防御系统的产品介绍

入侵防御系统的硬件产品主要有华为 NIP5000 网络智能防护系统（见图 5-3）、绿盟 NIPS 网络入侵防御系统、启明星辰 NGIPS8000-A 入侵防御系统、网神 SecIPS 入侵防御系统、东软 NetEye 入侵防御系统等。

图 5-3　华为入侵防御系统设备 NIP6650

入侵防御系统的软件产品有 Snort、Suricata 等。

Snort 经常用作入侵检测系统（IDS），可以进一步配置为入侵防御系统（IPS）。Snort 通过和 Linux 下通用的网络防火墙 Iptables/netfilter 相关联，通过 Iptables/netfilter 来达到阻断网络的目的。

Suricata 是一款支持 IDS 和 IPS 的多线程的软件系统。与 Snort 相比，Suricata 的多线程和模块化设计上使其在效率和性能更加突出，Suricata 支持的协议更多，支持 IPS 自动处理，全面支持 IPv6。

4. 入侵防御系统的网络部署

入侵防御系统一般主要串联部署于网络中，如图 5-4 所示。入侵防御系统可以串接部署于广域网边界、互联网接入点、服务器前端，也可以旁路部署，如旁路部署于服务器前端。

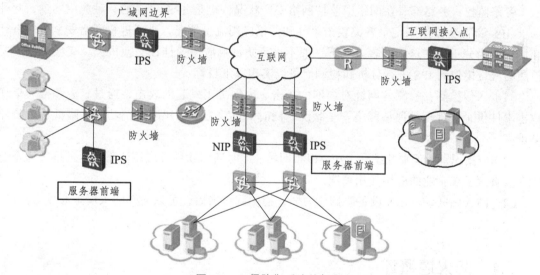

图 5-4　入侵防御系统的部署

互联网边界防护，此种场景一般部署于出口防火墙或路由器后端、透明接入网络，可以实现以下目标：

（1）入侵防御：防御来自互联网的蠕虫活动、针对浏览器和插件漏洞的攻击，使得企业办公网络健康运行。拦截基于漏洞攻击传播的木马或间谍程序活动，保护办公计算机的隐私、身份等关键数据信息。

（2）反病毒：对内网用户从 Internet 下载的文件进行病毒扫描，防止内网 PC 感染病毒。

（3）URL 过滤：对内网用户访问的网站进行控制，防止用户随意访问网站而影响工作效率，或者导致网络威胁。

（4）应用控制：对 P2P、视频网站、即时通信软件等应用流量进行合理控制，保证企业主要业务的顺畅运行。

IDS/服务器前端防护：此种场景一般采用双机部署避免单点故障。部署位置有以下两种：直接部署于服务器前端，采用透明方式接入；或者旁挂于交换机或路由器，外网和服务器之间的流量、服务器之间流量都引导流到 IPS 处理后，再回注到主链路。可以实现以下目标：

（1）入侵防御：防御对 Web、Mail、DNS 等服务器的蠕虫活动、针对服务和平台的漏洞攻击。防御恶意软件造成服务器数据的损坏、篡改或失窃。防御针对 Web 应用的 SQL 注入攻击、各种扫描、猜测和窥探攻击。

（2）服务器恶意外联检测：防御服务器的恶意外联，防止价值信息外传。

（3）反病毒：对用户向服务器上传的文件进行病毒扫描，防止服务器感染病毒。

（4）DDoS 攻击防范：防御针对服务器的 DoS/DDoS 攻击造成服务器不可用。

网络边界防护：对于大中型企业，内网往往被划分为安全等级不同的多个区域，区域间有风险隔离、安全管控的需求，如部门边界、总部和分支机构之间等，实现了网络区域的安全隔离。可以实现以下目标：

（1）入侵防御：实现网络安全逻辑隔离，检测、防止外部网络对本网的攻击探测等恶意行为，以及外部网络的蠕虫、木马向本网蔓延。

（2）违规监控：监控内部网络用户向外部网络的违规行为。

旁路监控：旁路部署在网络中监控网络安全状况，也是 IPS 产品的一种应用场景，此种场景 IPS 部品主要用来记录各类攻击事件和网络应用流量情况，进而进行网络安全事件审计和用户行为分析。在这种部署方式下一般不进行防御响应。旁挂在交换机上，交换机将需要检测的流量镜像到 IPS 进行分析和检测。可以实现以下目标：

（1）入侵检测：检测外网针对内网的攻击、内网员工发起的攻击，通过日志和报表呈现攻击事件供企业管理员评估网络安全状况。同时提供攻击事件风险评估功能，降低管理员评估难度。

（2）应用识别：识别并统计 P2P、视频网站、即时通信软件等应用流量，通过报表为企业管理员直观呈现企业的应用使用情况。

（3）防火墙联动：IDS 设备防御能力弱，检测到攻击后，可以通知防火墙阻断攻击流量。

5.4 防火墙概述

5.4.1 防火墙的定义

传统意义上的防火墙（Firewall），其本意是指发生火灾时，用来防止火势蔓延的一道障碍物。在古代构筑和使用木质结构房屋的时候，为防止火灾的发生和蔓延，人们将坚固的石块堆砌在房屋周围作为屏障，这种防护构筑物被称为防火墙。

在 20 世纪 80 年代的时候，防火墙的概念被引入到计算机网络中，防火墙被赋予了一个类似但又全新的含义。当一个网络接到 Internet 上，它的用户可以访问外部世界并与之通信。同时，外部世界也同样可以访问该网络并与之交互。为了安全起见，可以在该网络和 Internet 之间设置一个中介系统，竖起一道安全屏障。这道屏障的作用是阻断来自外部网络对本网络的威胁和入侵，提供保护本网络安全和审计的关卡，其作用与古代的防火墙有类似之处，因此把这个屏障称为网络防火墙，或简称为防火墙。

网络防火墙是设置在不同网络（如可信的企业内部网和不可信的公共网）或网络安全域之间的实施访问控制的一组组件的集合，且本身具有较强的抗攻击能力。它用于隔离两个或多个网络，限制网络互访，以保护网络安全，如图 5-5 所示。

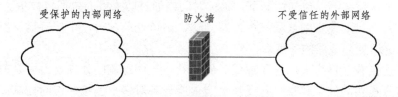

受保护的内部网络　　　　防火墙　　　　不受信任的外部网络

图 5-5　防火墙在网络中的位置

防火墙最初的设计思想：内部网络被认为是安全和可信赖的，外部网络被认为是不安全和不可依赖的。防火墙对外部进入的通信数据进行过滤，防止不希望的、未经授权的通信进入被保护的内部网络。对内部网络用户发出的信息不做任何限制。后来，防火墙对过滤机制进行了改变，对内部网络用户发出的连接请求和数据包同样进行过滤，只有符合安全策略的数据包才可以通过。

防火墙一般安放在被保护网络的边界，要使防火墙对内部网络起到安全防护的作用，必须做到以下几点：

（1）所有进出被保护网络的通信，都必须要经过防火墙的过滤。

这个是网络防火墙的位置特性，同时也是防火墙实现过滤功能的前提。因为只有当防火墙是网络之间数据传输的唯一通道时，才可能对所有的数据包进行过滤，以拒绝非法用户的入侵。

（2）只有符合安全策略的数据包才可以通过防火墙。

防火墙之所以能够对内部网络起到一定的安全保护作用，主要依据的是网络管理员设置的安全策略，即数据包过滤机制。这些过滤机制使得允许通过的数据包不受任何影响，而不允许的数据包则全部拒绝。

（3）防火墙本身是不可侵入的。

防火墙本身必须具有非常强的抗攻击能力和对攻击的免疫能力，防火墙本身不可侵入，这是防火墙能够担当网络安全防护重任的先决条件。防火墙之所以具备非常强的抗入侵能力，与其操作系统是分不开的。只有自身具有完整信任关系的操作系统才可以谈论系统的安全性。其次，防火墙具有非常低的服务功能，除了专业的防火墙嵌入系统外，再没有其他应用程序在防火墙上运行。

防火墙用于控制访问与加强站点安全策略主要用到的 4 项技术：

（1）服务控制：用于决定哪些服务可以被访问。

（2）方向控制：用于决定特定的服务请求可以从哪些方向上发起并通过防火墙。

（3）用户控制：服务器根据用户的权限来控制他的访问。

（4）行为控制：控制对一个具体服务的使用。例如，防火墙可以通过过滤邮件来清除邮件。

5.4.2 防火墙的主要参数

防火墙是一台特殊的计算机，有自己的硬件系统和软件系统。防火墙的重要参数主要包括性能参数和功能参数。

防火墙的主要性能参数有：

（1）吞吐量：指在不丢包的情况下，单位时间内通过防火墙的数据包数量。

（2）时延：入口处输入帧最后一个比特到达，出口处此帧第一个比特输出所用的时间间隔，体现了防火墙处理数据的速度。

（3）并发连接数：指防火墙或代理服务器对其业务信息流的处理能力，是防火墙能够同时处理的点对点连接的最大数目，它反映出防火墙设备对多个连接的访问控制能力和连接状态跟踪能力，这个参数的大小直接影响到防火墙所能支持的最大信息点数。

防火墙的功能参数主要是指防火墙可以实现哪些与网络安全相关的功能，主要包括以下功能参数有：

（1）安全标准：安全标准一般有两种形式，一种是专门的特定的安全标准，另一种是在产品标准或工艺标准中列出有关安全的要求的指标。安全标准一般均为强制标准，由国家通过法律或法令形式规定强制执行。网络与信息安全标准则是在计算机网络领域通用的一种安全标准，不同性能的防火墙归属的安全标准也是不一样的。

（2）多级过滤技术：采用多级过滤措施，在网络层，过滤掉所有的源路由分组和假冒的 IP 源地址；在传输层，过滤掉所有禁止出入的协议和有害的数据包；在应用层，利用各种网关，控制和监测 Internet 提供的所有通用服务。

（3）代理：目前主要由两种方式实现防火墙的代理功能，即透明代理（Transparent Proxy）和传统代理。透明代理是指内网主机需要访问外网主机时，不需要任何设置，完全意识不到防火墙的存在，而完成内外网的通信。传统代理需要在客户端设置代理服务器。

（4）远程管理：防火墙管理是指对防火墙具有管理权限的管理员对防火墙进行的设置安全规则、配置安全参数、查看日志、监控运行状态等操作。防火墙主要有两种管理界面，即 Web 界面和 GUI 界面。

（5）审计和报警机制：结合网络配置和安全策略对防火墙的相关数据进行分析，如果发现有数据违反了安全策略，审计和报警机制就会起作用，并记录和报告。审计是用以监控通信行为和完善安全策略，检查安全漏洞和错误配置。报警机制是在通信违反相关策略以前，以多种方式（如邮件、短信），及时报告给管理人员。

（6）入侵检测：指防火墙依照一定的安全策略，对网络、系统的运行状况进行监视，尽可能发现各种攻击企图、攻击行为或攻击结果，以保证网络系统资源的机密性、完整性和可用性。

（7）杀毒技术：部分防火墙集成了病毒防火墙功能，实现病毒的过滤和预防，阻止病毒的传播。

5.4.3 防火墙的分类

目前，市场上的防火墙产品可谓多种多样，无论是性能还是价格都存在着较大的差异。防火墙的分类标准也是比较复杂的，下面介绍当前比较流行的几种分类方法。

1. 按防火墙的软硬件形式分类

如果按防火墙的软、硬件形式进行分类，防火墙可分为硬件防火墙、软件防火墙。

1）基于硬件的防火墙

基于硬件的防火墙是一个已经预装有软件的硬件设备。硬件防火墙采用专用网络芯片处理数据包，以保证处理速度；采用专门的操作系统平台，从而避免通用操作系统的安全性漏洞。硬件防火墙具有高吞吐量、安全与速度兼顾的优点。

基于硬件的防火墙又可分为家庭办公型和企业型两种款式。防火墙在外观上与平常我们所见到的路由器类似，只是只有少数几个接口，分别用于连接内、外部网络。图 5-6 所示为华为下一代防火墙 USG6330。

图 5-6　华为下一代防火墙 USG6330

2）基于软件的防火墙

基于软件的防火墙是能够安装在操作系统和硬件平台上的防火墙软件包。软件防火墙通过在操作系统底层来实现网络管理和防御功能的优化。如果用户的服务器装有企业级操作系统，购买基于软件的防火墙则是合理的选择。如果用户是一家小企业，并且想把防火墙与应用服务器（如 WWW 服务器）结合起来，配备一个基于软件的防火墙不失为明智之举。

国内外还有许多网络安全软件厂商开发出面向家庭用户的基于纯软件的防火墙，俗称为"个人防火墙"。之所以说它是"个人防火墙"，是因为它是安装在主机中，只对一台主机进行防护，而不是保护整个网络。

2. 按防火墙采用的技术分类

防火墙防范的方式与侧重点的不同，采用技术也会不同。根据防火墙采用的技术不同，可以将防火墙划分为包过滤防火墙、状态检查防火墙、应用级网关、电路级网关等。

1）包过滤防火墙（Packet Filtering Firewall）

包过滤防火墙（见图 5-7）工作在 OSI/RM 开放系统互连参考模型的网络层与传输层，它根据数据包头中的源 IP 地址、目的 IP 地址、源端口号、目的端口号和协议类型等信息，对数据包进行过滤。只有满足过滤条件的数据包才被转发到相应的目的地，其余数据包则会被从数据流中丢弃。

包过滤方式是一种通用、廉价和有效的安全手段。通用是指它不是针对各个具体的网络服务采取特殊的处理方式，适用于所有网络服务；廉价是因为大多数路由器都提供数据包过滤功能，所以这类防火墙是由路由器集成的；有效是指它能在很大程度上满足绝大多数企业安全要求。

包过滤方式的优点是不用改动客户机和主机上的应用程序，因为它工作在网络层和传输层，与应用层无关。包过滤方式实现简单、处理快捷。

包过滤防火墙存在以下弱点：

（1）由于过滤判别的依据只是网络层和传输层的有限信息，因而对各种安全要求不能充分满足。例如，由于包过滤防火墙不对传输层之上的高层数据进行检查，包过滤防火墙不能阻止利用了特定应用的漏洞或功能所进行的攻击，也不支持高级的用户认证机制。

（2）由于缺少上下文关联信息，不能有效地过滤如 UDP、RPC 一类的协议。

（3）包过滤防火墙对利用 TCP/IP 规范和协议栈存在的问题进行的攻击没有很好的应用措施，如网络层地址假冒攻击。包过滤防火墙不能检测出包的 OSI 第二层地址信息的改变，入侵者通常采用地址假冒攻击来绕过防火墙平台的安全控制机制。

另外，包过滤防火墙对安全管理人员的素质要求较高，建立安全规则时，必须对协议本身及其在不同应用程序中的作用有较深入的理解。

2）状态检查防火墙（Stateful Inspection Firewalls）

状态检查防火墙（见图 5-8）在包过滤防火墙的基础上，增加了对网络会话连接的跟踪与记录。例如，当一个 IP 地址（如一台式计算机）连接到另一个 IP 地址（如一台 WWW 服务器）上的某个具体 TCP 或 UDP 端口，防火墙会将这个会话连接的特征信息保存到内存中的一个表，从而对网络会话进行跟踪，这样使之能够阻止来自其他 IP 地址的中间人（man-in-middle，MITM）攻击。例如，有些状态检查防火墙通过跟踪 TCP 序列号，防止基于序列号的攻击，如会话劫持。有些甚至检查像 FTP、IM 和 SIPS 命令这样的一些知名协议中部分的应用数据，以便识别和跟踪相关的连接。

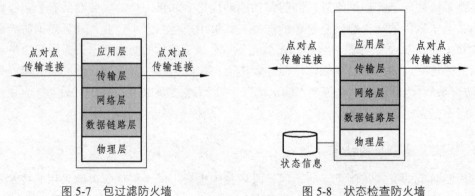

图 5-7　包过滤防火墙　　　　　　　　　　图 5-8　状态检查防火墙

3）应用层网关（Application-Level Gateway）

应用层网关（见图 5-9），也叫作应用程序代理，它在应用层的通信中扮演一个消息转发器的角色。应用层网关防火墙是在 OSI/RM 应用层上建立协议过滤和转发功能，它针对特定的网络应用服务指定的数据过滤逻辑，并在过滤的同时，对数据包进行必要的分析、登记和统计，并形成报告提供给网络安全管理员做进一步分析。

数据包过滤和应用层网关防火墙有一个共同的特点，就是它们仅仅依靠特定的逻辑判定是否允许数据包通过。一旦满足逻辑，则防火墙内外的计算机系统建立直接联系，防火墙外部的用户便有可能直接了解防火墙内部的网络结构和运行状态，这有利于实施非法访问和攻击。

4）电路层网关（Circuit-Level Gateway）

电路层网关（见图 5-10），或称为电路层代理。它是一个独立系统，或是由应用层网关为特定应用实现的功能模块。与应用层网关一样，电路层网关不允许端到端的直接 TCP 连接。它由网关建立两个 TCP 连接，一个连接位于网关与网络内部的 TCP 用户之间，另一个连接位于网关与网络外部的 TCP 用户之间。连接建立之后，网关就起着一个中继的作用，将数据段从一个连接转发到另一个连接，而不检查上下文。电路层网关监视数据包之间的 TCP 握手，以确定请求的会话是否合法。安全模块将决定哪些连接被允许建立。

通过电路级网关传递给远程计算机的数据包是以网关为源地址的。这对于隐藏受保护网络的信息非常有用。电路级网关相对便宜，并且具有隐藏关于它们所保护的私有网络的信息的优点。

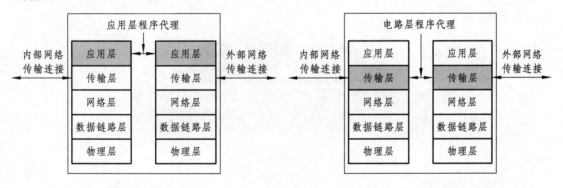

图 5-9　应用层网关　　　　　　　　　图 5-10　电路层网关

3. 按操作对象分类

按操作对象不同，可分为主机防火墙和网络防火墙。

主机防火墙的主要防护对象是单个主机。主机防火墙成本低，但缺乏透明度，功能有局限性。

网络防火墙的防护对象是指定的网络，功能强大，性能高，透明度强。但成本高，内部攻击保护性相对较差。

4. 按硬件结构分类

根据防火墙的结构不同，可以将防火墙分为单一主机防火墙、路由器集成防火墙和分布式防火墙等 3 种。

1）单一主机防火墙

单一主机防火墙既是最传统的防火墙，也是应用最为广泛的防火墙。它独立于其他网络设备，位于网络边界。这种防火墙从结构上看，与一台普通服务器主机的内部结构差不多，同样拥有 CPU、内存、硬盘、网卡等基本组件。

与普通服务器不同的是，防火墙至少集成有两个以太网卡，用于实现与内、外部网络的连接。硬盘用来存储防火墙所用的基本程序，如数据过滤程序和代理服务器程序等，有的防火墙还把日志记录也记录在硬盘上。虽然如此，也不能说它就与变通的 PC 一样，因为它的工作性质决定了它要具备非常高的稳定性与实用性，具备非常高的系统吞吐性能。

单一主机防火墙的主要特点是功能强大，工作效率高，但是价格也非常高，一般适用于大型的企业网络环境。

2）嵌入式防火墙

嵌入式防火墙严格来说就是路由器或路由设备（如三层交换机）的一种。为连接的网络提供路由选择才是它的本职工作。随着防火墙技术的发展及应用需求的提高，生产上开始将单一主机防火墙中的部分技术应用于路由器的开发设计当中，因此才产生了这种所谓的路由器集成防火墙。虽然功能远远不能与单一主机防火墙相提并论，但是应付一般的非法入侵的能力还是有的。最主要的是这种防火墙的价格比较便宜，非常适合于中小型企业网络。例如，华为 S7700 系列智能路由交换机的下一代防火墙业务处理板 NGFW，就是一种高速的、集成化的防火墙，可以提供最高可达 20 Gb/s 的吞吐量，1 000 万个并发连接。图 5-11 所示为华为 NGWF 模块。

图 5-11　华为 NGWF 模块

3）分布式防火墙

分布式防火墙不再像单一主机防火墙那样是一个独立的硬件实体，而是由多个软、硬件系统组合而成。分布式防火墙负责对网络边界、各个子网和网络内部各节点之间的安全防护，分布式防火墙可由网络防火墙（Netwoek Firewall）、主机防火墙（Host Firewall）和中心管理系统（Central Management System）构成。

网络防火墙，用于内部网络与外部网络之间，以及内部网络各个子网之间的防护。在功能上与传统的边界式防火墙类似，但与传统边界防火墙相比，它多了一种用于对内部子网之间的安全防护层，这样整个网络的安全防护体系就显得更加全面，更加可靠。

主机防火墙，用于对网络中的服务器和桌面机进行防护，达到应用层的安全防护，比起网络层更加彻底。这是传统边界式防火墙所不具有的，是对传统边界防火墙在安全体系方面的一个完善。

中心管理系统，是分布式防火墙管理软件，负责总体安全策略的策划、管理、分发及日志的汇总。它提高了防火墙的安全防护灵活性，同时具备高可管理性。

5.4.4 常见的防火墙的系统模型

防火墙的系统模型是指防火墙系统实现所采用的架构及其实现所采用的方法。它决定着防火墙的功能、性能及使用范围。

防火墙可以被设置成许多不同的结构，并提供不同级别的安全，当然不同的结构维护运行的费用也各个相同。各种组织机构应该根据不同的风险评估来确定防火墙类型。

常见的防水墙的系统模型有分组过滤路由器防火墙（Packet Filtering Router Firewall）、双宿堡垒主机防火墙（Multihomed Bastion Hosts Firewall）、屏蔽主机防火墙（Screened Host Firewall）、屏蔽子网防火墙（Screened Subnet Firewall）和其他系统模型。

1. 分组过滤路由器防火墙

分组过滤路由器防火墙，是众多防火墙中最基本、最简单的一种。它可以由厂家专门生产的路由器实现，也可以用主机来实现。分组过滤路由器作为内部网络与外部网络连接的唯一通道，要求所有的报文都必须在此进行检查，如图 5-12 所示。

分组过滤路由器根据协议的一些属性来设置过滤策略，协议属性包括源或目标地址、协议类型、源或目标端口或某些其他特定于协议的属性。

图 5-12　分组过滤路由器

2. 双宿堡垒主机防火墙

这种防火墙不使用分组过滤规则，而是在被保护网络和外部网络之间设置一个具有双网卡的堡垒主机，用来隔断 TCP/IP 的直接传输，两个网络中的主机不能直接通过，从而达到保护内部网络的作用，如图 5-13 所示。

图 5-13　双宿堡垒主机

通常情况下，防火墙由一个运行代理服务软件的主机实现时，这种主机称为堡垒主机。具有两个网络接口的堡垒主机称为双宿主机。

堡垒主机上安装的操作系统一般是此操作系统的安全版本，这样使它成为一个可信系统。堡垒主机通常作为应用层网关和电路层网关的服务平台，堡垒主机上只安装网络管理员认为必需的服务，如 Telnet、DNS、FTP、SNMP 和用户验证方法等服务的代理应用程序。每个用户在访问代理服务之前，堡垒主机要对其进行额外的验证。另外每代理在用户对其访问之前也可以对其进行验证。各个代理设置为只能支持标准应用程序指令集的一个子集。各个代理只允许对特殊主机的访问，这样这些有限的指令/功能只能应用在受保护网络的内部分主机上。各个代理通过对通信、连接及连接持续时间的日志管理，取得详细的审查信息，并从中发现和终结入侵者的攻击。堡垒主机的代理彼此之间是独立的，如果对某个代理的操作出现问题，或者潜在的弱点被发现，那么完全可以卸载这个代理而不会影响到其他代理的使用。另一方面，如果用户需要新的服务，网络管理员可以在堡垒主机上安装所需的代理。

双宿堡垒主机的两个接口分别连接内部网络和外部网络，双宿堡垒主机位于内外网络之间，它充当内部网络与外部网络之间的网关，但是双宿堡垒主机的路由功能是被禁止的。内部网络与外部网络之间不能直接建立连接，必须通过堡垒主机上的代理服务才能进行通信，外部用户只能看到堡垒主机，而不能看到内部网的实际服务器和其他资源。

这种体系结构是存在漏洞的，如双重宿主主机是整个网络的屏障，一旦被黑客攻破，那么内部网络就会对攻击者敞开大门，所以一般双重宿主机会要求有强大的身份验证系统来阻止外部非法登录的可能性。

3. 屏蔽主机防火墙

屏蔽主机防火墙，由一台过滤路由器和一台堡垒主机构成。分组过滤路由器连接外部网络，堡垒主机安装在内部网络上，包过滤路由器提供了网络层和传输层的安全，堡垒主机提供了应用层的安全。通常在路由器上设立过滤规则，并使这个堡垒主机成为从外部网络唯一可直接到达的主机，堡垒主机上提供指定的代理服务，外部用户只能与堡垒主机建立连接，并通过堡垒主机上的代理访问内部网络提供的服务。这确保了内部网络不受未被授权的外部用户的攻击，如图5-14所示。

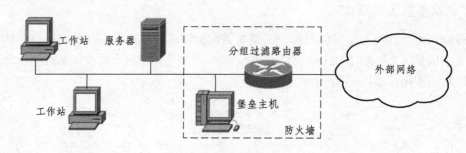

图 5-14　屏蔽主机防火墙

在屏蔽的路由器中数据包过滤配置按下列方式之一执行：

（1）允许其他的内部主机为了某些服务与外部网络上的主机连接（即允许那些已经有数据包过滤的服务）。

（2）不允许来自内部主机的所有连接（强迫那些主机经由堡垒主机使用代理服务）。

4. 屏蔽子网防火墙

屏蔽子网防火墙，由两个分组过滤路由器和两个路由器之间的子网构成，如图5-15所示。

图 5-15 屏蔽子网防火墙

屏蔽子网络防火墙结构相对复杂，主要由 5 个部件组成，分别是周边网络、外部路由器、内部路由器、堡垒主机及信息服务器。

周边网络，指位于非安全不可信的外部网络与安全可信的内部网络之间的一个附加网络。即屏蔽子网防火墙在内部网络和外部网络之间，通过分组过滤路由器构建出一个被隔离的子网。在周边网络中主要会放置一些可以让外部网络访问的信息服务器，如 WWW、FTP、Mail 等服务器，由于周边网络可能会受到攻击，因此又被称为非军事区（DMZ）。

外部路由器，用于保护周边网络和内部网络，是屏蔽子网结构的第一道屏障。外部路由器上设置了对周边网络和内部网络进行访问的过滤规则，该规则主要针对外网用户，例如，限制外网用户仅能访问周边网络而不能访问内部网络，或者仅能访问内部网络的部分主机。外部路由器基本上对周边网络发出的数据包不进行过滤，因为周边网络发送的数据包都来自堡垒主机或由内部路由器过滤后的内部主要数据包。外部路由器上应该复制内部服务器上的规则，以避免内部路由器失效的负面影响。

内部路由器，主要用于隔离周边网络和内部网络，是屏蔽子网结构的第二道屏障。在其上设置了针对内部用户的访问过滤规则，对内部用户访问周边网络和外部网络进行限制，例如，部分内部网络用户只能访问周边网络而不能访问外部网络等。内部路由器复制了外部路由器的内网过滤规则，以防止外部路由器的过滤功能失效的严重后果。内部路由器还要限制周边网络的堡垒主机和内部网络之间的访问，以减轻在堡垒主机被入侵后可能影响的内部主机数量和服务的数量。

堡垒主机，负责执行屏蔽子网防火墙的应用层访问控制操作。在堡垒主机上要安装相应的代理服务器组件，可以向外部用户提供 WWW、FTP 等服务，接受来自外部网络用户的资源访问请求。同时，堡垒主机也可以向内部网络用户提供 DNS、电子邮件、WWW 代理和 FTP 代理等多种服务，提供内部网络用户访问外部资源的接口。

信息服务器，主要是为了面向外部网络提供信息服务而设立的，如 WWW 服务器、FTP 服务器等。每一台信息服务器只提供必要的服务而不允许向内部网络转发信息。

屏蔽子网防火墙对内部网络的安全防护更加严密。屏蔽子网防火墙通过屏蔽子网实现了内部网络与外部网络的隔离，外部网络只能看到外部路由器或非军事区的存在，而不知道内部路由器的存在，也就无法探测到内部网络路由器后的内部网络。这样降低了堡垒主机处理的负载量，减轻了堡垒主机的压力，增强了堡垒主机的可靠性和安全性。非军事区的划分将用户网络的信息流量明确地分为不同的等级，通过内部路由器的隔离作用，机密信息流受到严密的保护，减少了信息泄露现象的发生。

5. 其他系统模型的防火墙

构建防火墙时，一般很少采用单一的技术，通常是多种解决不同问题的技术的组合。这种组合主要取决于网管中心向用户提供什么样的服务，以及网管中心能接受什么等级风险。采用哪种技术主要取决于经费，投资的大小或技术人员的技术、时间等因素。一般有以下几种形式：使用多堡垒主机、合并内部路由器与外部路由器、合并堡垒主机与外部路由器、合并堡垒主机与内部路由器等。现在市场上的硬件防火墙产品就是集成了多种技术，其网络连接方式如图 5-16 所示。

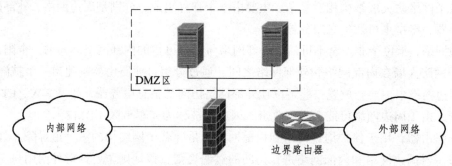

图 5-16　市场上的一般硬件防火墙网络连接图

5.4.5　防火墙的局限性与脆弱性

虽然防火墙在网络中得到了广泛的部署，一般都会采用防火墙作为安全保障体系的第一道防线。但是，防火墙不是解决所有网络安全问题的万能灵药，只是网络安全策略的一个组成部分。防火墙存在着局限性与脆弱性。

防火墙的局限性主要体现在以下几个方面：

（1）防火墙不能防止不经过防火墙的攻击。没有经过防火墙的数据，防火墙无法检查。

（2）防火墙不能防范全部的威胁，特别是新产生的威胁；防火墙难以检测或拦截嵌入到普通流量中的恶意攻击代码。

（3）防火墙不能防止利用标准网络协议中的缺陷进行的攻击。一旦防火墙准许某些标准网络协议，防火墙不能防止利用该协议中的缺陷进行的攻击。

（4）防火墙不能防止利用服务器漏洞进行的攻击。黑客通过防火墙准许的访问端口对该服务器的漏洞进行攻击，防火墙不能防止。

（5）防火墙本身可能会存在性能瓶颈，如抗攻击能力、会话数限制等。

防火墙的脆弱性主要表现在以下几个方面：

（1）防火墙的操作系统不能保证没有漏洞。

（2）防火墙的硬件不能保证不失效。

（3）防火墙软件不能保证没有漏洞。

（4）防火墙的安全性与多功能成反比。多功能与防火墙的安全原则是背道而驰的。因此，除非确信需要某些功能，否则应该功能最小化。

（5）防火墙的安全性和速度成反比。防火墙的安全性是建立在对数据的检查之上，检查越细越安全，但检查越细速率越慢。

5.5 实践练习

5.5.1 华为 USG6000V 防火墙基本配置

华为 USG6000V（Universal Service Gateway）是基于网络功能虚拟化（NFV）架构的虚拟综合业务防火墙，虚拟资源利用率高，资源虚拟化技术支持大量多租户共同使用。该产品具备丰富的网关业务能力，可根据对虚拟网关的业务需求，按需使用，灵活部署。

本案例基于华为的 eNSP 模拟器进行华为 USG6000V 防火墙的基本配置，通过配置安全策略，实现内部网络 LAN 可以访问非军事区 DMZ 和外部网络 WAN，外部网络 WAN 可以访问非军事区 DMZ，但不能访问内部网络 LAN。

1. 网络拓扑结构与网络地址规划

在 eNSP 软件中，创建 USG6000V 防火墙的实现环境，网络连接拓扑如图 5-17 所示。各部分的 IP 地址规划如下：LAN 地址为 192.168.1.0/24；WAN 地址为 10.1.1.0/24；DMZ 地址为 172.16.1.0/24。

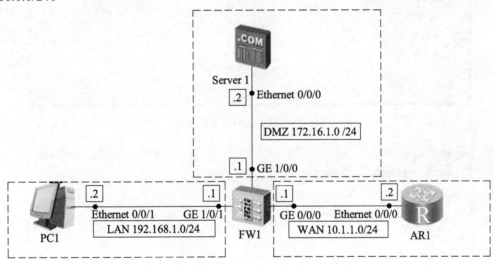

图 5-17　USG6000V 防火墙网络连接图

2. 配置 PC1 和 Server1 和 AR1 的网络参数

配置 PC1 的 IP 地址为 192.168.1.2，默认网关为 192.168.1.1，如图 5-18 所示。
配置 Server1 的 IP 地址为 172.16.1.2，默认网关为 172.16.1.1，如图 5-19 所示。

3. 配置路由器 AR1 的网络参数

将路由器 AR1 与防火墙连接的接口 Ethernet0/0/0 的 IP 地址设置为 10.1.1.2。

\<Huawei\>system-view	//进入管理视图
[Huawei]sysname AR1	//修改路由器的设备名称

```
[AR1]interface Ethernet 0/0/0              //进入接口视图
[AR1-Ethernet0/0/0]ip address 10.1.1.2 24          //配置接口 IP
[AR1-Ethernet0/0/0]quit              //返回系统视图
[AR1]ip route-static 0.0.0.0 0.0.0.0 10.1.1.1        //配置默认路由
[AR1]quit     //返回用户视图
<AR1>save     //保存配置
```

图 5-18　PC1 的网络参数配置

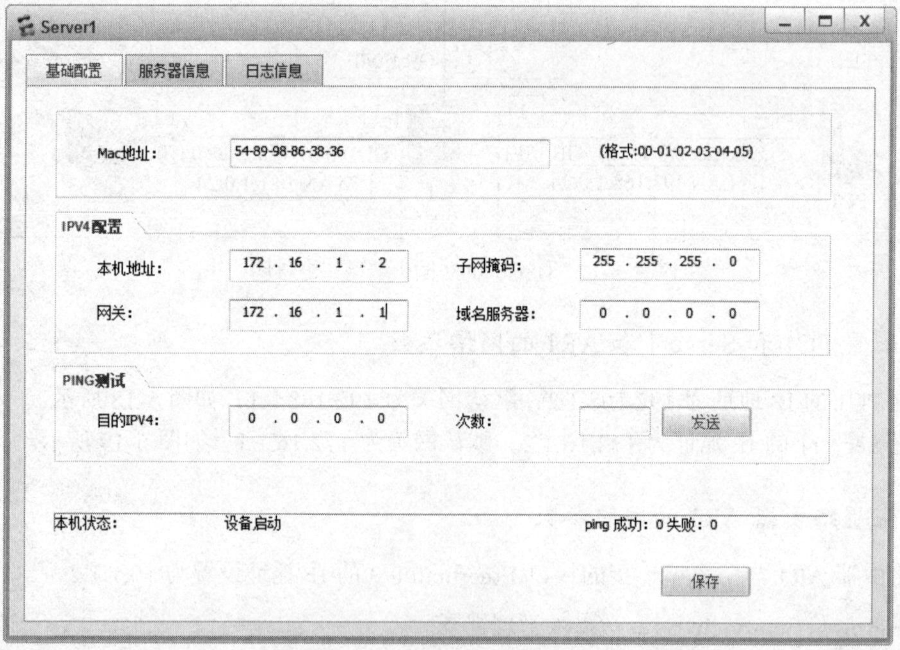

图 5-19　Server1 的网络参数配置

4. USG6000V 防火墙的配置

首次使用 USG6000V 时，会提示要求导入 USG6000V 镜像，如图 5-20 所示。镜像文件的压缩包可以在华为官网下载，下载解压后导入即可。

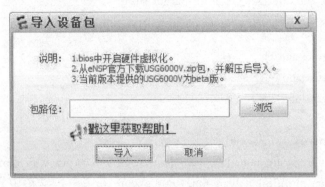

图 5-20　导入 USG6000V 设备包

打开 USG6000V 的 CLI 配置界面，首次登录，要求设置密码，设置密码后，可以按下面的步骤配置 USG6000V：

（1）进入管理视图，修改防火墙的设备名称，关闭信息提示。

```
<USG6000V1>
<USG6000V1>system-view  //进入管理视图
[USG6000V1]sysname FW1  //修改防火墙的设备名称
[FW1]info-center disable    //关闭信息提示
```

（2）配置防火墙连接 LAN、DMZ、WAN 的 3 个接口的 IP 地址及服务管理。

```
[FW1]interface GigabitEthernet 1/0/1   //进入接口配置
[FW1-GigabitEthernet1/0/1]ip address 192.168.1.1 24    //设置 IP 及子网
[FW1-GigabitEthernet1/0/1]service-manage ping permit   //此接口允许 Ping 通过
[FW1-GigabitEthernet1/0/1]quit   //退出接口配置

[FW1]interface GigabitEthernet 1/0/0
[FW1-GigabitEthernet1/0/2]ip address 172.16.1.1 24
[FW1-GigabitEthernet1/0/2]service-manage ping permit
[FW1-GigabitEthernet1/0/2]quit

[FW1]interface GigabitEthernet 0/0/0
[FW1-GigabitEthernet1/0/3]ip address 10.1.1.1 24
[FW1-GigabitEthernet1/0/3]service-manage ping permit
[FW1-GigabitEthernet1/0/3]quit
```

（3）设置安全域及安全策略。

```
[FW1]firewall zone trust        //进入安全域配置
[FW1-zone-trust]add interface GigabitEthernet 1/0/1   //把接口加入该安全域中
```

```
[FW1-zone-trust]quit    //退出安全域配置

[FW1]firewall zone dmz
[FW1-zone-dmz]add interface GigabitEthernet 1/0/0
[FW1-zone-dmz]quit

[FW1]firewall zone untrust
[FW1-zone-untrust]add interface GigabitEthernet 0/0/0
[FW1-zone-untrust]quit
[FW1]
[FW1]security-policy    //进入安全策略配置
[FW1-policy-security]rule name lan_wan_dmz    //创建名为 lan_wan_dmz 的策略规则
[FW1-policy-security-rule-lan_wan_dmz]source-zone trust      //策略中的源安全域
[FW1-policy-security-rule-lan_wan_dmz]destination-zone dmz  //策略中的目标安全域
[FW1-policy-security-rule-lan_wan_dmz]destination-zone untrust
[FW1-policy-security-rule-lan_wan_dmz]action permit      //启动策略规则
[FW1-policy-security-rule-lan_wan_dmz]quit    //退出策略规则

[FW1-policy-security]rule name wan_dmz
[FW1-policy-security-rule-wan_dmz]source-zone untrust
[FW1-policy-security-rule-wan_dmz]destination-zone dmz
[FW1-policy-security-rule-wan_dmz]action permit
[FW1-policy-security-rule-wan_dmz]quit
[FW1-policy-security]quit
```

（4）配置路由，保存所有的配置。

```
[FW1]ip route-static 192.168.1.0 24 192.168.1.2  //配置到 LAN 的静态路由
[FW1]ip route-static 172.16.1.0 24 172.16.1.2     //配置到 DMZ 的静态路由
[FW1]ip route-static 10.1.1.0 24 10.1.1.2         //配置到 WAN 的静态路由
[FW1]
[FW1]quit    //退出系统视图
<FW1>save    //保存系统配置
```

5. 验证测试

（1）从 PC1 分别 Ping Server1（172.16.1.2）和 AR1（10.1.1.2），发现都可以 Ping 通。

（2）从 AR1 分别 Ping Server1（172.16.1.2）和 PC1（192.168.1.2），发现都可以 Ping 通 Server1，但 Ping 不通 PC1。

5.5.2　Windows 防火墙配置

Windows 操作系统的防火墙是一种纯软件的主机防火墙。本节介绍 Windows7 的防火墙的基本配置方法。

1. 打开和关闭防火墙

在 Windows 7 中，依次点出"开始"→"控制面板"→"Windows 防火墙"，打开防火墙，如图 5-21 所示。

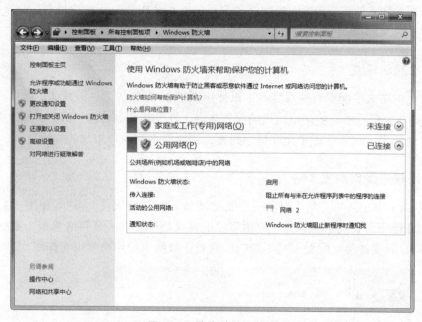

图 5-21 防火墙的主界面

在图 5-21 中点出左侧的"打开和关闭 Windows 防火墙"（另外点击更改通知设置也会到这个界面），进入防火墙的启动与关闭界面，如图 5-22 所示。

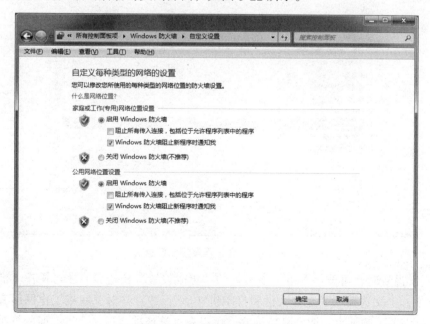

图 5-22 防火墙的启动与关闭

在启用 Windows 防火墙里还有两个选项：

"阻止所有传入连接，包括位于允许程序列表中的程序"：这一项默认即可，否则可能会影响允许程序列表里的一些程序使用。

"Windows 防火墙阻止新程序时通知我"：这一项对于个人日常使用肯定需要选中的，方便自己随时做出判断响应。

如果需要关闭，只需要选择对应网络类型里的"关闭 Windows 防火墙（不推荐）"这一项，然后点击"确定"即可。

2. 还原默认设置

如果自己的防火墙配置有些混乱，可以使用图 5-21 左侧的"还原默认设置"一项，还原时，Windows 7 会删除所有的网络防火墙配置项目，恢复到初始状态。例如，如果关闭了防火墙，则会自动开启，如果设置了允许程序列表，则会全部删除掉添加的规则。

3. 允许程序规则配置

点击图 5-21 中左侧的"允许程序或功能通过 Windows 防火墙"，进入如图 5-23 所示的界面，设置允许程序列表或基本服务。应用程序的许可规则可以区分网络类型（家庭/工作网络和公用网络），并支持独立配置，互不影响，这对于双网卡的用户就很有作用。

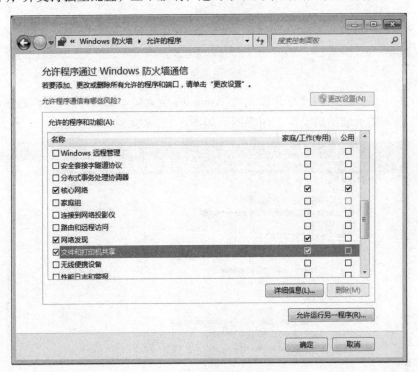

图 5-23　允许程序规则配置

在第一次设置时，可能需要点一下右侧的"更改设置"按钮后，才可操作（需要管理员权限）。例如，上文选择了"允许文件和打印机共享"，并且只对家庭或工作网络有效（见图右侧）。如果需要了解某个功能的具体内容，可以在点选该项之后，点击下面的详细信息即可查看。

如果需要添加自己的应用程序许可规则，可以通过下面的"允许运行另一程序"按钮进行添加，点击后如图 5-24 所示。

图 5-24　添加应用程序许可规则

添加后，如果需要删除（如原程序已经卸载了等），则只需要在图 5-24 中点选对应的程序项，再点击下面的"删除"按钮即可，当然系统的服务项目是无法删除的，只能禁用。另外，如果还想对增加的允许规则进行详细定制，如端口、协议、安全连接及作用域等，则需要到"高级设置"里进行设置。

4. Windows 防火墙的高级设置

点击图 5-21 中左侧的"高级设置"，进入高级设置的界面，如图 5-25 所示。"高级设置"是 Windows7 防火墙的重点所在，几乎所有的防火墙设置都可以在这个高级设置里完成。整个"高级设置"可分为左、中、右三大块。左侧是防火墙的控制导航树，中间是防火墙设置的主要内容，右侧是操作栏。

（1）操作栏主要包括以下操作：

导入和导出策略：导入和导出策略是用来通过策略文件（*.wfw）进行配置保存或共享部署之用。导出功能既可以作为当前设置的备份，也可以共享给其他计算机进行批量部署。

还原默认策略：还原默认策略功能跟前面恢复防火墙默认设置类似，还原默认策略将会重置自动安装 Windows 之后对 Windows 防火墙所做的所有更改，还原后有可能会导致某些程序停止运行。

诊断/修复：用来诊断和修复 Internet 连接。

属性：与中间栏的"Windows 防火墙属性"是相同的。

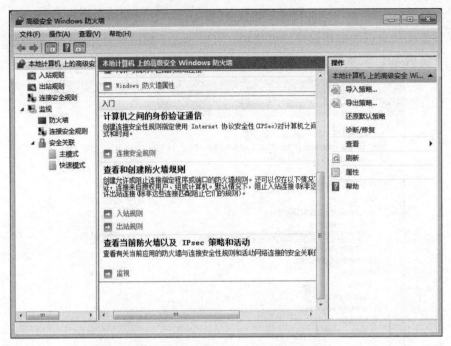

图 5-25　Windows 7 防火墙的高级设置

（2）Windows 防火墙属性设置。

Windows 防火墙属性设置，包括域配置文件、专用配置文件、公用配置文件、IPSec 设置等四大块。

域配置文件：主要是面向企业域连接使用，普通用户也可以把它关闭掉。

专用配置文件：是面向家庭网络和工作网络配置使用，大家最常使用。

公用配置文件：是面向公用网络配置使用，如果在酒店、机场等公共场合时可能需要使用。

IPSec 设置：是面向 VPN 等需要进行安全连接时使用。

上述四种设置：前三种配置方法几乎完全相同，所以下文只以专用配置文件和 IPSec 设置为例进行介绍：

① 专用配置文件。

专用配置文件标签的主界面如图 5-26 所示。它主要用于指定将计算机连接专用网络位置时的行为，主要设置内容如下：

防火墙的状态：有启用（推荐）和关闭两个选项，可以在这里进行设置，防火墙的常规配置里也可以完成防火墙的开启和关闭，效果相同。

入站连接：有阻止（默认值）、阻止所有连接和允许三个选项，似乎除了实验用机，都不能选择最后的允许一项，来者不拒会带来很大麻烦。

出站连接：有阻止和允许（默认值）两个选项，对于个人计算机还是需要访问网络的就选择默认值即可。

当点击"指定控制 Windows 防火墙行为的设置"右侧的"自定义"后会出现如图 5-27 所示的界面。

图 5-26　防火墙属性

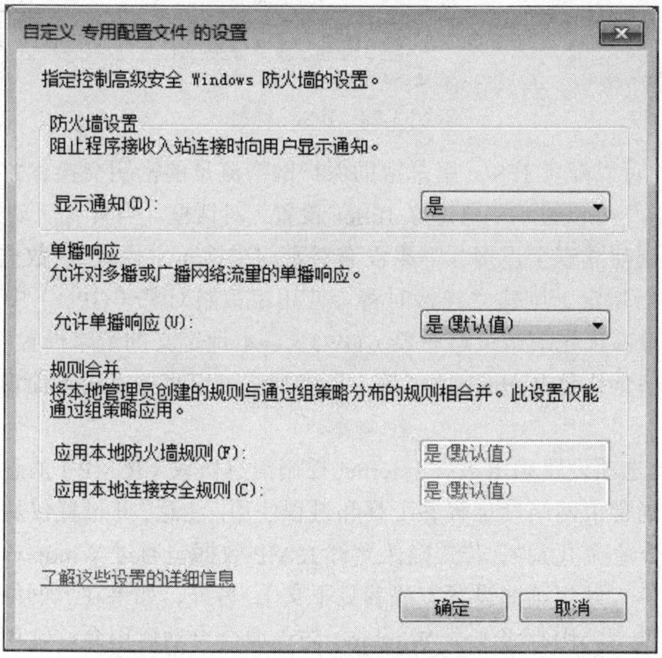

图 5-27　自定义防火墙的行为设置

第一个设置可以使 Windows 防火墙在某个程序被阻止接收入站连接时通知用户，注意这里只对没有设置阻止或允许规格的程序才有效，如果已经设置了阻止，则 Windows 防火墙不会发出通知。下面的设置意思是许可对多播或广播网络流量的单播响应，所指的多播或广播都是本机发出的，接收客户机进行单播响应，默认设置即可。

② IPSec 设置。

IPSec 设置的界面如图 5-28 所示。

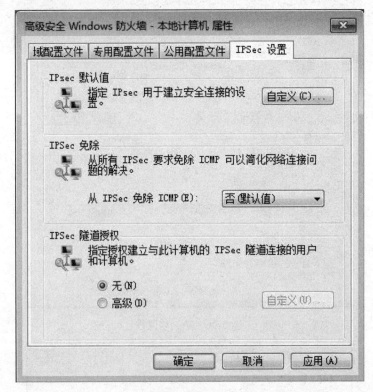

图 5-28　IPSec 标签

IPSec 默认值：可以配置 IPSec 用来帮助保护网络流量的密钥交换、数据保护和身份验证方法。单击"自定义"可以显示"自定义 IPSec 设置"对话框。当具有活动安全规格时，IPSec 将使用该项设置规则建立安全连接，如果没有对密钥交换（主模式）、数据保护（快速模式）和身份验证方法进行指定，则建立连接时将会使用组策略对象（GPO）中优先级较高的任意设置，顺序如下：最高优先级组策略对象（GPO）→本地定义的策略设置→IPSec 设置的默认值（如身份验证算法默认是 Kerberos V5 等，更多默认可以直接点击下面窗口的"什么是默认值"帮助文件）。

IPSec 免除：此选项设置确定包含 Internet 控制消息协议（ICMP）消息的流量包是否受到 IPSec 保护，ICMP 通常由网络疑难解答工具和过程使用。注意，此设置仅从高级安全 Windows 防火墙的 IPSec 部分免除 ICMP，若要确保允许 ICMP 数据包通过 Windows 防火墙，还必须创建并启用入站规则（入站规则的设置方法参见下文），另外，如果在"网络和共享中心"中启用了文件和打印机共享，则高级安全 Windows 防火墙会自动启用允许常用 ICMP 数据包类型的防火墙规则。可能也会启用与 ICMP 不相关的网络功能，如果只希望启用 ICMP，则在 Windows 防火墙中创建并启用规则，以允许入站 ICMP 网络数据包。

IPSec 隧道授权：只在以下情况下使用此选项，具有创建从远程计算机到本地计算机的 IPSec 隧道模式连接的连接安全规则，并希望指定用户和计算机，以允许或拒绝其通过隧道访问本地计算机。选择"高级"，然后单击"自定义"可以显示"自定义 IPSec 隧道授权"对话框，如图 5-29 所示，可以为需要授权的计算机或用户进行隧道规则授权。

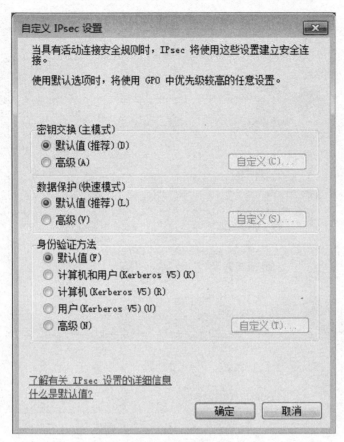

图 5-29　IPSec 设置

（3）Windows 防火墙规则的定制。

Windows 防火墙高级设置左侧的控制导航树，大部分都是防火墙规则设置功能，可以创建防火墙规则以便阻止或允许此计算机向程序、系统服务、计算机或用户发送流量，或是接收来自这些对象的流量。规则标准只有 3 个：允许、条件允许和阻止。条件允许是指只允许使用 IPSec 保护下的连接通过。

我们在 Windows 防火墙的"允许程序或功能通过 Windows 防火墙"中每增加或减少一个设置项，都会反映到入站或出站规则中来。这些规则从整体上看可以分成两个部分，一是用户规则，如我们手动增加的允许程序规则就属于用户规则，还有一些系统预定义规则，预定义规则大部分都是系统已经预先设置好的，而且很多设置都是不允许修改的，我们点击前面增加的 WinRAR 程序允许规则（单击鼠标右键选择属性或直接双击左键）。

在图 5-30 所示的属性设置可以看出手动增加的程序规则几乎都可以完全定制，而系统的预定义规则中的"程序和服务"与"协议和端口"两个部分几乎都不可以修改，系统规则也会明确黄色头标注明，大部分系统规则，我们只需要启用或禁止即可。

我们在允许程序或服务管理中，每增加一条程序或启用一个服务，我们可以在高级安全管理界面里看到可能会 N 条规则，规则记录数的多少是跟程序或服务实际使用的协议数有关系，如上文增加的 WinRAR 记录如果只选择专用网络，则会默认增加适合专网 TCP、UDP 两条规则记录，当然这些规则全部都可以在属性界面修改掉。

图 5-30　连接规则设置

习　题

1. 网络入侵是指什么？入侵者中的假冒者、非法者和隐秘用户有什么不同？
2. 黑客入侵的一般行为模式是怎样的？犯罪组织在入侵时，行为模式与一般黑客有什么不同？
3. 常见的网络入侵技术主要有哪些？
4. 常见的入侵检测技术有哪些？
5. 入侵检测系统一般主要由哪几部分组成？各组成部分的主要作用是什么？
6. 入侵检测系统按照数据来源与系统结构来看，可分为哪几类？
7. 入侵防御系统与入侵检测系统在功能上有什么不同？
8. 从功能的角度分析，入侵防御系统有什么特点？
9. 常见的入侵检测系统与入侵防御系统产品有哪些？
10. 请说明入侵检测系统与入侵防御系统在部署上有什么不同？

11. 防火墙在控制访问和加强站点安全方面，主要用到了哪四项技术？

12. 按照采用的技术，防火墙可以分为哪几类？

13. 常见的防火墙系统模型有哪几种？

14. 请简要说明防火墙的局限性与脆弱性。

15. 试比较说明防火墙、入侵检测系统、入侵防御系统在网络安全中的作用。

第 6 章　操作系统安全

学习目标

（1）描述加固操作系统的一般步骤。

（2）了解加固操作系统的 4 个关键策略。

（3）了解维护系统安全的主要内容。

（4）了解加固 Unix/Linux 系统的一般性指南。

（5）了解加固 Windows 系统的一般性指南。

（6）比较本地虚拟化和主机虚拟化。

（7）描述加固虚拟化系统的要点。

操作系统是用户和计算机的接口，同时也是计算机硬件和其他软件的接口。操作系统的功能包括管理计算机系统的硬件、软件及数据资源，控制程序运行，改善人机界面，为其他应用软件提供支持，让计算机系统所有资源最大限度地发挥作用，提供各种形式的用户界面，使用户有一个好的工作环境，为其他软件的开发提供必要的服务和相应的接口等。所有信息系统的所有主机或设备中都有操作系统。因此，操作系统本身的安全就成为信息安全中一个重要内容。本章主要讨论如何加固操作系统，加固的过程包括操作系统和关键应用的规划、安装、配置、更新和维护。我们首先介绍一下加固操作系统和关键应用的一般过程，然后讨论与 Linux 系统和 Windows 系统相关的特定的加固，最后讨论虚拟化系统的加固。

一个计算机系统可以看成由若干层组成，如图 6-1 所示。物理硬件位于最底层，在它上面是操作系统，包含拥有特权的内核代码、API 和服务。最顶层是用户应用程序和公共组件。该图也展示了 BIOS 和其他代码的存在。此处的其他代码是指位于操作系统内核的外部、对于操作系统内核来说不可见的、但是在系统启动和控制底层硬件过程中使用的代码。这些层中的每一层都需要采用适当的加固措施来提供合适的安全服务。由于每一层在面对来自它的下层攻击时都是脆弱的，因此只对底层进行加固是不够的。

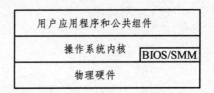

图 6-1　操作系统的安全分层

许多报告指出，使用少量的基本加固措施就能抵御大量近几年已知的攻击。调查发现，仅仅实施如下 4 条策略，就可以阻止至少 85%的有目标的网络入侵：

（1）白名单许可的应用。

（2）给第三方应用和操作系统漏洞打补丁。

（3）限制管理员的权限。

（4）创建深度防御系统。

6.1　操作系统安全简介

正如前面提到的，在大多数组织中，计算机客户端和服务器系统是 IT 基础设施的中心组件，这些系统可能存储了关键的数据和应用，是组织正常运转的必要工具。据此，我们需要注意操作系统和应用可能存在的漏洞，以及针对这些漏洞的蠕虫传播，避免系统在能安装最新的补丁和实施其他加固措施之前被破坏掉。因此，在构建和部署一个系统时应该有一个预案，以应对这类威胁，并在运行生命期内维护系统安全。这个过程必须包括以下几个方面的内容：

（1）评估风险和规划系统部署。

（2）加固系统底层的操作系统和关键应用程序。

（3）确保任何关键内容是安全的。

（4）确保使用了合适的网络保护机制。

（5）确保使用了合适的流程保证系统安全。

第 5 章已经给出了网络保护机制的方法，本章将讨论其余几项内容。

6.2　系统安全规划

部署新系统的第一步是规划。仔细规划将有助于确保新系统尽可能的安全，并能遵从所有必要的策略。规划应该在对该组织的多个方面的评估基础上形成，因为每个组织有其特定的安全需求和关注点。

以往的经验告诉我们，与在开始部署的过程中规划和提供安全性相比，在后期改造安全性会更加困难和昂贵。在规划期间要确定系统的安全需求、应用和数据，以及使用系统的用户。随后，这些内容会指导对操作系统和应用所需软件的选取，也会指导确定合适的用户配置和访问控制设置。另外，也有助于其他加固措施的选择。规划还需要确定合适的人员来安装和管理系统，指明必需的相关技能以及所需的培训。

在系统安全规划期间，应该考虑以下内容：

（1）系统的目的、存储的信息类型、提供的应用和服务，以及它们的安全需求。

（2）系统用户的分类、他们拥有的权限，以及他们能够访问的信息类型。

（3）用户怎样获得认证。

（4）以什么方式访问系统内的信息应该被监管。

（5）系统对存储在其他主机，如文件服务器或数据库服务器上的信息拥有什么样的访问权限？如何管理这些访问？

（6）谁将管理这个系统，他们将如何管理系统（本地访问或远程访问）。

（7）系统需要的其他安全措施，包括使用主机防火墙、防病毒软件或其他恶意软件防护机制及日志。

6.3 操作系统加固

实现系统安全的首要步骤，就是加固所有应用和服务所依赖的基本操作系统。一个正确安装、恰当配置，以及修补漏洞的操作系统是安全的基础。不幸的是，许多操作系统的默认配置通常注重系统使用的便利性，而非安全性。更重要的是，因为每个组织都有特定的安全需求，所以配置也会随着组织的不同而不同。

尽管保证每个特定操作系统安全的细节并不相同，但广义上的方法却是类似的。

（1）安装操作系统并打补丁。

（2）通过以下几点来加固和配置操作系统，以充分解决已确认的安全需求：

① 移除不需要的服务、应用和协议。

② 配置用户、组及权限。

③ 配置资源控制。

（3）如果需要的话，安装和配置额外的安全控制，如反病毒软件、基于主机的防火墙及入侵检测系统。

（4）测试基本的操作系统安全，确保上述步骤充分满足安全需求。

6.3.1 操作系统安装：初始安装和补丁安装

系统安装从操作系统安装开始。一个有网络连接的、没有打补丁的系统，在它的安装和继续使用阶段是脆弱的。在这个阶段，系统不被暴露是十分重要的。理想情况下，新系统应该在一个受保护的网络环境中搭建。这个网络可以是一个完全独立的网络，使用可移动的媒介（如光盘和 U 盘）把操作系统镜像和所有可用的补丁包传输过来。另外，要留心这里使用的媒介没有被恶意软件感染。这个网络也可以是一个访问受限的广域网。理想情况下，系统禁止入站访问，而出站访问仅仅能访问系统安装和打补丁所需的关键站点。无论哪一种情况，系统的所有安装和加固，应该在系统被部署为能够访问它希望访问的、更易于访问的（因此也是脆弱的）的站点之前完成。

初始安装应该仅安装系统所需的最少组件，以及系统正常工作所需的额外的软件包。

系统的整个启动过程也应该加以保护。这可能需要调整 BIOS 中用于系统初始启动的某些选项，或者指定一个更改 BIOS 设置的口令。还可能需要限制可以启动系统的媒介，如禁止从 U 盘启动系统。这可以阻止攻击者通过改变启动过程来安装一个秘密的管理软件，或阻止其绕过正常的系统访问控制来访问本地数据。

任何额外设备的驱动程序的选择和安装，也应该十分小心。因为驱动程序运行时拥有完全的内核级特权，但是它们常常是由第三方提供的。这些驱动程序的完整性和来源必须经过仔细验证，确保其拥有较高的信任级别。一个恶意的驱动程序可以绕过许多安全控制来安装恶意软件。

考虑到常用的操作系统和应用中的软件或其他漏洞不断地被发现，因此，尽可能地保持系统最新、安装所有与关键安全相关的补丁包是十分重要的。几乎所有常用的系统现在都提供可以自动下载并安装安全更新的工具。这些工具应该被配置成，一旦有补丁可用，马上就下载并安装。

注意，在更改受控的系统上，不应该运行自动更新，因为安全补丁会引起系统的不稳定，尽管这种情况比较少见但的确出现过。因此，对于那些对可用性和运行时间要求极严格的系统来说，应该先在测试系统上规划和验证所有的补丁程序，然后再将它们部署到生产系统中。

6.3.2　移除不必要的服务、应用和协议

运行在系统上的任何软件包都可能包含漏洞，因此，软件包越少，系统的安全风险也越小。很明显，在系统的可用性和安全性之间存在着一个平衡问题。不同组织之间，同一组织的不同系统之间所需的服务、应用和协议有着极大的差别。因此，在系统规划阶段，应该明确系统真正需要的东西，以便在提供合适的功能的同时，删除不需要的软件来提高安全性。

大多数分布式系统的默认配置，是让使用尽可能方便，而非系统尽可能安全。因此，当运行初始安装时，不应该使用系统给出的默认安装选项，而应该选择个性化安装，来确保仅安装需要的软件。之后，如果需要其他软件，再根据需要安装它们。

不要在初始安装时，安装所有软件，然后再卸载或禁用它们。因为，许多卸载脚本并不能完全删除软件包的所有组件。而禁用某个有漏洞的服务，仅意味着当攻击开始的时候该服务是不可用的，如果攻击者成功获取了访问系统的某些权限，那么被禁用的服务有可能被重新启用，并用于进一步破坏系统。所以，对于安全性来说，最好的做法就是不安装不需要的软件，这样软件就不可能被攻击者利用了。

6.3.3　配置用户、组和认证

所有现代操作系统都实现了对数据和资源的访问控制，几乎所有的操作系统都提供了某种形式的自主访问控制。某些系统也可能提供基于角色的或强制访问控制机制。

并非所有可以访问系统的用户对系统内的数据和资源都拥有相同的访问权限。系统规划阶段应该考虑系统用户的分类、他们各自拥有的权限、他们可以访问的信息的类型，以及他们如何被定义和认证、在哪里被定义和认证。一些用户拥有更高的权限来管理系统；其他用户是普通用户，拥有相同的、对所需的文件和数据访问的适当权限；除此之外，还可以设置来宾账户，它们拥有十分有限的访问权限。另外，更高的管理权限仅提供给需要的人，并且，这些人应该在执行某些需要更高权限的任务时才可以使用这些权限，而在其他时候则以普通用户的身份访问系统。这样一来，攻击者就只有很少的机会利用特权用户的行为来攻击系统，从而提高了系统的安全性。一些操作系统提供了特殊的工具或访问控制机制，来帮助管理员

在必要时提升自己的权限，并对这些行为进行适当的记录。

在配置用户、组和认证时，一个关键的决定是，用户、用户所属的组，以及他们的认证方法，是在本地系统上指定，还是使用一个集中式认证服务器。不论选择哪一种，都要在系统上做适当的配置。

同样地，在这个阶段，包含在系统安装过程中的任何默认账户都应该受到保护。那些不需要的账户要么删除掉，要么至少禁用。管理系统中的服务的系统账户应该设置成不能用于交互式登录。另外，所有安装过程中的默认口令都应该被更改为更加安全的口令。

所有应用于认证证书，特别是应用于口令安全的策略，都需要配置。这包括对于不同的账户访问方法，哪些认证方法是可接受的，还包括口令的长度、复杂性及时效。

6.3.4 配置资源控制

一旦确定了用户和用户组，就应该在数据和资源上设定合适的访问权限，来匹配特定的安全策略。这可能会限定哪些用户能运行某些程序，特别是修改系统状态的程序；或者会限制哪些用户能读写某些目录树。许多安全加固指南，都给出了对默认访问配置的推荐更改列表，以便增强系统的安全性。

6.3.5 安装额外的安全控制工具

安装和配置额外的安全工具，如防病毒软件、基于主机的防火墙、IDS 或 IPS 软件，或者应用程序白名单等，可能会进一步地增强安全性。这些工具中的某些工具可能会作为操作系统的一部分被安装，但是默认情况下不会被启用。其他的则是需要获取和使用第三方产品。

考虑到恶意软件的盛行，能够应对众多恶意软件的、合适的防病毒软件，是许多系统的关键的安全组件。传统的反病毒产品主要用于 Windows 系统，这是因为 Windows 得到了广泛的使用，因此成为攻击者的首选目标。然而，随着其他平台的使用量，特别是智能手机使用量的增长，更多的恶意软件开始出现在其他平台上。因此，在任何系统中，反病毒产品都应该被当作安全防御体系的一部分。

通过限制对系统中的服务的远程网络访问，基于主机的防火墙、IDS 和 IPS 软件也可以提高系统的安全性。如果一项服务本地可以访问，而远程访问不是必要的，那么，这种限制可以防止攻击者远程利用该服务。传统上，防火墙通过端口和协议来限制某些或全部的外部访问。一些防火墙也可以配置成允许来自系统的程序的访问，或允许访问系统中指定的程序，来进一步限制攻击，并阻止攻击者安装和访问他们的恶意软件。IDS 和 IPS 软件也可能拥有额外的安全机制，如流量监测，或文件完整性检查，来识别甚至应对某些类别的攻击。

其他工具还包括白名单。它可以限制在系统上可以运行的程序——只有出现在白名单列表中的程序才可以运行。这个工具能够阻止攻击者安装和运行他们自己的恶意软件。虽然这个工具可以提高系统的安全性，但是它的最佳工作环境，是那些用户使用的应用程序相对比较稳定、较少变化的系统。因为，软件使用中的任何改变，都需要改变配置，而这可能会增加IT 支持的工作量。所以，并非所有的组织或所有的系统都适合使用这种工具。

6.3.6　测试系统的安全性

保障基本操作系统安全的最后一步，是测试系统的安全性。其目的是：① 确保先前的安全配置步骤都正确地实施了；② 识别出所有必须被纠正或监控的潜在漏洞。

许多安全加固指南中都包含了合适的检查清单，也有经过专门设计的程序，用于检查系统，确保系统满足基本的安全需求，用于扫描已知的漏洞和薄弱的配置。这些工作应该紧随系统的初始加固之后完成，随后在系统的安全维护过程中周期性地重复进行。

6.4　应用安全

一旦基本的操作系统安装并加固完毕，接下来就要安装和配置所需的服务和应用程序了。这个过程与先前给出的操作系统加固过程极其相似，也就是仅安装必要的软件，以减少漏洞出现的可能。提供远程访问或服务的软件尤其需要特别注意，因为攻击者可能利用它们来获取远程访问权限。因此，所有这类软件都应该谨慎选择和配置，并及时更新到最新的版本。

每一个选定的服务和应用都应该在安装后，打上最新支持系统安全的版本。这些补丁可能来自操作系统提供的额外的软件包，或者来自独立的第三方软件包。与基本的操作系统安装过程中所做的相似，安装所需的应用和服务的时候，应该在隔离的、安全的网络环境中进行。

6.4.1　应用配置

应用软件安装之后，就应该对它们进行配置。这可能包括，为应用创建和指定合适的数据存储区域，根据情况适当改变应用和服务的默认配置。

一些应用和服务可能包含默认的数据、脚本和用户账户。这些内容应该被仔细检查，仅在需要的情况下保留，并做适当的安全防护。一个广为人知的例子，就是在 Web 服务器中，通常存在一些示例脚本，其中一部分已知是不安全的。除非必要并有适当的安全防护，这些脚本应该被删除。

作为配置过程的一部分，应该仔细考虑应用所具有的访问权限。同样地，应该特别注意远程访问服务，如 Web 服务和文件传输服务。除非有特别的需要，否则这种服务不应该具有修改文件的权限。在 Web 服务和文件传输服务中，一个常见的配置错误是，服务提供的所有文件的所有者，与服务执行时的用户账户是一样的。其结果是，只要攻击者能够利用服务软件或由服务执行的脚本中的某些漏洞，他就有可能能够修改这些文件。大量的"Web 页面被修改"攻击，就是此类不安全配置的明证。通过确保服务器只能读其中的大部分文件，可以有效降低出现这类攻击的风险。例如，只允许服务器改写那些需要修改的文件、需要存储上传数据的文件或者日志文件。这些文件应该主要由系统中负责维护这类信息的用户账户拥有和修改。

6.4.2　加密技术

加密技术是保护传输数据和存储数据的关键技术。如果在系统中需要使用这类技术，那么应该正确配置它们，创建合适的密钥，并对密钥进行签名和保护。

如果提供了安全网络服务，最有可能是使用了 TLS 或 IPSec，那么，必须为它们生成合适的公钥和私钥。然后，由某个合适的 CA 创建 X.509 证书并签名，将每个服务身份与在用的公钥关联起来。如果安全远程访问是由 SSH 提供的，那么需要构建适当的服务器，也许需要创建客户端密钥。

加密技术的另外一种应用是加密文件系统。如果想使用这种系统，你需要创建它们并用合适的密钥保护它们。

6.5　安全维护

一旦系统安装、加固和部署完毕，接下来就是维护其安全的过程了。因为系统环境会不断地变化，新的漏洞会被发现，这些都会让系统暴露在威胁之下。安全维护过程包括以下几个方面：

（1）监视和分析日志信息。

（2）定期备份。

（3）从安全损坏中恢复。

（4）定期测试系统安全性。

（5）使用合适的软件维护流程，更新（包括打补丁）所有关键软件，同时根据需要监视和修正有关配置。

前面已经提到过，如果有可能，应该配置自动安装补丁和更新，或者在配置受控的系统中，人工测试和安装补丁。可能的话，应该使用检查清单或自动化工具对系统进行定期检查。这里仅探讨关键性的日志和备份过程。

6.5.1　日志

尽管日志是一个仅能通知你发生了什么坏事的交互式工具，但是，高效的日志有助于确保系统发生问题后，系统管理员可以迅速和准确地定位问题，因此能够最快地修复或恢复系统。要达到这个目的的关键，是确保你在日志中记录了正确的数据，然后能够恰当地监视和分析它们。日志信息可以由系统、网络和应用生成。日志信息记录的范围应该在系统规划阶段确定好，这取决于系统的安全需求和服务器上的数据的敏感程度。

日志可以产生巨量的信息，因此为它们分配足够的存储空间非常重要。应该配置日志自动回滚和存档，来帮助管理日志信息。

人工分析日志是极其枯燥的，并且不可靠。相反，使用某种形式的自动分析才是首选，也更容易发现异常活动。

6.5.2 数据备份和存档

定期对系统进行数据备份，是维护系统和用户数据完整性的另一种重要方法。有很多因素会导致系统中数据的丢失，包括硬件和软件故障，意外的或蓄意的损坏。另外，在数据保持方面也有法律或运营方面的要求。备份是定期对数据创建副本的过程，这使得数据在丢失或损坏后，能够在几小时到几周内得以恢复。存档是保存过去相当长的一段时间内（如几个月或几年）的数据副本的过程，这是为了满足法律和运营方面对能访问过去数据的需求。尽管不同的组织有着不同的需求，这两个过程常常是紧密相连并一起管理的。

与备份和存档相关的需求和策略，应该在系统规划阶段确定好。关键的确定，包括在线保存还是离线保存备份副本，本地存储还是远程存储副本。这需要在实现的便利性、成本，与应对威胁时的安全性和健壮性之间做出平衡。

这里有一个考虑不周导致严重后果的例子。在 2011 年年初，澳大利亚主机提供商遭到攻击，攻击者不仅破坏了几千个在线站点，同时也破坏了它们的在线备份。结果是许多没有对自己网站进行备份的站点丢失了网站的所有内容和数据，给各个站点和主机提供商造成了严重的损失。在其他的例子中，许多只做现场备份的组织，由于 IT 中心的火灾或洪水，丢失了全部数据。所以，一定要对这些风险进行适当的评估。

6.6 Linux/Unix 安全

讨论完了增强操作系统安全性的过程后，现在，我们来介绍这个过程中与 Unix 和 Linux 系统相关的特定内容。这里只给出一般性的指导。

6.6.1 补丁管理

确保系统和应用都打上了最新的安全补丁，是一种得到广泛认可的、维护系统安全的重要方法。

现代 Unix 和 Linux 发布版通常都包含了自动化工具来下载和安装包括安全更新在内的软件更新。及时更新可以尽可能地减少系统因已知漏洞而变得脆弱的时间。例如，Red Hat、Fedora 和 CentOS 包含了 Up2Date 或 Yum 工具；SuSE 包含了 YaST 工具；Debian 则使用 Apt-get 工具。这要求我们必须为自动更新设置一个定时任务。无论这些系统的发布版提供了何种更新工具，配置这些工具以便让它们至少及时安装关键的安全补丁是十分重要的。

正如先前提到的，更改受控的系统不应该运行自动更新，因为这可能引起系统的不稳定。这类系统应该在测试系统下验证全部的补丁包，之后再将它们部署到生产系统中。

6.6.2 应用和服务配置

Unix 和 Linux 上的应用和服务的配置，普遍使用单独的文本文件来实现，每一个应用和服务都有独立的配置文件。系统范围的配置信息一般位于/etc目录下，或者位于应用的安装目录中。在适当的地方，能够覆盖系统默认配置的用户个人配置放在每个用户主目录下的隐藏的"点"文件中。这些文件的名称、格式和用法，因系统版本和应用的不同而不同。因此，负责保护这类系统的配置的管理员必须接受适当的培训并熟悉它们。

通常，这些文件可以用文本编辑器进行编辑。配置文件的任何改变会在系统重启后生效，或者当相关进程收到配置改变的信号，它重新加载配置文件的时候生效。现在的系统通常为这些配置文件提供一个图形界面的管理器，来方便新手管理员对它们进行管理。这种管理方法比较适合只拥有几个系统的小型站点。对于拥有大量系统的组织，则应部署某种形式的集中式管理。这种集中式管理有一个中心库，中心库中的关键配置文件能够自动被定制和分发到各个系统。

提高系统安全性最重要的措施，是禁用服务，尤其是禁用不需要的远程访问服务。然后，依据相关的安全指南，确保每一个需要的应用和服务都被恰当地配置了。

6.6.3 用户、组和权限

Unix 和 Linux 实现了对所有文件系统资源的自主访问控制，不仅包括文件和目录，也包括设备、进程、内存等大多数系统资源。对每一个资源，每个用户、组和其他人的访问权限都可以指定为读、写或执行。这可以通过 chmod 命令来设置。一些系统也支持带有访问控制列表的扩展文件属性，来提供更加灵活的访问控制。在访问控制列表中，可以为每个用户和组指定读、写或执行权限。这些扩展的访问权限通常使用 getfacl 和 setfacl 命令来设置和显示。这些命令也可用来指定用户和组对资源的访问权限。

通常，用户账户和组成员的相关信息保存在/etc/passwd 和/etc/group 文件中。现代操作系统也可以通过 LDAP 或 NIS 等工具从外部存储库中导入这些信息。这些信息的来源，以及任何相关联的认证证书，是在可插拔认证模块 PAM（Pluggable Authentication Module）配置中指定的，通常使用/etc/pam.d 目录中的文本文件来指定。

为了分开对系统中信息和资源的访问，用户需要被分配到合适的组，以便赋予他们任何需要的访问权限。组的数量和分配应该在系统安全规划过程中确定，随后配置到合适的信息库中——或者使用本地的/etc 目录中的文件，或者在某些集中式数据库中。此时，任何默认的或系统提供的通用账户都应该被检查，如果不需要就删除掉。其他需要但不必登录的账户，应该禁用其登录权限，相关联的口令或认证证书也要删除掉。

加固 Unix 和 Linux 系统的指南，通常也建议更改对关键目录和文件的访问权限，以进一步限制对它们的访问。那些能把普通用户设置为超级用户（Root）或把普通组设置为特权组的程序是攻击者的主要目标。不过，无论谁执行这类程序，都需要有超级用户权限，或者需要访问属于特权组的资源。这类程序的软件漏洞很容易被攻击者利用，用来提升其权限。这被称为本地利用漏洞。网络服务器上的能够被远程攻击者触发的软件漏洞，称为远程利用漏洞。

普遍认为，能够设置超级用户权限的程序应该尽可能少。但是不能没有，因为访问系统中的某些资源需要超级用户权限。管理用户登录的程序，以及将网络服务绑定到特权端口上的程序，就是需要超级用户权限的例子。但是，其他为了程序员编程方便而使用 Setuid 更改到 Root 权限程序，完全可以通过 Setgid 将其更改到可以访问某些资源的特权组，如显示系统状态或递交邮件的程序。系统加固指南可能会建议，如果特定系统并不需要这类程序，可以修改甚至删除它们。

6.6.4　远程控制访问

考虑人们对远程利用攻击的关注，限制对那些需要的远程访问服务的访问是十分必要的。通过使用外围防火墙，可以实现这样的功能。不过，基于主机的防火墙或网络访问控制机制也可以提供额外的保护。Unix 和 Linux 系统对此都支持。

TCP Wrapper 库和 Tcpd 守护程序提供了一种网络服务可能会用到的机制，即轻量级服务可以会被 Tcpd 封装，后者代表前者监听连接请求。在对请求进行响应和处理之前，Tcpd 会根据配置的策略来检查请求是否被允许。被拒绝的请求会被记录到日志中。较复杂的或者重量级的服务会使用 TCP Wrapper 库和同样的策略配置文件将这个功能合并到它们自己的连接管理代码中。这些文件有/etc/hosts.allow 和/etc/hosts.deny，可以根据策略的需要来设置。

有几个主机防火墙程序也可以使用。Linux 系统主要使用 Iptables 程序来配置 Netfilter 内核模块。这种方式虽然复杂，但是提供了广泛的状态包过滤、监视和修改功能。大多数系统提供一种管理工具来生成常见的配置和选择哪些服务可以访问系统。考虑到运行那些程序来编辑配置文件所需的技能和知识，除非有非标准的需求，否则还是应该使用这样的管理工具。

6.6.5　日志记录和循环记录

大多数应用都可以配置成不同的日志记录级别，范围从"调试"（记录的内容最多）到"无"。通常最好选择某些中间级别。另外，也不要假定默认设置是合适的。

另外，许多应用允许指定一个专用的文件来记录应用的事件数据，或者使用系统日志将数据记录到/dev/log。如果你希望用一种一致的、集中式的方式来处理系统日志，较好的做法是把应用的日志写到/dev/log 中。然而，需要注意的是，Logrotate 可以用来循环记录系统中的任何日志，不论它是由 Syslogd 写的，还是 Syslog-NG 写的，或者是其他应用写的。

6.6.6　使用 Chroot 监狱的应用安全

一些网络服务并不需要访问整个文件系统，它们只需要访问有限的数据文件和目录就可以正常运作。FTP 是此类服务的一个常见例子。FTP 提供了在特定目录下载和上传文件的功能。如果这个服务能够访问整个文件系统，那么，一旦它被攻破，攻击者就有可能访问和破坏其他目录中的数据。Unix 和 Linux 系统提供了一种让此类服务运行在 Chroot 监狱（Chroot Jail）中的机制。Chroot 监狱将限制服务看到整个文件系统，使其只能看到指定的部分。它是通过使用 Chroot 系统调用实现的。Chroot 系统调用通过将文件系统的根目录"/"映射到其他目录（如/srv/ftp/public），将一个进程对文件的访问限制在文件系统的某个子集中。对于被限制的服务而言，Chroot 监狱中的所有文件都像位于真实的根目录中一样（如实际的目录/srv/ftp/public/ etc/myconfigfile 在 Chroot 监狱中表现为/etc/myconfigfile），而位于 Chroot 监狱之外的目录（如/srv/www 或/etc）中的文件是根本不可见且无法访问的。

因此，Chroot 监狱技术有助于限制某个被攻破或被劫持的服务带来的负面影响。这种技术的主要缺点是增加了复杂性：许多文件（包括服务器使用的所有可执行库）、目录和需要设备都必须复制到 Chroot 监狱中。虽然有许多详细的指南描述了如何将各种程序"关进监狱"，但是，决定需要将什么东西放入监狱从而可以让服务器工作得更好，依然是件麻烦事。

另外，如果 Chroot 监狱内的程序遇到了问题，也是很难解决的。即使某个应用明确支持这个功能，它在 Chroot 监狱内运行时也可能表现出莫名其妙的行为。还有一点需要注意是，如果关进 Chroot 监狱中进程是以超级用户的身份运行的，那么它能毫不费力地越狱。尽管如此，将网络服务关进 Chroot 监狱的优点远多于缺点。

6.6.7 安全测试

类似"NSA Security Configuration Guides"之类的系统加固指南，包含了可用于某些 Unix 和 Linux 版本的安全检查清单。除此之外，也有一些可用的商业和开源工具可以进行系统安全扫描和漏洞测试。其中非常著名的一个工具是 Nessus。Nessus 最初是一款开源工具，在 2005 年被商业化了，但是目前仍有一些受限制的免费版本可用。Tripwire 是一款非常有名的文件完整性检查工具，它维护了一个受到监视的文件的散列值数据库，通过扫描来检测这些文件是否被修改。无论修改是来自恶意攻击，还是意外事件，或者不正确的更新，它都可以检测出来。这个工具最初也是开源的，现在有商业和免费版本可用。Nmap 网络扫描器是另一款著名的部署评估工具，主要用于识别和分析目标网络上的主机，以及主机提供的网络服务。

6.7 Windows 安全

现在，让我们看一看与安全安装、配置和管理微软 Windows 系统相关的一些问题。多年来，Windows 系统在所有通用操作系统中占据了极大的份额。因此，它们也成了攻击者的主要攻击目标，所以，需要采取安全措施来应对这些挑战。

同样地，有许多可用的资源可以帮助 Windows 系统管理员管理系统，如在线资源"Microsoft Security Tools & Checklists"、系统加固指南"NSA Security Configuration Guides"。

6.7.1 补丁管理

"Windows Update"服务和"Windows Server Update Services"能够帮助对微软软件进行定期维护，应该正确地配置和使用它们。许多其他第三方软件也提供了自动更新支持，如果使用了这些软件，也应该启用它们的自动更新。

6.7.2 用户管理和访问控制

在 Windows 系统中，用户和组是用安全 ID（Security Identifier，SID）来定义和标识的。

在单机系统中，用户和组的 SID 信息保存在安全账户管理器中（Security Accounts Manager，SAM）并在本地使用；在 Windows 域环境下，属于同一个域的一组系统的 SID 信息也会被集中管理，这些信息由使用 LDAP 协议的中央活动目录（Active Directory，AD）系统提供。大多数拥有多个系统的组织都使用域来管理它们。使用域，也可以对域内的各个系统上用户实施常见的策略。

Windows 系统实现了对诸如文件、共享内存和命名管道等系统资源的自主访问控制。访问控制列表上记录了特定 SID 对某个资源的访问权限，这里的 SID 可以是单个用户，也可以是用户组。Windows Vista 和后续的系统还包含了强制的完整性控制。所有的对象，如进程、文件和用户，都被标记成低、中、高或系统完整性等级中的一个等级。当数据要写入某个对象时，系统首先要确保主体的完整性等级等于或高于客体的等级。这其实是 Biba 完整性模型的一种实现。Biba 完整性模型可以解决非信任的远程代码在如 IE 程序中运行并尝试修改本地资源的问题。

Windows 系统也定义了系统范围内可以赋予用户的特权。一些特权的例子，如备份计算机（需要覆盖正常的访问控制来获得完全的备份）、更改系统时钟。某些特权被认为是危险的，因为攻击者可以使用它们破坏系统，因此，授权时需要十分小心。其他特权相对比较安全，可以赋给大多数甚至所有用户。

对于任何系统来说，加固系统配置可以包括进一步限制系统中的用户和组的权限和特权。因为访问控制列表给予"拒绝"访问比"允许"访问更高的优先级，因此你可以显式地设置一条拒绝许可来阻止对某个资源的非授权访问，即使被拒绝的用户隶属于有权访问该资源的组。

当访问共享资源上的文件时，共享和 NTFS 权限的组合可用来提供额外的安全和粒度。例如，你可以赋予某个共享全部的权限，但是对其中的文件只赋予只读权限。如果在共享资源上启用基于访问的枚举，它就能够自动隐藏某个用户无权读取的所有对象。例如，这对包含了许多用户的个人目录的共享文件夹很有用。

同时，也应该确保拥有管理员权限的用户仅仅在需要的时候才使用它们，而在其他时候则以普通用户的身份访问系统。Vista 和后续的 Windows 系统提供的用户账户控制（User Account Control，UAC）有助于实现这种需求。这些系统也提供了低特权服务账户（Low Privilege Service Accounts），这些账户可用于长期使用的服务进程，如不需要提升权限的文件、打印和 DNS 服务。

6.7.3　应用和服务配置

与 Unix 和 Linux 不同，Windows 系统的许多配置信息集中存放在注册表中。注册表是一个存储键和值的数据库，可以供系统中的应用查询和解释。

如果在特定的应用中改变了配置，这些变化会以键和值的形式保存在注册表中。这种方法隐藏了管理细节。此外，也可以通过注册表编辑器直接修改注册表中的键或值。这种方法在做大规模更改的时候更实用，如那些加固指南中的推荐更改。这些改变也可能被记录在某个中心库中，当某个用户登录到某个网络域的一个系统上时，被推送到网络日志系统中。

6.7.4　其他安全控制工具

由于以 Windows 系统为目标的恶意软件最多，在这类系统上安装和配置反病毒、反间谍、个人防火墙，以及其他安全软件是非常必要的。对于有网络连接的系统，这些是显而易见的要求。然而，2010 年的震网（Stuxnet）攻击表明，即使使用可移除的媒介对隔离的系统升级也是有风险的，同样需要保护。

目前的 Windows 系统都拥有基本的防火墙功能和恶意软件处置能力，但是它们应该很少被使用。许多组织发现，使用一个或多个商业安全软件似乎可以增强系统的安全性。不过，这样做的一个问题是，来自多个供应商的安全产品之间会彼此影响。当规划和安装此类安全产品的时候，要留意它们是否相互兼容。

Windows 系统也支持广泛的加密功能，包括使用加密文件系统（EFS）来加密文件和目录，使用 BitLocker 以 AES 算法加密整个磁盘。如果需要的话，可以使用它们。

6.7.5　安全测试

诸如"NSA Security Configuration Guides"之类的系统加固指南，为不同版本的 Windows 提供了安全检查清单。也有一些可用的商业和开源工具可以对 Windows 系统进行系统安全扫描和漏洞测试。"Microsoft Baseline Security Analyzer"就是一个简单、免费且易于使用的工具。它通过检查系统是否遵从微软的安全推荐，来帮助中小型商业机构改善其系统的安全性。大型组织最好使用功能更强大的、集中式的商业安全分析套件。

6.8　虚拟化安全

虚拟化指对计算机资源进行抽象化的技术。这些抽象的资源由某个软件使用，这样的软件因此运行在一个称为虚拟机（VM）的仿真环境中。有多种形式的虚拟化，本节我们主要关注完全虚拟化，它允许在虚拟硬件上运行多个完整的操作系统实例，而由监管程序（Hypervisor）管理对物理硬件资源的访问。使用虚拟化的好处之一是，与运行单一操作系统相比，运行多个操作系统实例可以更加高效地利用物理硬件资源。这种好处在提供虚拟化服务器方面尤其明显。虚拟化也能为在一台物理机上运行多个操作系统和相关软件提供支持，这在客户端系统中更为常见。

虚拟化系统带来了额外的安全问题，这既是由于多个操作系统同时运行导致的结果，也是由于在操作系统内核及其安全服务之下又增加了一层虚拟环境和监管程序导致的结果。

6.8.1　虚拟化方案

有多种创建仿真的虚拟化环境的方式，包括应用虚拟化，如 Java 虚拟机环境提供的方式。这种方式允许针对某种环境编写的程序可以在其他环境中运行，也包括全虚拟化，即多个完整的操作系统实例并行运行。每一个客户操作系统（以下简称客户 OS）及其上的应用都运行在它自己的虚拟机中。这些客户 OS 由监管程序（Hypervisor）或虚拟机监视器（VMM）管理着。监管程序负责协调各个客户机对真实硬件资源的访问，如 CPU、内存、硬盘、网络和其他附属设备。监管程序为客户 OS 提供了与直接运行在真实硬件上的操作系统相似的硬件接口。这使得对于客户 OS 及其应用，不需要修改或仅做极少修改，就可以在虚拟机上运行。最近几代的 CPU 提供了增强监管程序运行效率的特殊指令。

全虚拟化系统可以进一步分为本地虚拟化系统和主机虚拟化系统。前者的监管程序直接运行在底层硬件之上，如图 6-2 所示。后者的监管程序作为一个应用程序，在运行在底层硬件的主机操作系统（以下简称主机 OS）上运行，如图 6-3 所示。本地虚拟化系统通常在服务器中采用，以提高硬件的使用效率。本地虚拟化系统也被认为比主机虚拟化系统安全，因为它需要较少的额外层。主机虚拟化系统在客户端系统中更为常见，它们可以与其他应用程序一起运行在主机 OS 上，可以用于支持其他版本或类型的操作系统上的应用程序。因为主机虚拟化方案增加了额外的层——位于底部的主机 OS、主机的其他应用程序，以及监管程序——所以可能会增加安全威胁。

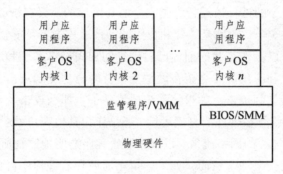

图 6-2 本地虚拟化的安全分层

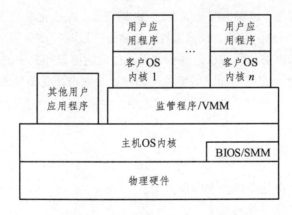

图 6-3 主机虚拟化的安全分层

在虚拟化系统中，可用的硬件资源必须被多个客户 OS 所共享。这些资源包括 CPU、内存、硬盘、网络及其他附属设备。CPU 和内存通常在这些客户 OS 中分配，按需调度。硬盘也被分配到每个客户 OS，每个客户 OS 都有独自使用的存储空间。作为选择，也可以为每个客户 OS 创建一个虚拟硬盘。从客户 OS 的角度来看，虚拟硬盘就像一个物理硬盘，有完整的文件系统；但是在客户 OS 之外，虚拟硬盘却是底层文件系统上的一个硬盘映像文件。光盘或者 USB 这些附属设备通常一次只能供一个客户 OS 使用。对于网络访问则有几种可选方案：客户 OS 直接访问系统的网卡；监管程序协调访问共享网卡；监管程序为每个客户 OS 实现虚拟网卡，根据需要在不同的客户 OS 之间进行路由。最后一种方案相当常见，也被认为是最高效的，因为不同客户 OS 之间的网络流量不必经由外部网络连接来转发。由于这种网络流量并不会被附在网络上的探测器监视到，所以最后一种方案存在着安全问题。如果需要监视这种网络流量，可以在这样的系统上使用基于主机的网络流量探测器。

6.8.2　虚拟化安全问题

以下是使用虚拟化系统带来的一些安全影响：

（1）客户 OS 的隔离，确保了在一个客户 OS 中运行的程序，可能只能访问和使用分配给该客户 OS 的资源，而不能与运行在其他客户 OS 或监管程序中的程序或数据偷偷交互。

（2）客户 OS 是被监管程序监控的，监管程序有权访问每一个客户 OS 中的程序和数据，因此，必须保证监管程序的这种访问行为是安全的和可信的，没有被破坏。

（3）虚拟化环境的安全，特别是映像和快照的管理。攻击者可能会尝试查看和修改它们。

这些安全问题，可以看作是我们前面已讨论过的加固操作系统和应用的扩展。如果在某些情况下某个操作系统和应用配置直接在硬件上运行时容易受到攻击，那么当它们在虚拟环境中运行时也极可能会受到攻击。如果该系统被攻破了，那么攻击者至少有能力攻击附近的其他系统，无论这些系统是在硬件上直接运行，还是作为其他客户 OS 在虚拟环境中运行。通过进一步隔离不同客户 OS 的网络流量，以及让监管程序透明地监视所有客户 OS 的活动，使用虚拟化环境将会增强安全性。然而，如果虚拟化环境和监管程序自身存在着攻击者可以利用的漏洞，则它们的存在也可能会降低安全性。这样的漏洞可能允许运行在某个客户 OS 上的程序偷偷地访问监管程序，进而访问其他客户 OS 的资源。虚拟化系统也常常通过快照功能挂起一个正在运行的客户 OS，保存为映像文件，然后过一段时间后重新运行，甚至在另一个系统上运行。如果攻击者能够访问或修改映像文件，他就能够破坏其中的数据和程序。

因此，虚拟化系统的使用增加了需要关注的层。加固虚拟化系统意味着需要加固这些额外的层。除了要加固每一个客户 OS 及其上的应用，虚拟化环境和监管程序也需要加固。

6.8.3　加固虚拟化系统

如果组织使用了虚拟化系统，它应该：

（1）仔细规划虚拟化系统的安全。

（2）加固全虚拟化解决方案的所有元素，包括监管程序、客户 OS 及虚拟化架构，并维护它们的安全。

（3）确保监管程序被正确加固。

（4）限制和保护管理员对虚拟化解决方案的访问。

很明显，这些可以看成是本章前面我们提到的系统加固过程的扩展。

1. 监管程序安全

监管程序应该使用类似加固操作系统的方法进行加固。也就是，它应该通过干净的媒介在隔离的环境下安装，并且打上最新的补丁以减少漏洞的数量。之后应该配置它自动更新，禁用或删除所有不需要的服务，断开没有使用的硬件设备，让客户 OS 有适当的自检能力，并监视监管程序是否被攻击。

因为能够访问监管程序的人，也能够访问和监视任何客户 OS 中的活动，所以应该限定只有授权的管理员能够访问监管程序。监管程序可能支持本地和远程管理。一定要正确配置它，包括使用合适的认证和加密机制，特别是在使用远程管理的时候。远程管理访问也应该在网络防火墙和 IDS 的框架下进行。理想情况下，这种远程管理应该使用独立的网络；在组织外部，该网络仅能受限访问或禁止访问。

2. 虚拟化架构安全

虚拟化系统管理着对硬盘和网卡这类硬件资源的访问，应该限定只有使用资源的客户 OS 才可以访问它们。正如前面提到的，网络接口的配置和内部虚拟网络的使用，可能会为那些希望监视系统之间的所有通信流量的组织带来问题。应该根据需要合理地设计和处理它们。

对虚拟机映像文件和快照文件的访问必须受到严格控制，因为它们是潜在的攻击点。

3. 主机虚拟化安全

通常用在客户端中的主机虚拟化系统带来了一些额外的安全问题。这些安全问题是由主机 OS、主机的其他应用程序，以及监管程序和客户 OS 造成的，因此有更多的层需要保护。而且，此类系统的用户通常对监管程序、虚拟机映像文件和快照文件拥有全部的访问权限，能够随意地配置监管程序。在这种情况下，虚拟化的使用，主要是为了提供额外的功能，以及支持多个操作系统和应用程序的使用，而不是将各个系统和数据相互隔离给不同的用户使用。

设计一个能够更好地避免用户访问和修改的主机系统和虚拟化方案是可行的。这种方法可以用来支持受到很好保护的，用于提供对企业网络和数据访问的客户 OS 映像文件，以及支持这些映像文件的集中管理和更新。然而，除非经过充分的加固和管理，否则仍然存在着来自底层主机 OS 可能遭到破坏的安全之虞。

6.9　实践练习

6.9.1　BIOS 安全设置

现在比较主流的计算机系统都可以从 U 盘和光盘引导系统。如果硬盘中的本地操作系统版本较低或缺乏必要的保护，当他人通过 U 盘或光盘引导你的计算机系统后，可能会导致你的硬盘上敏感数据的泄露。另外，很多用户不习惯为 Windows 系统设置一个账户并设置口令，这也可能会使计算机被非授权访问。可以通过在 BIOS 中设置口令（或密码）和改变启动媒介的顺序（甚至禁用除硬盘之外的其他启动方式）来降低以上两种安全威胁。

在 BIOS 中设置口令的操作步骤如下：

（1）启动计算机，按下相应的按键（如 Del 键）进入 BIOS 设置主界面。

（2）选择"Security"菜单，其下有两个设置口令的选项，它们是"Set Supervisor Password"（设置管理员口令）与"Set User Password"（设置用户口令），如图 6-4 所示。

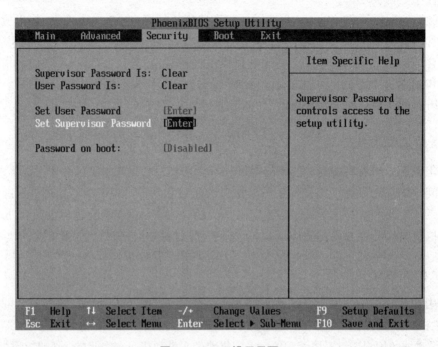

图 6-4　BIOS 设置界面

这两个选项的区别是：管理员口令控制对 BIOS 设置的访问，也就是说，只有提供管理员口令才可以进入 BIOS 设置界面，如图 6-5 所示。用户口令用于控制计算机启动时对系统的访问，也就是说，需要提供用户口令才可以进入操作系统界面。不能单独设置用户口令，必须先设置管理员口令之后才可以设置用户口令。需要注意的是，仅仅设置用户口令并不能控制对系统的访问，必须将图 6-4 中的"Password on boot"设置为 Enabled 才有效。另外，即使没有设置用户口令而仅仅设置管理员口令，当"Password on boot"设置为 Enabled 时，进入操作系统时也需要提供口令，不过这个时候需要提供的是管理员的口令。

从安全角度考虑，最好既设置管理员口令也设置用户口令，并且这两个口令不同。因为有时候可能必须告诉别人进入操作系统的口令，但别人却无法修改 BIOS 设置。

（3）设置管理员和用户口令。口令字符可以使用字母（区分大小写）、数字和其他符号，不超过 8 个字符。输入时，屏幕不会显示输入的口令，并且需要输入两次。

（4）启用"Password on boot"，然后按 F10 键保存设置并退出。重新启动系统，则会出现与图 6-5 相似但并不相同的界面，只有提供用户口令之后才可以进入操作系统。

在 BIOS 中设置启动媒介的顺序的操作方法是：进入 BIOS 设置界面后，选择 Boot 菜单，如图 6-6 所示。通过加减符号"+/-"，就可以改变启动媒介的顺序，如把硬盘移到最前面。

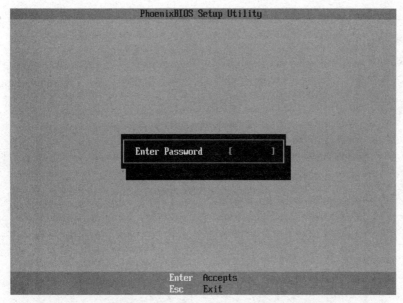

图 6-5　提供管理员口令才可以进入 BIOS 设置界面

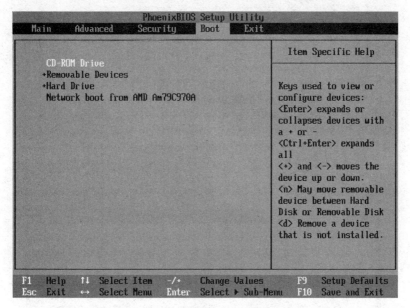

图 6-6　改变启动媒介的顺序

6.9.2　加固个人 Windows 系统的常规操作

以下操作用于独立使用的个人 Windows 系统，并不完全适用于 Windows 域中的系统。

（1）安装操作系统（如果需要的话）。

应该在一个受保护的网络环境中安装操作系统。这个网络可以是一个完全独立的网络，使用可移动的媒介（如光盘和 U 盘）把操作系统镜像和所有可用的补丁包传输过来，也可以是一个访问受限的广域网。理想情况下，系统禁止入站访问，而出站访问仅仅能访问系统安装和打补丁所需要的关键站点。

初始安装应该仅安装系统所需的最少组件，以及系统正常工作所需的额外的软件包。

（2）启用 Windows 更新。

Windows 系统安装完毕，默认情况下系统更新是自动运行的。如果没有启用，在 Windows 7 下，可以通过以下操作启动它："控制面板"→"系统和安全"→"Windows Update"→"更改设置"→"自动安装更新（推荐）"，如图 6-7 所示。

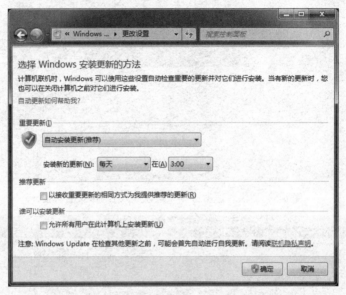

图 6-7 配置 Windows 自动安装更新

（3）移除不需要的服务、应用和协议。

① 删除服务。

通过以下操作查看系统安装的服务：点击"控制面板"→"系统和安全"→"管理工具"→"服务"，如图 6-8 所示。

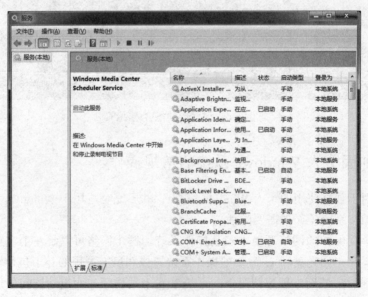

图 6-8 服务窗口

找到不需要的服务，如"Windows Media Center Receiver Service"和"Windows Media Center Scheduler Service"。查看要删除的服务的名称。方法如下：选中要删除的服务"Windows Media Center Receiver Service"，单击右键，选择"属性"，弹出服务属性窗口，如图6-9所示。该服务的服务名称是"ehRecvr"。

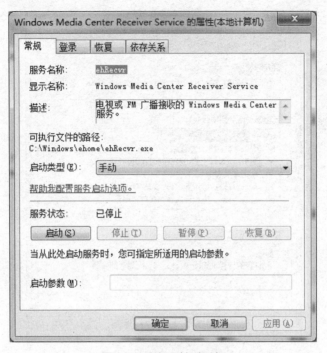

图6-9 服务属性对话框

以管理员身份打开命令提示符窗口，输入如下格式的命令：sc delete "服务名称"（如果服务名中有空格，则使用双引号，双引号必须是为英文符号），如图6-10所示，显示删除成功。使用同样的方法删除其他不需要的服务。再次查看系统安装的服务，会发现刚才删除的服务已经没有了。

图6-10 删除指定的服务

② 删除应用。方法如下：点击"控制面板"→"程序"→"卸载程序"，然后单击需要卸载的程序，单击"卸载"按钮。

③ 删除协议。

这里主要指通信协议。方法如下：点击"控制面板"→"网络和 Internet"→"网络和共享中心"→"更改适配器设置"，选择一个网络连接，打开其"属性"对话框，如图 6-11 所示。选择不需要的协议，如"可靠多播协议"，然后单击"卸载"按钮。

图 6-11　网络连接属性对话框

（4）配置用户、组及权限。

一般情况下，Windows 7 默认有两个账户，一个是管理员账户，一个是来宾账户，并且来宾账户是禁用的，默认情况下管理员账号以普通用户的身份访问系统。这是比较安全的设置。如果管理员账户的名称是 Administrator，应该改成其他名称。方法如下：点击"控制面板"→"用户账户和家庭安全"→"用户账户"→"管理其他账户"，然后单击"Administrator"账户，选择"更改账户名称"，给出新的名称即可。

应该给系统中的所有账户设置复杂的口令（或密码），还可以通过本地安全策略中的密码策略，强制要求系统中的所有账户必须使用复杂的口令，甚至设置每个口令的最短和最长使用期限等。可以通过如下方法找到"密码策略"：点击"控制面板"→"系统和安全"→"管理工具"→"本地安全策略"→"账户策略"→"密码策略"，如图 6-12 所示。

如果要在系统中创建多个账户和组，可以通过以下方式创建：点击"控制面板"→"系统和安全"→"管理工具"→"计算机管理"→"本地用户和组"，如图 6-13 所示。组可将用户集合起来，用于管理和共同资源的授权。以下是创建、使用账户和组的基本原则：

① 为每个用户创建一个唯一的账户，为每个账户分配完成工作的最小特权。

② 根据用户可访问的资源的种类，创建几个资源组。

③ 根据用户对资源的访问权限，将各个用户账户添加到相应的资源组中。

④ 根据用户可访问的资源的种类，创建相应的文件夹并为资源组分配恰当的权限，将各

个资源放入相应的文件夹中。

图 6-12　密码策略

图 6-13　创建、管理用户和组

一般来说，独立使用的个人 Windows 系统较少创建多个账户和组。

（5）配置资源控制。

使用如图 6-12 所示的安全策略，对用户的特权、用户可运行的软件等进行限制。一般来说，独立使用的个人 Windows 系统较少进行此类配置。

（6）安装和配置额外的安全控制。

Windows 7 为我们提供了防火墙工具和反间谍软件工具，如图 6-14 和图 6-15 所示。启用它们基本上可以阻止大多数攻击或恶意软件。

当然，如果希望系统得到更加全面的保护，则需要安装功能全面的专业安全工具了，如AVG 安全软件，如图 6-16 所示。

图 6-14　Windows 高级防火墙

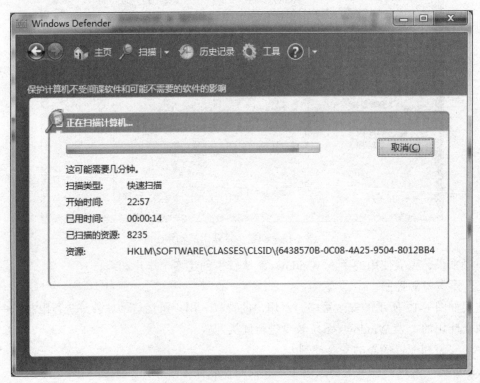

图 6-15　反间谍软件工具 Windows Defender

图 6-16　AVG 软件主界面

（7）测试基本的操作系统安全，确保上述步骤充分满足安全需求。

可以使用微软的 MBSA（Microsoft Baseline Security Analyzer）工具进行测试。该工具可以：

① 检测一台或多台计算机中潜在的安全问题。

② 检测操作系统中未应用的关键更新。

③ 使用微软的安全更新数据库分析计算机。

④ 收集找到的漏洞，可以使用微软的安全基线分析工具生成分析报告。

图 6-17 所示为 MBSA 的界面。单击"Scan a computer"，显示如图 6-18 所示。单击"Start Scan"开始扫描，扫描分析结果如图 6-19 和图 6-20 所示。

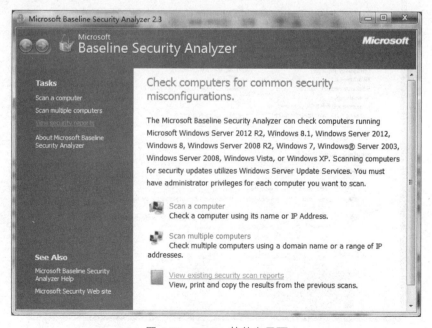

图 6-17　MBSA 软件主界面

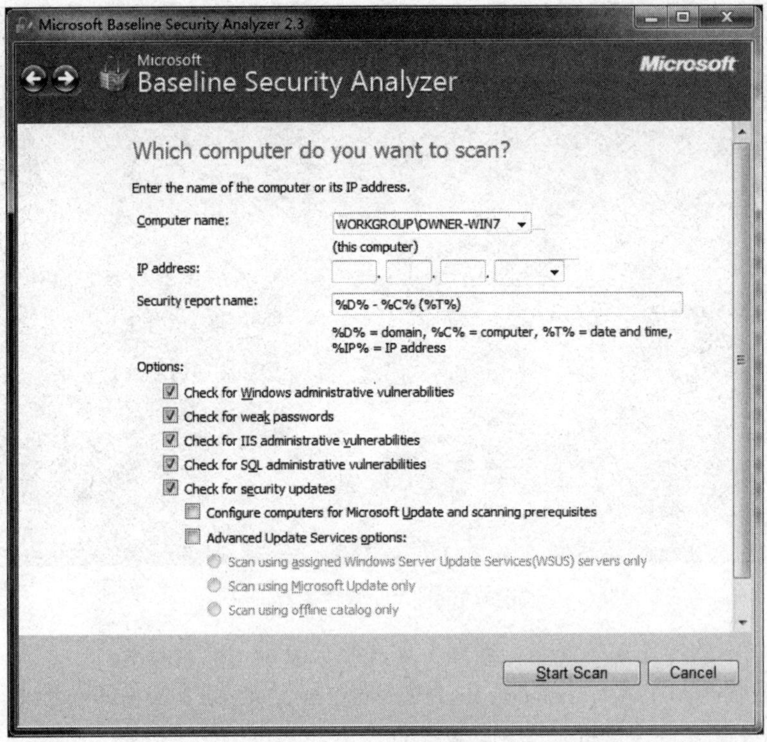

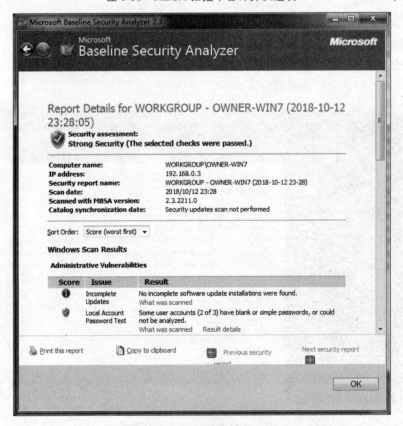

图 6-18　MBSA 扫描单台计算机选项

图 6-19　MBSA 扫描结果（1）

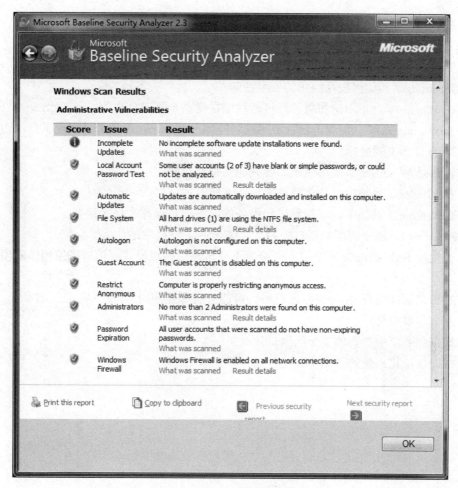

图 6-20　MBSA 扫描结果（2）

习　题

1. 加固系统的基本步骤是什么？
2. 加固基本操作系统的基本步骤是什么？
3. 为什么尽可能让所有软件更新如此重要？
4. 自动更新的优势和劣势有哪些？
5. 加固系统时，为什么要移除不必要的服务、应用和协议？
6. 在安装一个新的软件时，为什么不要最初就安装所有的功能，而是仅安装必要的功能，之后需要其他功能时再安装它们呢？
7. 用于维护系统安全的步骤是什么？
8. Unix 和 Linux 系统实现了什么样的访问控制模型？
9. Unix 和 Linux 系统中可以使用哪些权限？这些权限可用于哪些主体？
10. Unix 和 Linux 系统中，什么命令可以用来操作访问控制列表？

11. 在 Unix 和 Linux 系统上执行文件时，设置用户和用户组权限会有什么影响？

12. Linux 系统上使用的主要的主机防火墙程序是什么？

13. 为什么日志系统很重要？作为一种安全控制工具，它有哪些局限性？

14. Chroot 监狱是如何提高应用的安全性的？

15. 在 Windows 上，用户和组信息可能存储在哪两个地方？

16. Unix/Linux 系统上实现了自主访问控制模型，Windows 系统上也实现了自主访问控制模型，二者有什么主要差别？

17. 什么是 Windows 系统中使用的强制的完整性控制？

18. 在 Windows 系统中，什么特权能够覆盖所有的 ACL 检查，为什么？

19. 在 Windows 系统中，应用程序和服务的配置信息保存在什么地方？

20. Windows 系统中的用户账户控制（UAC）的主要目的是什么？

21. 当使用 BitLocker 加密笔记本电脑时不应该使用待机模式，而应该使用休眠模式，为什么？

22. 进程以管理员或 Root 权限运行时，可能会有哪些威胁？

23. 什么是虚拟化？

24. 虚拟化系统中主要的安全问题是什么？

25. 加固虚拟化系统的基本步骤是什么？

第 7 章　Internet 安全协议和标准

学习目标

（1）能够描述 TLS 记录协议和握手协议的工作过程。

（2）了解 HTTPS 协议保护哪些内容。

（3）理解 S/MIME 的功能及实现方法。

（4）能够解释 Internet 邮件体系结构的关键组件。

（5）理解 DKIM 的策略，并能够描述基于 DKIM 的邮件发送及接收过程。

（6）了解 IPSec 功能、应用及优势。

（7）能够解释 ESP 的格式及功能。

（8）理解 IPSec 传输模式和隧道模式的不同。

（9）了解 IPSec 对入站数据包和出站数据包的处理过程。

几乎每个人每天都在与 Internet 打交道，Internet 已经成为我们生活中必不可少的部分，是我们获得信息、学习、交流、娱乐和购物的重要场所。Internet 的正常运转离不开众多的安全协议和标准的支持。Internet 自诞生以来出现了很多安全协议和标准，有些因技术的发展或自身的安全缺陷已经被淘汰，如 WTLS、PGP 和 WEP 等，有些则因为安全问题得到进一步完善，同时还增加了一些新的协议。本章主要介绍一些广泛使用的重要的 Internet 安全协议和标准。

7.1　SSL 和 TLS

Internet 上应用最广泛的安全服务之一，是安全套接层（Secure Socket Layer，SSL）和随后出现的传输层安全（Transport Layer Security，TLS）。SSL 是由早期著名的浏览器厂商 Netscape 公司设计的，其第三版（即 SSL v3.0）被作为 Internet 草案文档发布。TLS 是 Internet 标准，其第一版本质上被看作 SSL v3.1，与 SSL v3.0 非常相似。TLS 和 SSL 在原理上是相似的，只是在技术细节上二者存在着少量的差别。TLS 已经在很大程度上取代了早期的 SSL 实现。以下提到的 TLS 也适用于 SSL。

TLS 是一个依赖于 TCP 的、作为一个协议集实现的通用服务。它的实现有两种选择。一是通用的实现。TLS 可以作为基础协议套件的组成部分，因为它对应用程序来说是透明的。另一种是专用的实现。TLS 可以嵌入到特定的软件包中。例如，大多数浏览器都配备了

SSL/TLS，并且大多数 Web 服务器已经实现了这个协议。

7.1.1 TLS 体系结构

TLS 被设计成使用 TCP 来提供可靠的端到端的安全服务。TLS 并不是单个协议，而是由多个协议构成，共分两层，如图 7-1 所示。

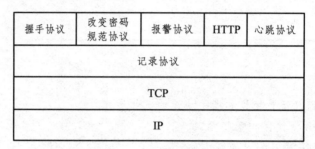

图 7-1 SSL/TLS 协议栈

TLS 记录协议（Record Protocol）为多种高层协议提供了基本的安全服务，特别是 HTTP 协议。我们知道 HTTP 的功能是为 Web 客户端和服务器交互提供传输服务。HTTP 协议能够在 TLS 之上工作。

位于记录协议之上的其他 4 个 TLS 协议包括握手协议（Handshake Protocol）、改变密文规范协议（Change Cipher Spec Protocol）、报警协议（Alert Protocol）和心跳协议（Heartbeat Protocol）。这些协议用在 TLS 交换的管理中，稍后将介绍它们。

TLS 协议中的两个重要的概念是 TLS 会话和 TLS 连接，它们在规范中是这样定义的：

连接（Connection）：连接是一种提供合适的服务类型的（OSI 分层模型中定义的）传输。对于 TLS，这种连接是对等的关系。连接是短暂的。每个连接与一个会话关联。

会话（Session）：一个 TLS 会话是一个客户端和一个服务器之间的一种关联。会话由握手协议（Handshake Protocol）创建，它定义了一套密码安全参数，这些参数可以在多个连接中共用。会话用于避免为每个连接协商一套安全参数的麻烦。

在使用 TLS 协议的任何两者（如客户端的 HTTP 应用和服务器）之间，可以有多个安全连接。理论上，两者之间也可以同时有多个会话，但是这个功能并没有在实践中使用。

7.1.2 TLS 协议

1. 记录协议

TLS 记录协议为 TLS 连接提供了两个安全服务：机密性和消息完整性。机密性通过对称密码加密 SSL 载荷实现，消息完整性通过对 SSL 载荷计算其消息认证码 MAC 实现。对称密码的密钥和 MAC 的密钥都是由握手协议确定的。

图 7-2 给出了 TLS 记录协议的整个操作。第一步是分段，每一个上层消息都被分成 2^{14} 字节或更少的块。第二步是对每块数据压缩，这一步是可选的。下一步计算压缩数据块的 MAC 并添加到数据块后面。接下来使用对称密码加密添加了 MAC 的数据块。最后一步是附加一个

头部，其中包含版本和长度字段。

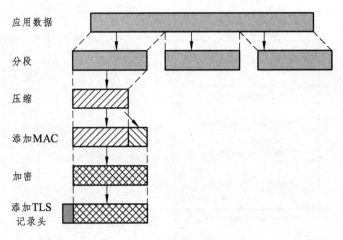

图 7-2　TLS 记录协议的操作

记录协议操作的内容类型包括改变密码规范协议、报警协议、握手协议、心跳协议和应用数据。前 4 种属于 TLS 协议，后面会讨论。需要注意的是，记录协议并不区分各种使用 TLS 的应用数据，由这些应用创建的数据的内容对 TLS 来说是不透明的。

处理后的数据利用 TCP 传输。目的端收到数据后，经过解密、验证 MAC、解压缩和重新组合，完整的数据被交付给上层应用。

2. 改变密码规范协议

改变密码规范协议是使用 TLS 记录协议的 4 个 TLS 协议之一，也是最简单的协议。这个协议只包含一个消息，由一个值为 1 的一个字节组成。这个消息的唯一目的，是使挂起状态被复制到当前状态，而这会更新这个连接上使用的密码套件。

3. 报警协议

报警协议用于向对等实体传达与 TLS 相关的警告。如同其他使用 TLS 的应用，根据当前状态的规定，报警协议也会被压缩和加密。

报警协议的每一个消息由两个字节组成。第一个字节表示严重性，用值 1 表示警告（Warning），用 2 表示致命（Fatal）。如果级别是致命，则 TLS 立即终止连接。同一个会话中的其他连接可以继续，但是不会在这个会话中建立新的连接。第二个字节包含一个表明特定报警的代码。一个致命报警的例子是发现了不正确的 MAC。一个非致命报警的例子是 Close_notify 消息，这个消息通知接收方本次连接中的发送方不再发送任何消息。

4. 握手协议

握手协议是 TLS 协议最复杂的部分。这个协议让服务器和客户端相互验证彼此的身份，并协商加密算法和 MAC 算法，以及用于保护 TLS 记录协议中发送的数据的密钥。握手协议在任何应用数据被传送之前使用。

握手协议包括一系列客户端和服务器之间交换的消息。图 7-3 显示了在客户端和服务器之间建立一个逻辑连接所需要的最初的消息交换。这个过程可分成四个阶段。

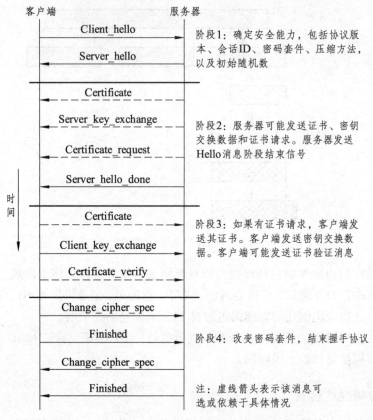

图 7-3　TLS 握手协议过程

第一阶段用于初始化一个逻辑连接，并建立与之关联的安全能力。客户端向服务器端发送一条 Client_hello 消息，它包含以下参数：

（1）版本：客户端所支持的最高 TLS 版本。

（2）随机数：一个客户端生成的随机结构，包括一个 32 bit 的时间戳和由安全随机数生成器产生的 28 Byte 随机数。这些值在密钥交换期间用于防止重放攻击。

（3）会话 ID：一个长度可变的会话标识符。值为非零时表示客户端希望更新一个已经存在的连接的参数，或者在这个会话上创建一个新的连接。值为 0 表示客户端希望在一个新的会话上创建一个新的连接。

（4）密码套件：这是一个客户端支持的密码算法组合列表，按照优先选用的递减顺序排序。列表中的每一个密码套件定义了一个密钥交换算法和一个密码规范（CipherSpec）。TLS 支持的密钥交换算法如 RSA、某种形式的 Diffie-Hellman。TLS 支持的密码规范包括的字段有密码算法（如 DES、3DES、RC4、IDEA 等）、MAC 算法（如 MD5、SHA-1）、密码类型（流密码或块密码）、散列值长度（0 Byte、16 Byte 或 20 Byte）等。

（5）压缩方法：这是一个客户端支持的压缩方法列表。

当客户端发出 Client_hello 消息后，客户端等待服务器的 Server_hello 消息，该消息包含了与客户端 Client_hello 消息同样的参数，但是参数值有变化。对于 Server_hello 消息，版本参数包含客户端建议的较低版本和服务器支持的最高版本。随机数参数由服务器生成并且与客户端的随机数参数无关。如果客户端的会话 ID 参数是非零值，则服务器也会使用这个值；否则服务器的会话 ID 参数将包含一个新的会话 ID 值。密码套件参数包含服务器从客户端建议的密码套件中选择的一个密码套件。压缩方法参数包含服务器从客户端建议的压缩方法中选择的一个压缩方法。

第二阶段的细节依赖于所使用的公钥密码方案。如果需要被认证（身份验证），服务器首先向客户端发送它的证书，这个消息包括一个 X.509 证书或一个 X.509 证书链。如果需要的话，服务器接着会发送额外的密钥信息。在某些情况下，服务器也会向客户端请求证书。第二阶段最后一条消息，也是必须有的消息，是 Server_hello_done 消息。这个消息由服务器发出，用于告诉客户端服务器的 Hello 消息及其他相关消息结束。发出这个消息后，服务器将等待客户端的响应。

在第三阶段，收到服务器的 Server_hello_done 消息后，客户端应该核实服务器是否提供了合法的证书（如果需要的话），并检查 Server_hello 消息中的参数是否可以接受。如果所有这些都满足，根据所使用的公钥密码方案，客户端将向服务器返回一条或多条消息。如果服务器请求了证书，客户端将发送一个证书消息作为这个阶段的开始。如果没有合适的证书可用，客户端就发送一个 No_certificate 警报消息。接下来客户端向服务器发送一个 Client_key_exchange 消息，它是这个阶段必须发送的消息，消息的内容依赖于密钥交换的类型。最后，客户端发出一个 Certificate_verify 消息，指示对客户端证书进行明确验证。仅当客户端证书具有签名功能时才会发送该消息。

第四阶段完成安全连接的建立。客户端发送一个 Change_cipher_spec 消息，将挂起的 CipherSpec 复制到当前的 CipherSpec 中。注意，这个消息并不属于握手协议，而是使用改变密码规范协议发送的。之后，客户端立即在新的算法、密钥及其他秘密值之下发送 Finished（结束）消息。Finished 消息用于核实密钥交换和认证过程是成功的。

作为对客户端发送的这两个消息的回应，服务器发送它自己的 Change_cipher_spec 消息，将挂起的 CipherSpec 转移当前的 CipherSpec，并发送它自己的 Finished 消息。到此，握手过程结束。客户端和服务器可以开始交换应用层数据了。

5. 心跳协议

在计算机网络中，心跳是指由硬件或软件产生的周期性的信号，用于表明操作正常，或用于同步系统的其他部分。心跳协议常常用来监视一个协议实体的可用性。对于 SSL/TLS 协议，心跳协议在 2012 年确定。

心跳协议运行在 TLS 记录协议之上，包括两个消息类型：Heartbeat_request（心跳请求）和 Heartbeat_response（心跳响应）。心跳协议的使用是在握手协议的第一阶段确定的。每个对等端都要表明它是否支持心跳。如果支持，则对等端要指出它是否愿意接收 Heartbeat_request 消息并使用 Heartbeat_response 消息进行响应，或仅愿意发送 Heartbeat_request 消息。

Heartbeat_request 消息可以在任何时候发送。无论何时收到该请求消息，都应及时地用相应的 Heartbeat_response 消息回复。Heartbeat_request 消息包括载荷长度、载荷和填充字段。载荷是一个长度介于 16 Byte ~ 64 KByte 的随机内容。对应的 Heartbeat_response 消息必须包括接收的载荷的精确副本。填充字段也是随机内容。填充字段让发送方能够发现一条路径的最大传输单元（MTU）：通过发送不断增加填充的请求，直到不再有回应（因为路径上的某台主机无法处理那条消息）。

心跳有两个目的。第一，它向发送方确保接收方还活着，即使底层的 TCP 连接可能已经有一段时间没有任何活动了。第二，连接空闲期间，心跳会在连接上产生活动，这可以避免禁止空闲连接的防火墙关闭连接。

对载荷交换的要求被设计到心跳协议中，以支持其在无连接的 TLS 版本（即 DTLS，Datagram Transport Layer Security）中使用。因为无连接服务会丢失数据包，载荷使得请求者能够将响应消息与请求消息进行匹配。为简单起见，相同版本的心跳协议与 TLS 和 DTLS 一起使用，因此，TLS 和 DTLS 都需要有载荷。

7.2 HTTPS

HTTPS 是 HTTP 和 SSL 或 TLS 的组合，用于实现 Web 浏览器和 Web 服务器之间的安全通信。目前所有的浏览器都内置有 HTTPS 功能。浏览器是否使用 HTTPS 功能与它访问的 Web 服务器是否支持 HTTPS 通信有关。如果 Web 服务器启用了 HTTPS，则 URL 地址以 https：//开头而非 http：//。另外，HTTP 连接默认使用端口 80，而 HTTPS 连接默认使用端口 443。

当使用 HTTPS 时，通信中的以下元素将被加密：

（1）所请求的文档的 URL。

（2）文档的内容。

（3）浏览器中表单的内容（表单是由浏览器用户填写的）。

（4）从浏览器发送到服务器和从服务器发送到浏览器的 Cookie。

（5）HTTP 头的内容。

当使用 HTTPS 协议访问 Web 页面时，其流程如图 7-4 所示。注意，因为 HTTPS 是工作在 SSL/TLS 之上的 HTTP，所以，其流程包括了 SSL/TLS 协议的握手过程。

7.2.1 连接初始化

对于 HTTPS，充当 HTTP 客户端的代理也充当 TLS 客户端。客户端在适当的端口上初始化一个到 Web 服务器的连接，然后发送 TLS 的 Client_hello 消息来开始 TLS 握手过程。当 TLS 握手过程结束后，客户端可以接着初始化第一个 HTTP 请求。所有的 HTTP 数据都作为 TLS 应用数据来发送。还应遵循正常的 HTTP 行为，包括保留的连接。

我们需要清楚的是，HTTPS 中有 3 个级别的连接。在 HTTP 级别，HTTP 客户端通过向下一个最低层发送连接请求来请求与 HTTP 服务器的连接。通常，下一个最低层是 TCP，但它也可以是 TLS/SSL。在 TLS 级别，一个会话在 TLS 客户端和 TLS 服务器之间被创建。该会话可以随时支持一个或多个连接。正如我们所看到的，TLS 请求建立连接是从在客户端的 TCP 实体和服务器端的 TCP 实体之间建立 TCP 连接开始的。

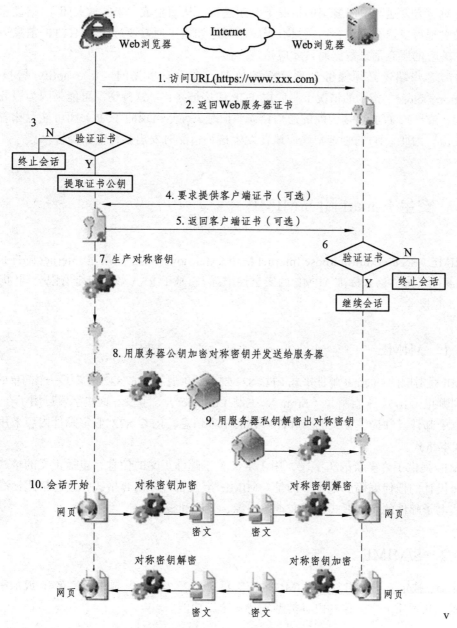

图 7-4　用 HTTPS 协议访问 Web 页面的流程

7.2.2　连接关闭

HTTP 客户端或服务器可以通过在 HTTP 记录中包含一行"Connection：close"来指示关闭连接。它表示在传递此记录后将关闭连接。

关闭 HTTPS 连接，需要 TLS 关闭与远端对等 TLS 实体的连接，这将会关闭底层 TCP 连接。在 TLS 级别，关闭连接的正确方式，是让每一方使用 TLS 报警协议发送 Close_notify 警报。TLS 实现必须在关闭连接之前启动关闭警报的交换。在发送关闭警报后，TLS 实现可以在不等待对等方发送其关闭警报的情况下关闭连接，从而生成"未完成关闭"。请注意，执行此操作的实现可以选择重用会话。只有当应用程序知道（通常通过检测 HTTP 消息边界）它已收到它关心的所有消息数据时，才应该这样做。

HTTP 客户端还必须能够处理这样的情况：在没有事先的 Close_notify 警报和没有"Connection：close"指示的情况下，底层 TCP 连接被终止。这种情况可能是因为服务器上的编程错误，或导致 TCP 连接中断的通信错误。但是，突然出现的 TCP 关闭可能意味着正在遭到某种攻击。因此，HTTPS 客户端应该在发生这种情况时发出某种安全警告。

7.3 安全 E-mail 和 S/MIME

S/MIME（Secure/Multipurpose Internet Mail Extension，安全/多用途 Internet 邮件扩展）是对 Internet 电子邮件格式标准 MIME 的安全性增强，它基于 RSA 数据安全有限公司（RSA Data Security）的技术。

7.3.1 MIME

MIME 是对旧的 Internet 邮件格式 RFC 822 规范的扩展。RFC 822 定义了一个简单的头，其中包括到哪里（To）、来自哪里（From），主题（Subject）等字段。这些字段可用于在 Internet 上转发电子邮件，并提供有关电子邮件内容的基本信息。RFC 822 假定邮件内容采用简单的 ASCII 文本格式。

MIME 提供了许多新的头字段，用于定义关于邮件正文的信息，包括正文的格式及为便于传输而设计的任何编码。最重要的是，MIME 定义了许多内容格式，这些格式标准化了支持多媒体电子邮件的表示形式，如文本、图像、音频和视频。

7.3.2 S/MIME

S/MIME 被定义为一组其他 MIME 内容类型（见表 7-1），并提供了签名和/或加密电子邮件的功能。从本质上讲，这些内容类型支持 4 个新功能。

表 7-1 S/MIME 的内容类型

类　型	子类型	S/MIME 参数	说　明
Multipart	Signed		两部分的透明签名消息：一个是消息，另一个是签名
Application	pkcs7-mime	signedData	签名的 S/MIME 实体
	pkcs7-mime	envelopedData	加密的 S/MIME 实体
	pkcs7-mime	degenerate signedData	仅包含公钥证书的实体
	pkcs7-mime	CompressedData	压缩的 S/MIME 实体
	pkcs7-signature	signedData	一个多部分的/签名的消息的签名子部分的内容类型

（1）封装数据（Enveloped Data）：此功能包括任何类型的加密内容，以及一个或多个收件人的加密内容的加密密钥。

（2）签名数据（Signed Data）：数字签名是通过用私钥加密内容的消息摘要形成的。然后使用 Base64 编码方法对内容加上签名进行编码。签名的数据消息只能由具有 S/MIME 功能的收件人查看。

（3）透明签名数据（Clear-Signed Data）：与签名数据一样，对内容进行数字签名。不同的是，仅对数字签名进行 Base64 编码。因此，没有 S/MIME 功能的收件人可以查看邮件内容，但无法验证签名。

（4）签名并封装数据（Signed and Enveloped Data）：仅签名和仅加密的实体可以嵌套，这样，加密数据可以被签名，签名数据或透明签名数据可以被加密。

图 7-5 给出了使用 S/MIME 的一个典型例子。

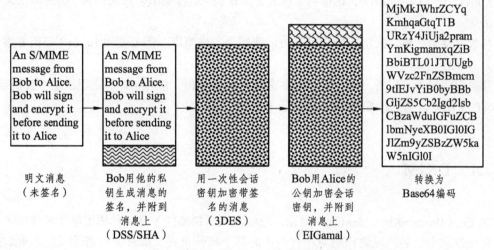

图 7-5　创建 S/MIME 消息的典型过程

1. 签名和透明签名数据

用于对 S/MIME 消息进行签名的默认算法是 DSS 和 SHA-1。该过程工作如下：首先，使用 SHA-1 把要发送的消息映射成 160 bit 的消息摘要/散列码。根据前面学过的知识，我们可以把这个消息摘要看成是这个消息的唯一指纹，因为几乎不可能有人改变这个消息或者用另一个消息替换它之后，还能得到相同的消息摘要。然后，使用 DSS 算法和发送方的 DSS 私钥加密消息摘要，其结果就是消息的数字签名，将其附加到消息上。现在，获得此消息的任何人都可以重新计算消息摘要，然后使用 DSS 算法和发送方的 DSS 公钥解密签名。如果签名中的消息摘要与重新计算的消息摘要匹配，则签名有效。此操作仅涉及加密和解密一个 160 bit 的数据块，因此占用的时间很短。

作为一种替代方案，也可以用 RSA 算法代替 DSS 算法。也就是 RSA 算法与 SHA-1 或 MD5 消息摘要算法一起使用，来生成消息的签名。

数字签名是一个二进制串。以二进制串的形式在 Internet 电子邮件系统中发送邮件时，可能会导致邮件内容的意外更改。原因是某些电子邮件软件会尝试通过查找控制字符（如换行符）来解释消息的内容。为了保护数据，S/MIME 使用称为 Radix-64 或 Base64 的编码方案，将签名或签名加消息映射成可打印的 ASCII 字符。Base64 编码方案将 3 个字节的二进制数据映射为 4 个 ASCII 字符。

2. 封装数据

用于加密 S/MIME 消息的默认算法是 3DES 和称为 ElGamal 的公钥密码方案。ElGamal 是一种基于 Diffie-Hellman 密钥交换算法的公钥密码算法。首先，S/MIME 生成一个伪随机密钥，这个密钥用于使用 3DES 或一些其他的常规加密方案加密消息。在任何常规的加密应用中，必须解决密钥分发的问题。在 S/MIME 中，每个密钥仅使用一次。也就是说，对每个新消息加密时都需要产生一个新的伪随机密钥。这个会话密钥被绑定到消息上并和它一起传输。不过该会话密钥已经使用 ElGamal 算法并利用接收者的 ElGamal 公钥进行了加密。在接收端，S/MIME 使用接收者的 ElGamal 私钥来恢复会话密钥，然后使用会话密钥和 3DES 算法来恢复明文消息。

与数字签名一样，加密后的消息和会话密钥是二进制串，需要使用 Base64 编码方案将其转换为 ASCII 格式。

从前面的讨论可以看出来，无论是签名还是封装数据，S/MIME 的使用依赖于公钥证书。S/MIME 使用符合国际标准 X.509 v3 的证书。

7.4 DKIM

DKIM（DomainKeys Identified Mail，域名密钥识别邮件）是一种用于电子邮件签名的规范，它允许一个签名的域名声明对邮件流中的某个邮件负责。邮件接收者（或代表他们的代理人）可以通过直接查询签名者的域名来找到对应的公钥，进而验证签名，从而可以确认该邮件是由拥有签名域名的私钥的一方证明的。DKIM 是一个建议的 Internet 标准。DKIM 已被一系列电子邮件提供商广泛采用，包括很多企业、政府机构、Gmail、雅虎和许多互联网服务提供商（ISP）。

7.4.1 Internet 邮件体系结构

要理解 DKIM 的操作，有必要对 Internet 邮件体系结构有一个基本的了解。在最基本的层面上，Internet 邮件体系结构包括一个邮件用户代理（Message User Agents，MUA）形式的用户区和一个邮件处理服务（Message Handling Service，MHS）形式的传输区。MHS 由邮件传输代理（Message Transfer Agents，MTA）组成。MHS 接收来自一个用户的邮件并将其传递给一个或多个其他用户，从而创建一个虚拟的 MUA 到 MUA 的交换环境。该体系结构包括 3 种类型的互操作。直接在用户之间的互操作：邮件必须由代表邮件作者的 MUA 格式化，以便邮件可以由目的 MUA 显示给邮件接收者。MUA 和 MHS 之间也有互操作要求——当消息从 MUA 发布到 MHS 时及稍后从 MHS 发送到目的地 MUA 时。沿着 MHS 传输路径的 MTA 组件之间也有互操作要求。

图 7-6 说明了 Internet 邮件体系结构的关键组件，包括：

邮件用户代理（Message User Agent，MUA）：代表用户和用户应用程序工作。在邮件服务中 MUA 是用户的代理。通常，该组件位于用户的计算机中，并被称为客户端邮件程序或本地网络邮件服务器。发送方 MUA 格式化邮件并通过 MSA 把邮件提交到 MHS。接收方 MUA 处理接收的邮件，以便存储或显示给收件人。

邮件提交代理（Mail Submission Agent，MSA）：接受 MUA 提交的邮件，并执行托管域的策略和 Internet 标准的要求。该组件可以和 MUA 位于同一个地方，也可以作为独立的功能模块。在后一种情况下，MUA 和 MSA 之间使用简单邮件传输协议（SMTP）。

邮件传输代理（Message Transfer Agent，MTA）：为一个应用级跃点转发邮件。它就像一个数据包交换机或 IP 路由器，它的工作是进行路由评估并将邮件传送到更接近接收者的地方。转发是通过一系列的 MTA 执行的，直到邮件到达目的 MDA。MTA 也会将邮件经过的路径信息添加到邮件头。在 MTA 之间，以及 MTA 和 MSA 或 MDA 之间，使用 SMTP。

邮件投递代理（Mail Delivery Agent，MDA）：负责将邮件从 MHS 传输到 MS。

邮件存储（Message Store，MS）：用于长久保存邮件。MS 可以位于远程服务器上，也可以位于与 MUA 相同的机器上。通常，MUA 使用 POP(Post Office Protocol)或 IMAP((Internet Message Access Protocol)从远程服务器检索邮件。

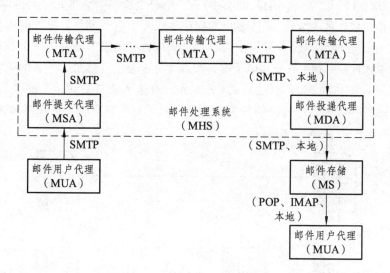

图 7-6　Internet 邮件体系结构

还需要定义另外两个概念。一个是行政管理域（Administrative Management Domain，ADMD），它是一个 Internet 电子邮件提供者。这样的例子包括一个运营本地邮件转发（MTA）的部门，一个运营企业邮件转发的 IT 部门，以及一个运营公共共享电子邮件服务的 ISP。每一个 ADMD 都可以有不同的运营策略和基于信任的决策。一个明显的例子是，在组织内部交换的邮件与在独立组织之间交换的邮件之间的区别。处理这两种类型的网络流量的规则往往是完全不同的。另外一个概念是域名系统（Domain Name System，DNS）。DNS 是一种目录查找服务，它提供了 Internet 上主机域名与其 IP 地址之间的映射。

7.4.2 DKIM 策略

DKIM 旨在提供对最终用户透明的电子邮件身份验证技术。本质上，用户的电子邮件是用其所来自的管理域的私钥签名的。签名涵盖了消息的所有内容和一些 RFC 5322 消息头（RFC 5322 基于 RFC 822，定义了一种用于电子邮件的文本消息格式，也是传统的电子邮件格式）。在接收端，MDA 可以通过 DNS 获得相应的公钥并验证签名，从而验证该消息来自所声明的管理域。因此，来自其他地方但却声称来自给定域的邮件将无法通过身份验证测试，并会被拒绝。该方法与 S/MIME 的方法不同，后者使用发送者的私钥对消息内容进行签名。DKIM 的动机基于以下理由：

（1）S/MIME 依赖于使用 S/MIME 的发送者和接收者。对于几乎所有用户，大量传入邮件并没有使用 S/MIME，并且用户想要发送的大部分邮件是发送给没有使用 S/MIME 的收件人。

（2）S/MIME 仅签署消息内容。因此，涉及邮件来源的 RFC 5322 头信息可能会受到破坏。

（3）DKIM 并不在客户端程序（MUA）中实现，因此对用户透明；用户不需要做任何操作。

（4）DKIM 适用于来自有协作关系的域的所有邮件。

（5）DKIM 允许真实的发件人证明他们确实发送了特定的邮件，并防止伪造者伪装成真实的发件人。

图 7-7 是 DKIM 操作的一个简单示例。首先，用户生成一个消息并将其传输到 MHS 中的一个位于用户管理域内的 MSA。邮件客户端程序生成一个电子邮件。邮件的内容加上选定的 RFC 5322 头，由电子邮件提供者使用提供者的私钥进行签名。签名者与一个域相关联，这个域可以是公司本地网络、ISP 或公共电子邮件设施（如 gmail）。然后，签名的邮件经过一系列的 MTA 在 Internet 上传输，最后抵达目的地。在此，MDA 检索并获得传入的签名对应的公钥，用该公钥验证邮件的签名，然后将邮件传递到目标电子邮件客户端。默认签名算法是 RSA 和 SHA-256，也可以使用 RSA 和 SHA-1。

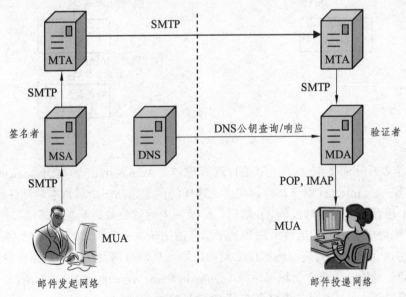

图 7-7　DKIM 部署的简单例子

7.5　IP 安全

7.5.1　IP 安全概述

Internet 团体在很多应用领域中开发了特定应用的安全机制，包括电子邮件（S/MIME）、客户端/服务器应用（Kerberos）、Web 访问（SSL/TLS）等。但是，用户有时会遇到一些跨越协议层的安全问题。例如，一个企业可以通过，禁止链接到不受信任的站点、加密离开企业网络数据包，以及验证进入企业网络的数据包，来运行安全的专用 TCP/IP 网络。通过在 IP 层上实施安全，一个组织不仅可以保证具有安全机制的应用的安全，也能保证许多没有安全机制的应用的安全。

为了解决这些问题，Internet 体系结构委员会（Internet Architecture Board，IAB）将身份验证和加密作为必要的安全功能包含在下一代 IP 中，这些功能已经随 IPv6 发布了。另外，这些安全功能被设计为在 IPv4 中也可以使用。

IP 层安全包括 3 个功能：身份验证、机密性和密钥管理。身份验证机制确保接收到的数据包，的确是包头中的源地址标识的一方发送的。此外，该机制也保证数据包在传输过程中未被更改。机密性功能使通信节点能够加密消息，以防止第三方窃听。密钥管理功能负责密钥的安全交换。当前版本的 IPSec 称为 IPsecv3，包含身份验证和机密性。密钥管理由 Internet 密钥交换标准 IKEv2 提供。

接下来首先简要介绍一下 IP 安全（IPSec）和 IPSec 体系结构，然后学习一些技术细节。

1. IPSec 的应用

IPSec 提供了保护 LAN、私有和公共 WAN 及 Internet 上的通信的能力。以下是使用 IPSec 的一些例子：

（1）分支机构通过 Internet 安全接入：公司可以在 Internet 上或公共 WAN 上构建一个安全的虚拟专用网（VPN）。这使得公司能够更加依赖 Internet，减少对专用网络的需求，从而能够节省成本和网络管理开销。

（2）通过 Internet 进行安全远程访问：如果系统配置了 IPSec 协议，用户可以向 Internet 服务提供商（ISP）提出请求，来获得对公司网络的安全访问。这降低了出差员工和远程办公人员的通行费。

（3）与合作伙伴建立企业网络之间和企业内部网络的连接：IPSec 可用于保护与其他组织的通信，确保身份验证和机密性，并提供密钥交换功能。

（4）增强电子商务安全性：尽管某些 Web 和电子商务应用程序具有内置的安全协议，但使用 IPSec 可增强其安全性。

使得 IPSec 能够支持这些不同应用的主要特征是，它可以在 IP 层对所有的流量进行加密和验证。因此，IPSec 能够保护所有分布式应用，包括远程登录、客户端/服务器、电子邮件、文件传输、Web 访问等。

2. IPSec 的优点

（1）当 IPSec 在防火墙或路由器中实施时，它会对通过网络边界的所有通信流量提供强大的保护。公司或工作组内的通信流量不会产生与安全相关的处理开销。

（2）如果来自外部的所有流量必须使用 IP，并且防火墙是从 Internet 进入组织的唯一入口，则防火墙中的 IPSec 可以防止被绕过。

（3）IPSec 在传输层（TCP、UDP）之下，因此对所有应用都是透明的。在防火墙或路由器中实施 IPSec 时，无须更改用户或服务器系统上的软件。即使 IPSec 在终端系统中实施，上层软件（包括应用程序）也不会受到影响。

（4）IPSec 对终端用户可以是透明的。因此，无须培训用户如何使用 IPSec。

（5）如果需要，IPSec 可以为个人用户提供安全性。这对于场外工作人员很有用，对于在组织内部为敏感的应用程序设置一个安全的虚拟子网也非常有用。

（6）在需要互联的路由体系中，IPSec 可以保证：路由广播（新的路由器公告它的存在）来自授权的路由器；邻居广播（路由器试图建立或维护与其他路由域中的路由器的邻居关系）来自授权的路由器；重定向消息来自于初始数据包所发送到的路由器；路由更新无法伪造。

7.5.2 IPSec 的内容

IPSec 提供了两个主要的功能：一个是组合的认证/加密功能，称为封装安全载荷（Encapsulating Security Payload，ESP），一个是密钥交换功能。对于虚拟专用网络，通常需要认证和加密功能，因为它对于确保未经授权的用户不会进入虚拟专用网络和确保 Internet 上的窃听者无法读取虚拟专用网络上发送的消息是非常重要的。还有一个仅认证功能，使用认证头（Authentication Header，AH）来实现。由于 ESP 也提供了消息认证功能，所以 AH 的使用已被废弃。IPsecv3 中包含有 AH，但只是为了实现向后兼容，不应在新的应用中使用它。

密钥交换功能允许手动交换密钥，也允许自动交换密钥。IPSec 规范非常复杂，涵盖了大量的规范文档。

本节仅介绍了 IPSec 的一些最重要的要素。

7.5.3 安全关联

安全关联（Security Association，SA）是 IPSec 的认证和机密性机制中的一个关键概念。关联是发送方和接收方之间的单向关系，它为其上承载的流量提供安全服务。如果需要保护双向通信流量，则需要两个 SA，每个方向上一个。

一个 SA 由 3 个参数唯一标识：

（1）安全参数索引（Security Parameter Index，SPI）：一个分配给此 SA 且仅在本地有意义的比特串。SPI 位于 ESP 头中，使接收系统能够选择对应的 SA 来处理接收的数据包。

（2）IP 目的地址（IP Destination Address）：这是 SA 的目的端点的地址。目的端可以是终端用户系统，也可以是网络系统，如防火墙或路由器。

（3）协议标识符（Protocol Identifier）：它指示该关联是一个 AH SA，还是一个 ESP SA。

因此，在任何 IP 包中，SA 由 IPv4 或 IPv6 头中的目的地址和扩展头（AH 或 ESP）中的 SPI 唯一标识。

在每个 IPSec 实现中，都有一个安全关联数据库（Security Association Database，SAD），该数据库定义了与每个 SA 相关的参数。SAD 中的 SA 包括以下参数：

（1）序列号计数器（Sequence Number Counter）：一个 32 bit 的值，用于生成 AH 或 ESP 头中的序列号字段。

（2）序列计数器溢出（Sequence Counter Overflow）：一个标志，指示序列号计数器的溢出是否应生成可审计事件，并阻止在此 SA 上继续传输数据包。

（3）抗重放窗口（Antireplay Window）：用于确定入站的 AH 或 ESP 数据包是否为重放的数据包。它是通过定义一个序列号必须落在其内的滑动窗口实现的。

（4）AH 信息：AH 使用的认证算法、密钥、密钥生存期和相关参数。

（5）ESP 信息：ESP 使用的加密和认证算法、密钥、初始值、密钥生存期和相关参数。

（6）安全关联的生存期：一个时间间隔或字节计数值，加上一个动作指示。超过时间间隔或计数值之后，SA 必须用新的 SA（和新的 SPI）替换或终止。动作即指替换或终止 SA。

（7）IPSec 协议模式（IPSec Protocol Mode）：隧道模式、传输模式或通配符模式（所有实现都需要）。这些模式将在本节后面讨论。

（8）最大传输单元路径（Path MTU）：最大传输单元（不需要分段传输的数据包的最大长度）路径和老化变量（所有实现都需要）。

用于分发密钥的密钥管理机制仅通过 SPI 与认证和保密机制相结合。因此，认证和保密机制被规定为与任何特定的密钥管理机制无关。

7.5.4　封装安全载荷

封装安全载荷（Encapsulating Security Payload，ESP）提供机密性服务，包括消息内容的机密性和有限的流量机密性。作为可选功能，ESP 还可以提供身份验证服务。

图 7-8 显示了 ESP 数据包的格式。它包含以下字段：

（1）安全参数索引 SPI（32 bit）：标识一个安全关联 SA。

（2）序列号（32 bit）：一个单调递增的计数值。

（3）载荷数据（Payload Data）（可变）：这是受加密保护的传输层的段（传输模式）或 IP 数据包（隧道模式）。

（4）填充（Padding）（0～255 B）：如果加密算法要求明文是某些八位字节的倍数，则可能需要对明文进行填充。

（5）填充长度（Pad Length）（8 bit）：表示前面填充字段的填充字节数。

（6）邻接头（Next Header）（8 bit）：通过识别载荷数据字段中的第一个头，来识别包含在那个载荷中的数据类型。例如，IPv6 中的扩展头或诸如 TCP 的上层协议。

（7）完整性校验值（Integrity Check Value，ICV）（可变）：一个长度可变的字段（必须是 32 bit 字的整数倍），包含完整性校验值 ICV。ICV 的计算量为 ESP 数据包中除认证数据字段外的其他部分。

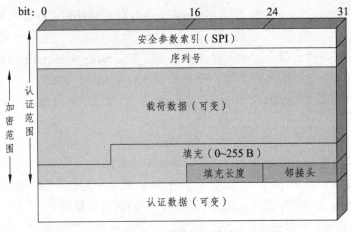

图 7-8　IPSec ESP 格式

7.5.5　传输模式和隧道模式

ESP 支持两种使用模式：传输模式和隧道模式。

1. 传输模式

传输模式（Transport Mode）主要为上层协议提供保护。也就是说，传输模式保护 IP 包的载荷。例子包括 TCP 段或 UDP 段，在协议栈中二者都位于 IP 之上，如图 7-9 所示。通常，传输模式用于两个主机（例如，客户端和服务器，或两个工作站）之间的端到端通信。当主机在 IPv4 上运行 ESP 时，载荷通常是跟在 IP 头之后的数据。对于 IPv6，载荷通常则是跟在 IP 头和存在的任何 IPv6 扩展头之后（目标选项头除外）的数据。

传输模式下的 ESP，加密并可选地验证 IP 载荷，但不包括 IP 头。

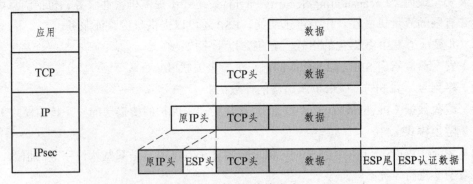

图 7-9　ESP 的传输模式

2. 隧道模式

隧道模式为整个 IP 数据包提供保护。为实现这一点，在将 ESP 字段添加到 IP 包之后，把整个包加上安全字段看成是带有新的 IP 头的新的外部 IP 包的载荷，如图 7-10 所示。整个原来的（内部的）包，通过一个隧道从 IP 网络的一个节点传播到另一个节点；沿途的路由器不会检查内部 IP 头。由于原始的数据包被封装，新的较大的数据包可能具有完全不同的源和目标地址，从而增加了安全性。当安全关联的一端或两端是安全网关（例如，实施了 IPSec 的防火墙或路由器）时，可以使用隧道模式。在隧道模式下，防火墙之后的网络上的许多主机都可以进行安全通信，而无须实施 IPSec。由这些主机生成的未受保护的数据包，通过由隧道模式 SA 创建的隧道在外部网络中传输。这里的隧道模式 SA，是由位于本地网络边界的防火墙或安全路由器中的 IPSec 软件所建立的。

这里有一个隧道模式 IPSec 如何运行的例子。一个网络上的主机 A 产生了一个数据包，其目的地址是另一个网络上的主机 B。这个数据包从主机 A 路由到 A 所在的网络的边界的防火墙或安全路由器。该防火墙过滤所有传出的数据包，以确定是否需要进行 IPSec 处理。如果这个从 A 到 B 的数据包需要进行 IPSec 处理，则防火墙执行 IPSec 处理并用一个外部 IP 头封装这个数据包。该外部 IP 数据包的源 IP 地址是这个防火墙，目标地址可能是形成 B 的本地网络边界的防火墙。这个数据包现在路由到 B 的防火墙，中间的路由器仅检查外部 IP 头。在 B 的防火墙上，外部 IP 头被剥离，内部数据包被传送到 B。

隧道模式下的 ESP，加密并可选地验证整个内部 IP 数据包，包括内部 IP 头。

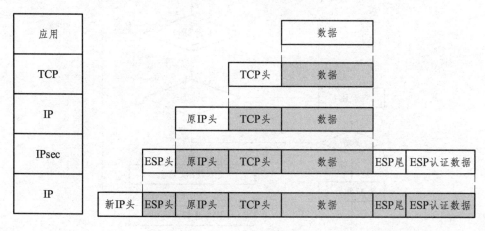

图 7-10　ESP 的隧道模式

7.5.6　IPSec 的工作过程

工作中的 IPSec 包含 4 类组件：

（1）IPSec 进程本身：验证头协议 AH 或封装安全载荷协议 ESP。

（2）Internet 密钥交换协议（Internet Key Exchange，IKE）：进行安全参数协商。

（3）SA 数据库（SA Database，SAD）：用于存储安全关联（SA，Security Association）等安全相关参数。

（4）安全策略数据库（Security Policy Database，SPD）：用于存储安全策略。

IPSec 的工作过程类似于包过滤防火墙。IPSec 是通过查询安全策略数据库 SPD 来决定接收到的 IP 包的处理，但不同于包过滤防火墙的是，IPSec 对 IP 数据包的处理方法除了丢弃、直接转发（绕过 IPSec）外，还有进行 IPSec 的处理。进行 IPSec 处理意味着对 IP 数据包进行加密和认证，保证了在外部网络传输的数据包的机密性、真实性和完整性，使通过 Internet 进行安全的通信成为可能。

1. 出站数据包的处理

对于出站数据包，传输层的数据包进入 IP 层，然后按以下步骤处理（见图 7-11）：

（1）查找合适的安全策略。从 IP 包中提取出"选择符"来检索 SPD，找到该 IP 包所对应的出站策略，然后用此策略决定对该 IP 包如何处理：绕过安全服务以普通方式传输此包或应用 IPSec。

（2）查找合适的 SA。根据策略提供的信息，在安全关联数据库 SAD 中查找为该 IP 包所应该应用的安全关联 SA。如果此 SA 尚未建立，则会调用 IKE，将这个 SA 建立起来。此 SA 决定了使用何种协议（AH 或 ESP），采用哪种模式（隧道模式或传输模式），以及确定了加密算法、验证算法、密钥等处理参数。

（3）根据 SA 进行具体处理。根据 SA 的内容，对 IP 包的处理将会有几种情况：使用隧道模式下的 ESP 或 AH 协议，或者使用传输模式下的 ESP 或 AH 协议。

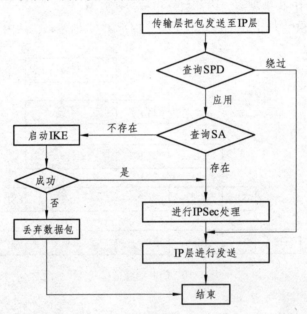

图 7-11　出站数据包的 IPSec 处理

2. 入站数据包的处理

对于入站的数据包，按以下步骤处理（见图 7-12）：

（1）IP 包类型判断：如果 IP 包中不包含 IPSec 头，将该包传递给下一层；如果 IP 包中包含 IPSec 头，会进入下面的处理。

（2）查找合适的 SA：从 IPSec 头中取出 SPI，从外部 IP 头中取出目的地址和 IPSec 协议，然后利用 SPI、目的地址和协议在 SAD 中搜索 SPI。如果 SA 搜索失败就丢弃该包。如果找到对应 SA，则转入以下处理。

（3）具体的 IPSec 处理：根据找到的 SA 对数据包执行验证或解密，进行具体的 IPSec 处理。

（4）策略查询：根据选择符查询 SPD，根据此策略检验 IPSec 处理的应用是否正确。最后，将 IPSec 头剥离下来，并将包传递到下一层。根据采用的模式的不同，下一层或者是传输层，或者是网络层。

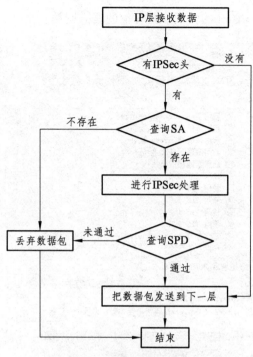

图 7-12　入站数据包的 IPSec 处理

7.6　实践练习

7.6.1　熟悉 HTTPS 的应用

HTTPS 是工作在 SSL/TLS 之上的 HTTP。当使用 HTTPS 访问 Web 站点时，SSL/TLS 会保护浏览器和 Web 服务器之间的通信。在浏览器向 Web 发出第一个 HTTP 请求之前，SSL/TLS 必须完成握手过程，以便协商出加密密钥，为随后的通信提供保护。在握手过程中，Web 服务器还会提供它自己的证书，而浏览器会验证这个证书。

（1）检查浏览器是否支持 SSL/TLS 或 HTTPS。

在 Windows 7 系统中，打开"控制面板"→"网络和 Internet"→"Internet 选项"→"高级"，拖动"设置"标签下的滚动条，直到显示出 SSL 和 TLS 字样，如图 7-13 所示。实际上，目前所有的浏览器都内置有 HTTPS 功能。

（2）访问证书受信任的 Web 网站。

当我们访问一个启用了 SSL/TLS 的网站时，URL 地址将以 https：//开头。这里以访问中国银行网站为例，来对与 HTTPS 相关的信息进行说明。以网址 http：//www.boc.cn/打开中国银行网站，在页面上选择"个人客户网银登录"，页面显示如图 7-14 所示。会发现地址栏已自动改成以 https：//开头了。图中还显示有"Bank of China Limited [CN] 由 DigiCert 识别"提示，那是鼠标指针停留在小锁所在的区域系统显示的信息。如果单击该区域，则弹出一个窗口，如图 7-15 所示。这些都在告诉用户，目前浏览器正在与中国银行网站进行加密通信，并且该网站的身份已经通过了 DigiCert 的验证，是可信的官方网站。

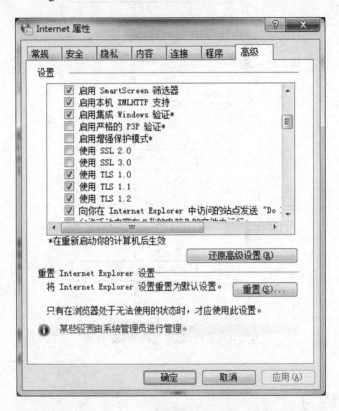

图 7-13　Internet 高级属性对话框中的 SSL/TLS

图 7-14　使用 IE 浏览器登录中国银行个人网银页面

图 7-15　小锁及附带的提示信息

如果单击图 7-15 中的"查看证书",则显示中国银行 Web 网站的证书信息,如图 7-16 所示。该证书的目的是保证远程计算机的身份,并且是由"DigiCert SHA2 Extended Validation Server CA"颁发的。这意味着"DigiCert SHA2 Extended Validation Server CA"的私钥对中国银行 Web 网站的证书进行了签名。选择"证书路径",如图 7-17 所示。

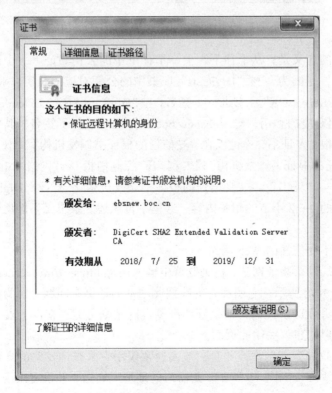

图 7-16　中国银行网站的证书的常规信息

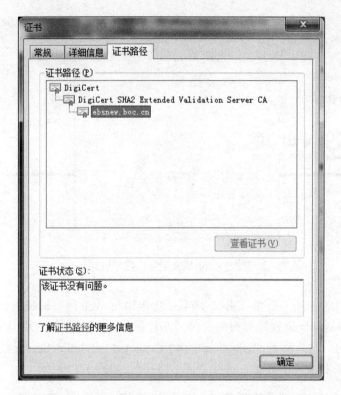

图 7-17　中国银行网站的证书的证书路径信息

这个证书路径的含义是，从上往下，上一个证书中的公钥验证下一个证书的有效性。之所以能够这样验证，是因为，与 "DigiCert" 证书中的公钥对应的私钥，对 "DigiCert SHA2 Extended Validation Server CA" 证书进行了签名；与 "DigiCert SHA2 Extended Validation Server CA" 证书中的公钥对应的私钥，对 "ebsnew.boc.cn" 证书进行了签名。其中，"DigiCert" 证书是受系统信任的根 CA 证书，你可以在 "受信任的根证书颁发机构" 中找到它。通过以下方法可以找到 "受信任的根证书颁发机构" 列表：打开 "控制面板" → "网络和 Internet" → "Internet 选项" → "内容" → "证书" → "受信任的根证书颁发机构"。查找 "DigiCert" 证书的具体方法可参考第 2 章的 2.6.2 小节的相关内容，这里不再累述。系统无条件地信任这个证书中的公钥。

（3）访问证书不受信任的 Web 网站。

访问国家税务局发票验证网站，在浏览器中输入网址 https：//inv-veri.chinatax.gov.cn/。IE 浏览器的显示如图 7-18 所示。它明确告诉我们此网站的证书有问题，因为该证书不是由系统受信任的颁发机构颁发的。此时，如果继续浏览该网站则可能存在以下安全风险：被欺骗或泄露敏感信息。所以它建议关闭此页面。

因为这是一个政府官方网站，并且一般人通常仅用它来查询发票的真伪，所以，这里选择 "继续浏览此网站"，如图 7-19 所示。此窗口的地址栏右边，并没有出现小锁，取而代之的是一个盾牌，文字明确显示 "证书错误"。单击 "证书错误" 区域，浏览器显示如图 7-20 所示。同样提醒该网站的证书不受本系统信任。

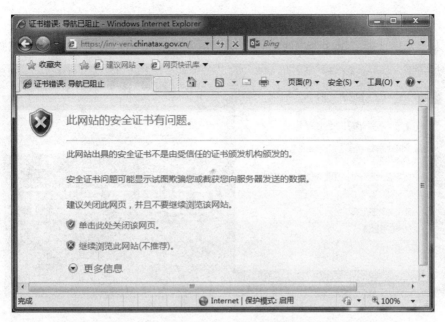

图 7-18　因网站证书不被识别导航被阻止

图 7-19　继续浏览证书不被信任的网站

　　下面让我们看一看，那个网站的证书为什么不受信任。单击图 7-20 中的"查看证书"，弹出一个证书对话框，如图 7-21 所示。提示"无法将这个证书验证到一个受信任的证书颁发机构"，换句话说，也就是本计算机系统中并没有一个受信任的证书颁发机构可以验证国家税务局发票验证网站的证书"inv-veri.chinatax.gov.cn"。单击"证书路径"，如图 7-22 所示。证书路径中的前两个并不是本计算机系统内置的受信任的证书颁发机构的证书，当然无法验证证书"inv-veri.chinatax.gov.cn"的真实性，所以它不被本系统信任。

最后，顺便提醒一下，根证书非常重要。不要轻易地安装来历不明的根证书，否则你的计算机会无条件信任那个根证书颁发的任何证书，这可能会给你带来很大的安全威胁。

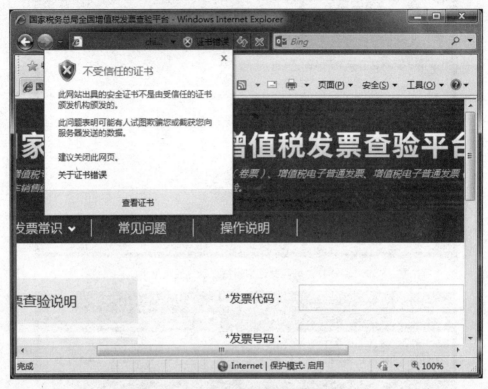

图 7-20　继续浏览证书不被信任的网站

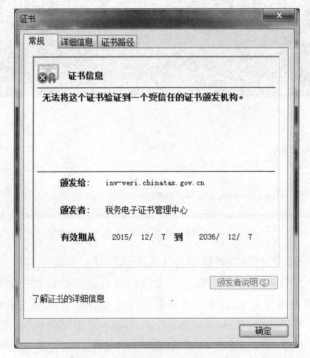

图 7-21　不被信任证书的常规信息

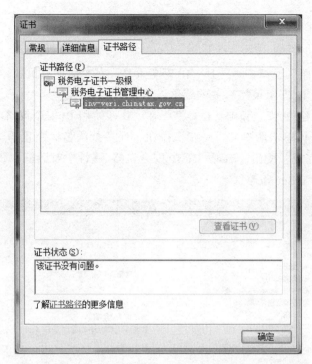

图 7-22　不被信任证书的证书路径信息

7.6.2　基于 IPSec 的安全通信设置

Windows 内置了 IP 安全策略（即 IPSec 策略），其 IPsec 是基于 Internet 工程任务组（IETF）IPSec 工作组的标准而开发的。

IPSec 可建立从源 IP 地址到目标 IP 地址的信任和安全。只有那些必须了解通信是安全的计算机才是发送和接收的计算机。每台计算机都假定进行通信的媒介是不安全的，因此在各自的终端上处理安全性。

IPSec 策略用于配置 IPSec 安全服务，支持 TCP、UDP、ICMP、EGP 等大多数通信协议，可为现有网络中的通信提供各种级别的保护，可以根据计算机、域、站点的安全需要来配置策略。

Windows 7 除了提供传统的 IPSec 策略，还提供了使用新的安全算法和新功能的新的 IPSec 策略。若要使用新的 IPSec 策略，请使用"高级安全 Windows 防火墙"管理单元。"高级安全 Windows 防火墙"管理单元创建的策略不能应用于较早版本的 Windows。

在 Windows 7 中，可以通过以下方法找到"IP 安全策略"：打开"控制面板"→"系统和安全"→"管理工具"→"本地安全策略"→"IP 安全策略"。使用这个 IP 安全策略，可为本地计算机配置 IP 安全策略。

下面，我们使用 IP 安全策略在两台主机之间为 ICMP 通信建立一条安全通道。假定正常情况下，这两个主机可以相互通信。主机 A 的 IP 地址是 192.168.0.3，主机 B 的 IP 地址是 192.168.0.4。

1. 分别在主机 A、B 上完成以下创建 IP 安全策略的操作

（1）创建新 IPSec 策略。

在"本地安全策略"窗口中，选择"IP 安全策略，在本地计算机"，然后在右侧窗格空白处单击右键，弹出与 IP 安全策略有关的菜单，如图 7-23 所示。

选择其中的"创建 IP 安全策略（C）..."，在"欢迎使用 IP 安全策略向导"对话框中，单击"下一步"按钮。再单击两次"下一步"按钮，保持默认名称并且不选择"激活默认响应规则"，然后单击"完成"按钮，出现"新 IP 安全策略 属性"对话框，如图 7-24 所示。可以按需要将规则添加到 IPSec 策略。

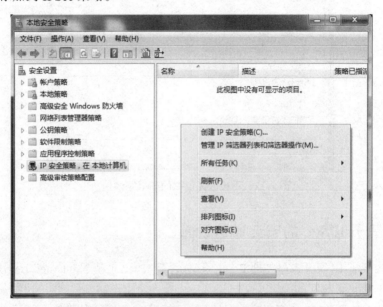

图 7-23　本地安全策略中的 IP 安全策略

图 7-24　IP 安全策略属性对话框

（2）为新建的 IPSec 策略添加规则。

在图 7-24 中单击"添加"按钮，进入"欢迎使用创建 IP 安全规则向导"，单击"下一步"按钮。在本练习中，我们实现的是两台主机之间的 IPSec 安全隧道，而不是两个网络之间的安全通信，因此，我们选择"此规则不指定隧道"，即选用传输模式 IPSec，如图 7-25 所示。

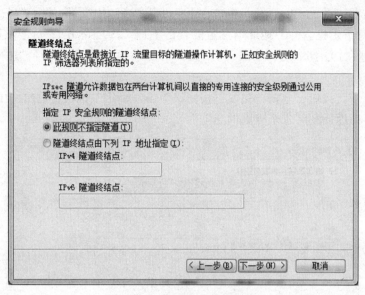

图 7-25　选择是否指定隧道

选择"连接类型"，单击"下一步"按钮。在"选择网络类型"的对话框中，要选择安全规则将要应用到的网络类型。安全规则可以应用到 3 种网络类型：所有网络连接、局域网（LAN）和远程访问。本练习中，我们选择"所有网络连接"，如图 7-26 所示。

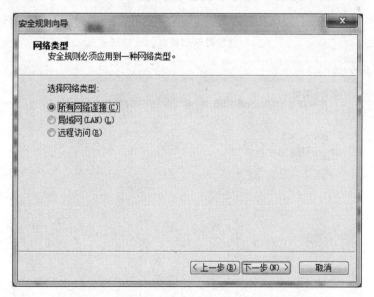

图 7-26　选择安全规则将要应用到的网络类型

单击"下一步"按钮，进入"IP 筛选器列表"对话框。注意，一个规则仅可使用一个筛选器列表。在"IP 筛选器列表"对话框中，我们来定制自己的筛选器操作。

单击"添加"按钮，在随后的对话框中，再次单击"添加"按钮来创建一个 IP 筛选器。进入"欢迎使用 IP 筛选器向导"，单击"下一步"按钮。在"IP 筛选器描述和镜像属性"的"描述"中，可自由添加对新增筛选器的解释信息，在这里输入"与同组主机进行安全的 ICMP 通信"，如图 7-27 所示。单击"下一步"按钮。

IP 通信源选择"我的 IP 地址"，单击"下一步"按钮。IP 通信目标选择"一个特定的 IP 地址或子网"。对于主机 A，IP 地址填写主机 B 的地址：192.168.0.4；对于主机 B，IP 地址填写主机 A 的地址：192.168.0.3，单击"下一步"按钮。IP 协议类型选择"ICMP"，如图 7-28 所示。

单击"下一步"按钮，单击"完成"按钮，单击"确定"按钮，退出"IP 筛选器列表"对话框。操作界面返回到"安全规则向导"。

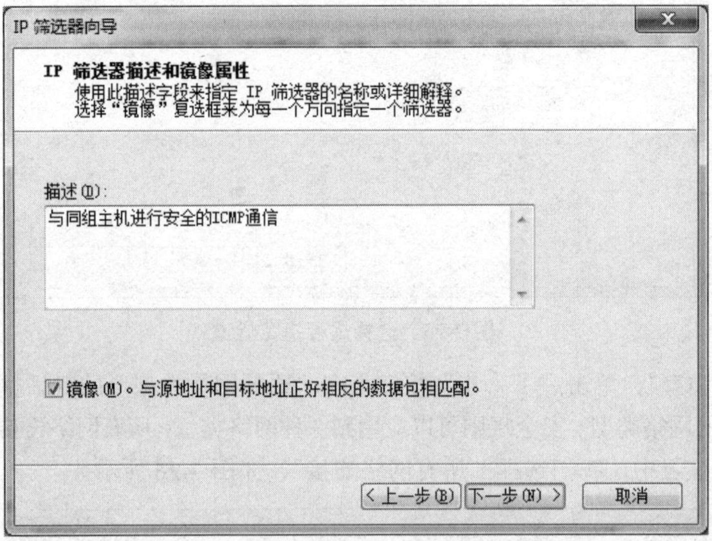

图 7-27　添加对新增筛选器的解释信息

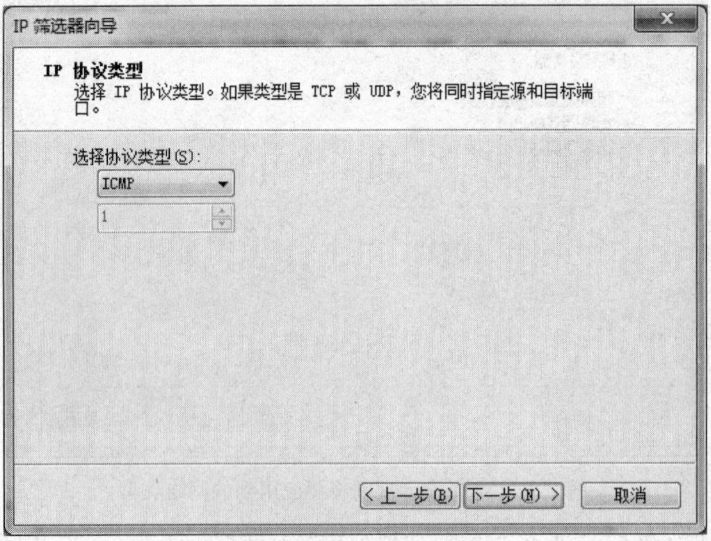

图 7-28　选择 IP 协议类型

在"IP 筛选器列表"中选中刚刚创建的"新 IP 筛选器列表",如图 7-29 所示,单击"下一步"按钮。

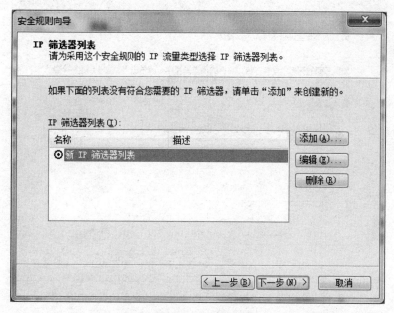

图 7-29 在"IP 筛选器列表"中选中"新 IP 筛选器列表"

在"筛选器操作"界面单击"添加"按钮新建筛选器操作,在弹出的"欢迎使用 IP 筛选器操作向导"界面中,单击"下一步"按钮。设置新的筛选器操作名称为"安全的 ICMP 通信",描述自定义,如图 7-30 所示,单击"下一步"按钮。

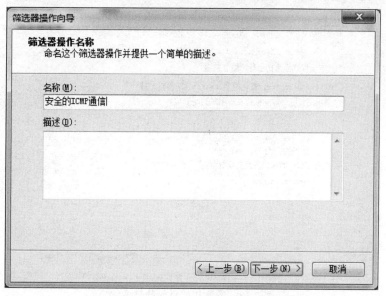

图 7-30 设置新的筛选器操作名称

在"筛选器操作常规选项"中选择"协商安全",单击"下一步"按钮。选中"不允许不安全的通信",单击"下一步"按钮。在"IP 流量安全"中,选择"完整性和加密",单击"下一步"按钮。最后单击"完成"按钮完成筛选器操作设置,返回到"安全规则向导"。

在"筛选器操作"列表中选中"安全的 ICMP 通信"，如图 7-31 所示，单击"下一步"按钮。

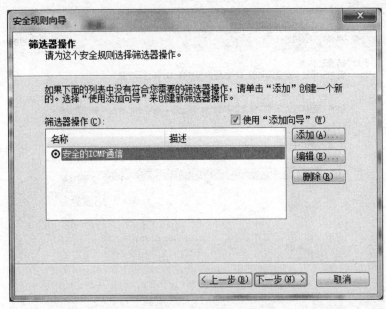

图 7-31　在"筛选器操作"列表中选中"安全的 ICMP 通信"

在"身份验证方法"界面，选中"使用此字符串保护密钥交换（预共享密钥）"，填写共享密钥"www.hbuas.edu.cn"（主机 A、主机 B 的共享密钥必须一致），如图 7-32 所示。单击"下一步"按钮，直至最终完成。

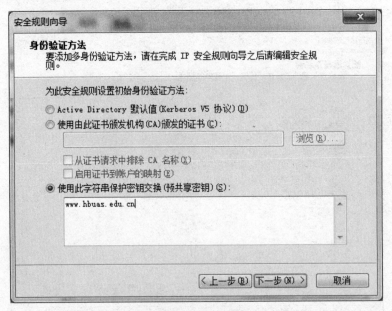

图 7-32　设置初始身份验证方法

新创建的 IPSec 策略将对 ICMP 包进行加密和完整性检验，并且不允许与没有对 ICMP 包进行加密和完整性检验的计算机通信。当两台计算机启用该 IPSec 策略进行 ICMP 通信时，它们之间会使用共享密钥"www.hbuas.edu.cn"验证彼此的身份。该策略并不影响其他协议的通信。

2. 测试 IPSec 策略

要使用已创建的 IPSec 策略，需要指派该策略。方法是：右键单击策略，然后单击"分配"。注意：一台计算机上每次只能分配一个策略。分配其他策略将自动取消当前已分配的策略。

（1）主机 A 不指派策略，主机 B 不指派策略。

主机 A 在 "cmd" 控制台中，输入以下命令：ping 192.168.0.4。命令及反馈如图 7-33 所示。说明主机 A、B 可以进行 ICMP 通信。这很正常，因为主机 A、B 并未启用刚创建的 IPSec 策略。

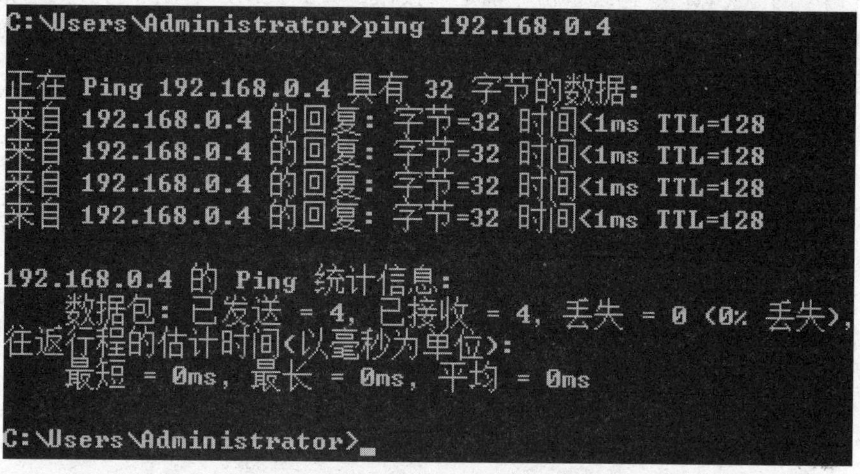

图 7-33   主机 A 可以 Ping 通主机 B

（2）主机 A 指派策略，主机 B 不指派策略。

主机 A 在 "cmd" 控制台中，输入如下命令：ping 192.168.0.4。命令及反馈如图 7-34 所示。说明主机 A、B 不能进行 ICMP 通信。原因是启用的 IPSec 策略禁止与没有对 ICMP 包进行加密和完整性检验的计算机通信。

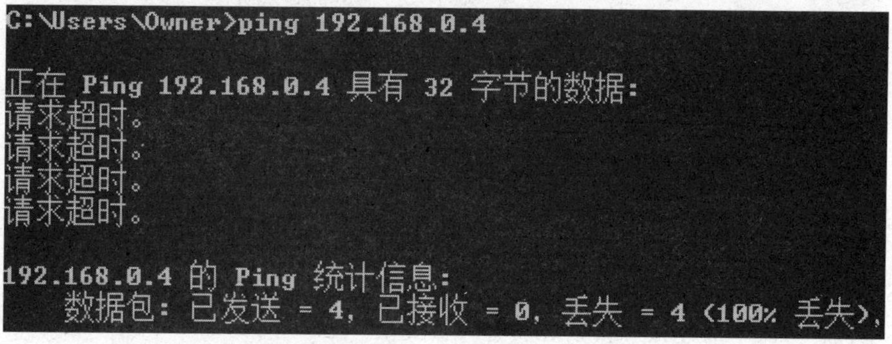

图 7-34   主机 A 不能 Ping 通主机 B

（3）主机 A 不指派策略，主机 B 指派策略。

主机 A 在 "cmd" 控制台中，输入如下命令：ping 192.168.0.4。命令及反馈如图 7-34 所示。说明主机 A、B 不能进行 ICMP 通信。原因同上。

（4）主机 A 指派策略，主机 B 指派策略。

主机 A 在 "cmd" 控制台中，输入如下命令：ping 192.168.0.4。命令及反馈与图 7-33 相似。说明主机 A、B 可以进行 ICMP 通信。原因是主机 A、B 都启用的 IPSec 策略，并且使用共同的密钥来验证身份。

如果使用协议分析软件对主机 A、B 之间的 ICMP 包进行分析，会发现它被加密了。

（5）主机 A 指派策略，主机 B 指派策略。但修改主机 A 中 IPSec 策略的"身份验证方法"，使之与主机 B 不一样。

右键单击"新 IP 安全策略"，选择"属性"。在随后的对话框的 IP 筛选器列表中，选择"新 IP 安全策略"，单击"编辑"按钮，选择"身份验证方法"标签，如图 7-35 所示。选择编辑，删除共享密钥中的"www"，连续单击"确定"按钮，直到关闭所有刚才打开的对话框。

主机 A 在"cmd"控制台中，输入如下命令：ping 192.168.0.4。命令及反馈如图 7-34 所示。说明主机 A、B 不能进行 ICMP 通信。原因是通信双方不能验证对方的身份。

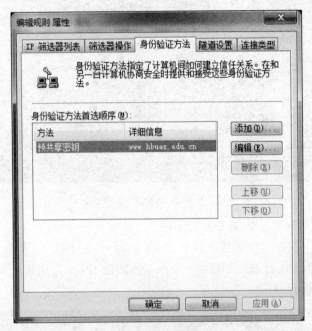

图 7-35 身份验证方法

习 题

1. SSL/TLS 包括哪些协议？这些协议之间有什么关系？
2. SSL/TLS 协议中的连接和会话之间有什么关系？
3. SSL/TLS 的记录协议提供了哪些安全服务？
4. SSL/TLS 的握手协议的功能是什么？请简单描述其执行过程。
5. 使用 SSL/TLS 协议的客户端和服务器之间是如何确定密码算法的？
6. 浏览器什么时候以 HTTPS 的方式访问 Web 站点？
7. 使用 HTTPS 时，浏览器和 Web 服务器之间的哪些内容将被加密？
8. 使用 HTTPS 时，TLS 握手和 HTTP 请求哪一个先发生？

9. HTTPS 中有 3 个级别的连接，请指出是哪 3 个级别。

10. S/MIME 提供了哪些安全服务？

11. S/MIME 中的签名和透明签名有什么区别？

12. 什么是 Base64 编码？为什么要在 S/MIME 邮件中使用 Base64 编码对某些内容进行转换？

13. 什么是 DKIM？它和 S/MIME 有什么不同之处？

14. DKIM 有哪些优势？

15. IPSec 提供了哪些安全服务？

16. 请给出一些 IPSec 的应用场景。

17. IPSec 具有哪些优点？

18. 什么是 SA？它通常包括哪些内容？

19. IPSec 协议中的传输模式和隧道模式有哪些区别？

20 请分别说明 IPSec 对入站数据包和出站数据包的处理过程。

第 8 章　无线网络安全及物联网安全

学习目标

....

（1）能够描述无线网络面临的安全威胁及防范措施。

（2）理解 IEEE 802.11 无线局域网的安全机制。

（3）了解移动设备的安全威胁并能描述其应对策略。

（4）了解物联网的安全威胁及应对策略。

（5）了解云计算的安全问题。

无线网络的出现是人类通信历史上最为深刻的变革之一。从最原始的模拟语音通信系统开始，经过 100 多年的发展演变，无线网络已经从初期的单一业务网络进化为目前覆盖各种无线通信技术（如 Wi-Fi、蓝牙、WiMAX、移动蜂窝技术、ZigBee 等）、面向众多应用领域、提供多样化服务的智能化综合通信系统。无线网络在迅速普及的同时，相应的安全问题也日益凸显。尽管本书前面讨论过的安全威胁和应对措施也适用于无线网络，但是无线环境也有其特有的安全问题。

本章首先简要介绍无线安全问题，然后介绍了 IEEE 802.11 无线局域网的安全。接着，探讨了企业中使用的移动设备的安全威胁和对策。无线通信技术在物联网中有着非常广泛的使用，而云计算也是物联网的一个重要组成部分，所以，本章最后对物联网安全和云计算安全进行了讨论。

8.1　无线网络安全

无线网络和使用它们的无线设备，带来了有线网络中并不存在的安全问题。与有线网络相比，导致无线网络面临更高安全风险的一些关键因素包括：

（1）信道：无线网络通常使用广播通信方式。与有线网络相比，它更容易受到窃听和干扰。无线网络也更容易受到利用通信协议漏洞的主动攻击。

（2）移动性：无线设备通常比有线设备更便于携带和移动，这种移动性会导致许多风险。后面将会谈到。

（3）资源：某些无线设备（如智能手机和平板电脑）具有复杂的操作系统，但其内存和计算资源有限。这可能导致其无法有效抵御包括 DoS 和恶意软件在内的攻击。

（4）易接近性（Accessibility）：某些无线设备（如传感器和机器人）可能被安置在无人值守的偏远地区和敌方区域。这大大增加了它们遭受物理攻击的可能性。

简单来说，无线环境的 3 个组件，即无线客户端、无线接入点和传输媒介，都可能会遭到攻击。无线客户端可以是手机、支持 Wi-Fi 的笔记本或平板电脑、无线传感器、蓝牙设备等。无线接入点为无线客户端提供了与网络或服务的连接。接入点可以是手机基站、Wi-Fi 热点、或与有线局域网或广域网相连的无线接入点。传送无线电波，从而完成数据传输的传输媒介，也是一个安全隐患。

8.1.1　无线网络的安全威胁

（1）意外关联：连接到有线局域网（LAN）的无线局域网（Wireless LAN，WLAN）的传输范围可能会重叠，这可能会导致一个打算通过无线接入点连接到某个 LAN 的用户无意中连接到另一个 LAN。而这会将 LAN 的资源暴露给外来用户。

（2）恶意关联：攻击者将无线设备配置为合法的接入点，当粗心的合法用户通过它接入网络时，攻击者就可以窃取他们的口令，然后利用这些口令通过合法的无线接入点进入到有线网络。

（3）Ad hoc 网络：Ad hoc 网络是一种点对点网络，无线设备之间并没有接入点。由于缺乏集中的控制点，这类网络可能会有一定的安全威胁。

（4）非传统网络：非传统的网络和链接，如个人网络中的蓝牙设备、条码阅读器和手持 PDA，在窃听和欺骗方面都存在着安全风险。

（5）身份盗用（MAC 欺骗）：当攻击者能够窃听网络流量，并能够识别具有网络特权的计算机的 MAC 地址时，就会发生身份盗用。攻击者利用工具将自己的 MAC 地址修改为具有特权的 MAC 地址，然后访问网络资源。

（6）中间人攻击：一个中间人攻击的例子：假如 Alice 和 Bob 通过电子邮件进行通信，而 Darth 拦截了他们之间的邮件并让这些邮件不能到达对方的邮箱，Darth 就可以假装 Alice 来与 Bob 通信，假装 Bob 与 Alice 通信。从更广的意义上来讲，这种攻击需要让用户和接入点相信他们正在直接地相互通话，而实际上他们的通信经过了中间攻击设备，并且被修改过。无线网络特别容易受到此类攻击。

（7）拒绝服务（DoS）攻击：在无线网络环境中，当攻击者使用旨在消耗系统资源的各种协议消息持续地轰击无线接入点或其他可访问的无线端口时，就会发生 DoS 攻击。无线环境更容易受到此类攻击，因为攻击者很容易向无线目标发送各种消息。

（8）网络注入（Network Injection）攻击：网络注入攻击针对有非过滤的网络流量（如路由协议消息或网络管理消息）的无线接入点。这种攻击的一个例子是使用伪造的重新配置命令来影响路由器和交换机，以降低网络性能。

8.1.2　无线网络的安全措施

以下分别从无线传输、无线接入点和无线设备 3 个方面介绍了防护措施。

1. 确保无线传输安全

无线传输的主要威胁是窃听、更改或插入消息及 DoS 攻击。防御窃听的有效对策有两种：

（1）信号隐藏技术：可以采取一系列措施，使攻击者更难以定位到无线接入点，包括关闭无线接入点的服务单元标识符（Service Set Identifier，SSID）广播；为 SSID 分配含义模糊的名字；在保证必要的信号覆盖范围的情况下，尽量降低信号强度；将无线接入点放置在建筑物内部，并且远离窗户和外墙。另外，通过使用定向天线和信号屏蔽技术还可以实现更高的安全性。

（2）加密：在密钥没有泄露的前提下，加密所有的无线传输可以有效地防止窃听。

防止更改或插入消息的标准做法，是使用加密和认证协议。

对于针对无线传输的 DoS 攻击，除了第 4 章讨论过的防御方法外，还可以这样做：通过现场勘测来检测使用相同频率范围的其他设备，以帮助确定无线接入点的位置；通过调整信号强度和屏蔽信号，来尽量将自己的无线环境与其他无线信号隔离开来。

2. 保护无线接入点

无线接入点的主要威胁是未经授权的网络访问。防止未授权访问的主要方法是使用 IEEE 802.1X 标准，实现基于端口的网络访问控制。这个标准为希望连接到 LAN 或无线网络的设备提供了身份验证机制。使用 IEEE 802.1X 可以防止恶意接入点和其他未经授权的设备成为不安全的后门。

3. 保护无线设备

这里的无线设备指无线路由器和无线终端。方法如下：

（1）使用加密。无线路由器通常内置了加密机制，用于路由器到路由器之间的流量加密。

（2）使用防病毒、反间谍软件和防火墙。应该在所有无线终端上启用这些功能。

（3）关闭路由器标识符广播。默认情况下，无线路由器通常被配置为启用标识符广播，从而让无线信号范围内的任何设备可以检测到它的存在。如果事先在授权的设备上设置好路由器标识符，则可以关闭标识符广播，以阻止攻击者进入网络。

（4）更改路由器标识符，不使用默认的标识符。同样地，这样做可以阻止攻击者使用默认的路由器标识符进入无线网络。

（5）更改路由器预设的管理员口令。这样可以防止攻击者进入路由器配置界面，修改路由器的配置。

（6）仅允许特定的无线设备访问无线网络。将路由器配置为仅与指定的 MAC 地址通信。当然，MAC 地址可能是伪造的，所以这只是安全策略的一个要素。

8.2 IEEE 802.11 无线局域网安全

IEEE 802.11 是一种无线局域网标准。IEEE 802.11 第一个版本发布于 1997 年，其中定义了介质访问接入层（MAC）和物理层。物理层定义了工作在 2.4 GHz 的 ISM 频段上的两种无线调频方式和一种红外传输方式,总数据传输速率为 2 Mbit/s。两个设备之间可以直接通信(Ad hoc 模式),也可以在基站(Base Station, BS)或者接入点(Access Point, AP)的协调下进行通信。

1999 年增加了两个补充版本。IEEE 802.11a 定义了一个在 5 GHz ISM 频段上的数据传输速率可达 54 Mbit/s 的物理层,IEEE 802.11b 定义了一个在 2.4 GHz 的 ISM 频段上的数据传输速率高达 11 Mbit/s 的物理层。因为 2.4 GHz 的 ISM 频段为世界上绝大多数国家通用,所以 IEEE 802.11b 成为第一个被业界普遍接受的标准。

尽管 IEEE 802.11b 的产品都是基于同一个标准,但是不同供应商的产品之间并不总是能够顺利连接。为了解决这一问题,1999 年成立了名为无线以太网兼容性联盟(Wireless Ethernet Compatibility Alliance)的工业团体。该组织后来改名为 Wi-Fi(Wireless Fidelity)联盟。Wi-Fi 联盟创建了一个测试套件,来对 802.11b 产品进行互操作性认证,并用术语 Wi-Fi 来表示通过认证的 802.11b 产品。Wi-Fi 认证已经扩展到了 802.11g 产品。

除了认证产品的互操作性,Wi-Fi 联盟还为 IEEE 802.11 安全标准制定了认证过程,称为 Wi-Fi 保护访问(Wi-Fi Protected Access, WPA)。WPA 的最新版本(称为 WPA2)包含 IEEE 802.11i WLAN 安全规范的所有功能。

下面是一些 IEEE 802.11 的相关术语:

(1)工作站(Station):任何包含符合 IEEE 802.11 标准的 MAC 和物理层的设备,通常是无线终端或客户端。

(2)基本服务单元(Basic Service Set, BSS):由一个协调功能控制的一组工作点。例如,一个包含了若干客户端的无线局域网就是一个 BSS。

(3)接入点(Access Point, AP):指任何具有工作站功能,并通过无线介质为连接的工作站提供对分布系统 DS 访问的实体。AP 相当于无线路由器。

(4)分布系统(Distribution System, DS):一个用于互连一组 BSS 和完整的 LAN,以创建一个扩展服务单元 ESS 的系统。DS 可以是交换机、有线网络,也可以是无线网络。典型的 DS 是有线网络。

(5)扩展服务单元(Extended Service Set, ESS):一个 BSS 或多个互连的 BSS 和集成的 LAN 构成的系统,并且,对于与其中一个 BSS 连接的任何工作站的 LLC 层看来,这个系统看上去就像单一的 BSS。

8.2.1　IEEE 802.11 网络组件和结构模型

一个无线局域网的最小构建模块是一个基本服务单元(BBS),它由执行相同 MAC 协议并竞争访问同一共享无线介质的无线工作站组成。一个 BSS 可以是独立的,或者也可以通过接入点(AP)连接到主干分布系统(DS)。AP 用于转发数据包。在一个 BSS 中,客户端工作站之间不直接进行通信,而需要借助 AP 来完成通信。类似地,一个 BSS 中的客户端要与另一个远程的 BSS 中的客户端进行通信的话,它需要把数据包发送到本地 AP,经过 DS 转发到远程 BSS 的 AP,再发送给目的客户端。

当 BSS 中的所有工作站是彼此直接通信(不使用 AP)的移动客户端时,这个 BSS 被称为独立的基本服务单元(Independent BSS, IBSS)。IBSS 通常是 Ad hoc 网络。

图 8-1 给出了一个简单的 IEEE 802.11 结构模型，它其实也是一个扩展服务单元（ESS），其中每个工作站（无线客户端）属于一个 BSS；也就是说，每个工作站仅在同一 BSS 内的其他工作站的无线传输范围内。两个 BSS 也可以在地理上彼此重叠，这样，位于重叠区域内的工作站就可以加入多个 BSS 中。

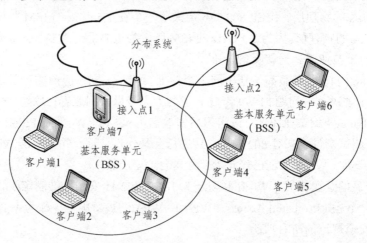

图 8-1　IEEE 802.11 的结构模型

8.2.2　IEEE 802.11 无线局域网的基本运作过程

一个无线局域网至少要有一个无线接入点 AP，和一个或多个带有无线网卡的客户端。AP 以固定的时间间隔（通常每 100 ms 一次）广播包含有服务单元标识符 SSID 的信标，以通告它的存在。

现在假设有人使用具有 Wi-Fi 功能的移动设备，并启用 Wi-Fi 功能。初始化之后，该设备开始寻找可用的 AP。它也许配置为寻找一个特定的 AP，也可能准备连接到任一 AP。该设备扫描所有频段，收听信标，它可能会发现若干个 AP，通常它会根据信号的强度来决定要与哪个 AP 连接。

当移动设备准备连接到 AP 时，它首先发送一条认证请求帧给 AP（假定不使用安全措施），该帧中通常包含有设备的 MAC 地址和 AP 的 SSID。AP 马上发送一条表示接受的认证响应来回复认证请求。此后，该设备就可以通过 AP 发送和接收数据了。

几点说明：

（1）AP 发送信标帧：AP 发送信标是它对外通告它已经准备就绪和在网络中维持定时的方法。信标是 AP 定期发送的管理帧。信标中包含了诸如 SSID 和 AP 性能等有用信息。例如，信标可以告诉工作站，AP 是否支持 IEEE 802.11 标准中的新规范等。

（2）无线客户端发送探测帧：为了加速找到一个 AP，无线客户端可以选择发送探测帧。任何 AP 收到探测请求，立刻以探测响应来进行回答，客户端就可以迅速找到 AP。

（3）连接到 AP（关联）：当进行连接时，先发送关联请求，接入点 AP 以关联响应回答。如果响应是肯定的，那么就与 AP 关联上了。

（4）漫游：如果同一网络中有几个接入点 AP，无线客户端可能选择将其关联从当前 AP 移动到新的 AP。首先，它必须使用解除关联，与原来的 AP 断开连接，然后使用重新关联，连接到新的 AP。重新关联包含一些与原来的 AP 有关的信息，能够更顺利移交，这些信息让新的 AP 与原来的 AP 对话，确定已经发生了漫游。

（5）发送数据：一旦通过了认证，并且被关联上了，就可以发送数据。数据在无线客户端和 AP 之间交换。通常，数据先到达 AP，然后被转发到有线局域网或其他的无线客户端。

8.2.3 早期 IEEE 802.11 无线局域网的安全机制

1. IEEE 802.11 无线局域网的身份认证

任何无线终端设备在接入 IEEE 802.11 无线局域网之前都要进行身份认证。IEEE 802.11b 标准定义了开放式和共享密钥式两种身份认证方法。身份认证必须在每个终端设备上进行设置，并且这些设置应该与通信的接入点相匹配。

开放式认证是一种最简单的认证方式。从其内在机制来看，它其实是一种空认证。开放式认证是 IEEE 802.11 默认的认证方式，认证过程包括两个步骤：

（1）请求认证的无线终端向无线接入点 AP 发送一条认证请求帧（通常包含有设备的 MAC 地址和 AP 的 SSID）。

（2）AP 收到请求后，检查无线终端提供的 SSID 是否正确，如果正确则向无线终端发送认证成功帧。

共享密钥认证支持已知共享密钥的工作站成员的认证。共享密钥认证的密钥是以密文的形式传输的。共享密钥认证以有线等价保密（Wired Equivalent Privacy，WEP）协议为基础，认证过程采用质询-响应模式进行，过程如下（图 8-2 也给出了说明）：

（1）请求认证的无线终端向无线接入点 AP 发送一条认证请求帧。

（2）AP 收到请求后，向请求者发送一个明文的随机数。

（3）请求者使用 WEP 密钥并使用 RC4 算法加密此随机数，并发送给认证者 AP。

（4）AP 使用 WEP 密钥加密原随机数，并与收到的密文比较，若相同，向请求者发认证成功帧。

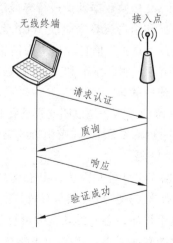

图 8-2　共享密钥认证消息流

2. 有线等价保密（WEP）协议

上面的共享密钥认证用到了 WEP 协议。WEP 协议是 IEEE 802.11 协议 1999 年的版本中所规定的，用在 IEEE 802.11 的认证和加密中，用来保护无线通信数据的安全。在 IEEE 802.11 系列标准中，802.11b 和 802.11g 采用了 WEP 协议。

WEP 为无线通信提供了 3 个方面的安全服务：数据机密性、数据完整性和访问控制。其核心加密算法是流密码算法 RC4。WEP 支持 64 bit 和 128 bit 加密。WEP 依赖通信双方共享的密钥来保护所传输的数据帧。

WEP 加密过程如下：

（1）使用 CRC-32 算法计算明文消息 M 的完整性校验值 crc32（M），由原始明文消息和完整性校验值组成新的明文消息 $P = <M, crc32（M）>$。

（2）把 WEP 密码和一个随机选择的 24 bit 的初始矢量 IV 连接在一起，作为 RC4 算法的密钥 K，用 RC4 算法产生 8 个字节的子密钥，从而得到一个 64 bit 的密钥。把它与消息 P 进行异或，得到密文 C。

（3）将密文 C 和初始矢量 IV 一起发送给接收方。

WEP 解密过程如下：

（1）从接收到的数据包中提取出初始矢量 IV 和密文 C。

（2）把 WEP 密码和 IV 连接在一起，作为 RC4 算法的密钥 K，用 RC4 算法产生 8 个字节的子密钥，从而得到一个 64 bit 的密钥。把它与密文 C 进行异或，得到明文 P。

（3）对 P 中的明文部分（假如是 M'）使用同样的算法计算新的校验值 crc32（M'），并与 P 中校验值 crc32（M）进行比较。如果二者相等，则说明解密和完整性验证都是正确的，接受数据，否则丢弃数据。

2001 年 8 月，S. Fluhrer，I.Martin 和 A.Shamir 合作研究发现了对 IEEE 802.11 无线局域网安全性最致命的攻击：利用 WEP 帧的数据负载中部分已知信息来计算出该 WEP 帧所使用的 WEP 密钥。由于 WEP 加密算法实际上是利用流密码算法 RC4 作为伪随机数产生器，把初始矢量 IV 和 WEP 密码组合成种子（即 RC4 算法的密钥）来生成 WEP 密钥流（即前文中的 64 bit 的密钥），再由该密钥流与 WEP 帧数据载荷进行异或运算来完成加密运算。而 RC4 算法是将输入种子密钥进行某种置换和组合运算来生成 WEP 密钥流的。由于 WEP 帧中数据载荷的第一个字节是逻辑链路控制的 802.2 头信息，这个头信息对于每个 WEP 帧都是相同的，攻击者很容易猜测。利用猜测的第一个明文字节和 WEP 帧数据载荷密文就可以通过异或运算得到伪随机数产生器生成的密钥流中的第一个字节。

另外，种子密钥中的 24 bit 初始矢量 IV 是以明文形式传送的，攻击者可以截获并得到它。3 位研究者已经证明：利用已知的初始矢量 IV 和密钥流的第一个字节，并结合 RC4 的特点，攻击者通过计算就可以确定 WEP 密码。

此外，CRC-32 算法作为数据完整性校验算法，由于其本身的特点非但未使 WEP 安全性得到加强，反而进一步削弱它。首先 CRC 校验和是有效数据的线性函数，这里所说的线性主要针对异或操作而言的。利用这个性质，恶意的攻击者可篡改原文 P 的内容。特别地，如果攻击者知道要传送的数据，会更加有恃无恐。其次，CRC-32 校验和不是加密函数，只负责检查原文是否完整，并不对其进行加密。若攻击者知道 P，就可构造自己的加密数据并和原来的

IV 一起发送给接收者（802.11b 允许 IV 重复使用）。

WEP 的主要漏洞包括：

（1）认证机制过于简单，很容易通过异或的方式破解。并且，一旦被破解，还会危及后面的加密通信，因为认证中使用的密钥与加密通信的密钥是一样的。

（2）认证是单向的，AP 能认证无线客户端，但客户端没法认证 AP。

（3）初始矢量 IV 太短，在繁忙的网络里，很快就会重新使用以前的 IV 值，由此带来直接密钥攻击的威胁。

（4）RC4 算法被发现有"弱密钥"的问题，WEP 在使用 RC4 的时候没有采用避免"弱密钥"的措施。

（5）WEP 没有办法应付重放攻击（Replay Attack）。

（6）完整性校验算法 CRC-32 被发现有弱点，有可能传输的数据被修改而不被检测到。

（7）没有密钥管理、更新、分发机制，完全要手工配置。因为不方便，用户往往常年不会更换。

因此，WEP 并不是一个强壮的保密方式，无法胜任对安全要求比较高的场所。

8.2.4 IEEE 802.11i 协议

意识到 WEP 并不安全后，802.11 组织开始着手制定新的安全标准，也就是后来的 802.11i 协议。但是标准的制定到最后的发布需要较长的时间，而且考虑到消费者不会为了网络的安全性而放弃原来的无线设备，因此 Wi-Fi 联盟在标准推出之前，在 802.11i 草案的基础上，制定了一种称为 WPA（Wi-Fi Procted Access）的安全机制。WPA 使用 TKIP（Temporal Key Integrity Protocol）协议，所使用的加密算法还是流密码算法 RC4，所以不需要修改原来无线设备的硬件。WPA 针对 WEP 中存在的问题：IV 过短、密钥管理过于简单、对消息完整性没有有效的保护，通过软件升级的方法来提高无线网络的安全性。表 8-1 给出了 WEP 的缺陷及 WAP 的改进。

表 8-1 WEP 的缺陷及 WAP 的改进

WEP 的缺陷	WAP 的改进
IV 太短	在 TKIP 中，IV 的大小增加了一倍，达 48 bit
弱数据完整性	用 Michael 算法取代了 WEP 中使用的 CRC-32，该算法可计算 64 bit 消息的完整性代码值，该值是用 TKIP 加密的
使用主密钥，而非派生密钥	TKIP 和 Michael 使用一组从主密钥和其他值派生的临时密钥。主密钥是从 EAP-TLS 或受保护的 EAP 802.1X 身份认证过程中派生出来的。此外，RC4 输入的机密部分是通过数据包混合函数计算出来的，它会随着帧的改变而改变
不重新生成密钥	WAP 自动重新生成密钥以派生新的临时密钥组
无重放保护	TKIP 将 IV 用作帧计数器以提供重放保护

在 802.11i 颁布之后，Wi-Fi 联盟推出了 WPA2，它支持 AES，因此它需要新的硬件支持，它使用 CCMP（Counter CBC-MAC Protocol）协议和 AES 加密算法。在 WPA/WPA2 中，PTK（Pairwise Transient Key）的生成依赖 PMK（Pairwise Master Key），而 PMK 有两种方式，一个

是 PSK（Pre-Shared Key）的形式，就是预共享密钥，在这种方式中 PMK=PSK，而另一种方式中，需要认证服务器和站点进行协商来产生 PMK。802.11i 标准的最终形式被称作健壮安全网络（Robust Security Network，RSN）。

WPA 给用户提供了一个完整的认证机制。无线接入点 AP 根据用户的认证结果决定是否允许其接入无线网络中；认证成功后可以根据多种方式（设备的 MAC 地址、传输数据包的多少、用户接入网络的时间等）动态地改变每个接入用户的加密密钥。另外，对用户在无线网络中传输的数据包进行 MIC（Messages Integrity Check）编码，确保用户数据不会被其他用户更改。

WPA 提供了 3 种安全服务：用户认证、数据机密性、数据完整性。另外，借助 IEEE 802.1x，WAP 同时也提供了访问控制服务。

1. 认证

WEP 是数据加密算法，它不完全等同于用户的认证机制，WPA 用户认证是使用 IEEE 802.1x 和 EAP（Extensible Authentication Protocol）来实现的。

WPA 考虑到不同的用户和不同的应用安全需要，例如，企业用户需要很高的安全保护（企业级），否则可能会泄露非常重要的商业机密；而家庭用户往往只是使用网络来浏览 Internet、收发 E-mail、打印和共享文件，这些用户对安全的要求相对较低。为了满足不同安全要求用户的需要，WPA 中规定了两种应用模式。

（1）企业模式：通过使用认证服务器和复杂的安全认证机制，来保护无线网络通信安全。

（2）家庭模式（包括小型办公室）：在无线接入点 AP 及连接无线网络的终端上输入共享密钥，以保护无线链路的通信安全。

根据这两种不同的应用模式，WPA 的认证也分别有两种不同的方式。对于大型企业的应用，常采用"802.1x + EAP"的方式，用户提供认证所需的凭证。但对于一些中小型的企业网络或者家庭用户，WPA 也提供一种简化的模式，它不需要专门的认证服务器，也不使用 802.1x。这种模式叫作"WPA 预共享密钥（WPA-PSK）"，它仅要求在每个无线局域网节点（AP、无线路由器、网卡等）预先输入一个密钥即可实现。

这个密钥仅仅用于认证过程，而不用于传输数据的加密。数据加密的密钥是在认证成功后动态生成，系统将保证"一个设备一个密钥"，不存在像 WEP 那样全网共享一个加密密钥的情形，因此大大地提高了系统的安全性。

2. 数据机密性

WPA 使用 RC4 进行数据加密，用 TKIP 协议进行密钥管理和更新。TKIP 通过由认证服务器动态生成分发的密钥来取代单个静态密钥、把密钥首部长度从 24 bit 增加到 48 bit 等方法增强安全性。而且，TKIP 利用了 802.1x/EAP 构架。

认证服务器在接受了用户身份后，使用 802.1x 产生一个唯一的主密钥处理会话。然后，TKIP 把这个密钥通过安全通道分发到 AP 和无线终端，并建立起一个密钥构架和管理系统，使用主密钥为用户会话动态产生一个唯一的数据加密密钥，来加密每一个无线通信数据报文。TKIP 的密钥构架使 WEP 单一的静态密钥变成了 500 万亿个可用密钥。虽然 WPA 采用的还是和 WEP 一样的 RC4 加密算法，但其动态密钥的特性很难被攻破。

3. 数据完整性

除了和 802.11 一样继续保留对每个 MPDU（MAC Protocol Data Unit）数据帧进行 CRC 校验外，WPA 为 802.11 的每个 MSDU 数据帧都增加了一个 8 个字节的消息完整性校验值（MIC），这和 802.11 对每个 MSDU 数据帧进行 ICV（Integrity Check Value）校验的目的不同。ICV 的目的是为了保证数据在传输途中不会因为噪声等物理因素导致报文出错，因此采用相对简单高效的 CRC 算法，但是黑客可以通过修改 ICV 值来使之和被篡改过的报文相吻合，可以说没有任何安全的功能。而 WPA 中的 MIC 则是为了防止黑客的篡改而定制的，它采用 Michael 算法，具有很高的安全特性。当 MIC 发生错误时，数据很可能已经被篡改，系统很可能正在受到攻击。此时，WPA 会采取一系列的对策，如立刻更换组密钥、暂停活动 60 s 等，来阻止黑客的攻击。

WPA 企业模式的认证及安全通信过程：

（1）无线终端关联一个无线接入点（AP/Authenticator）。

（2）在无线终端通过身份认证之前，AP 对该终端关闭数据端口，只允许它的 EAP 认证消息通过，所以该终端在通过认证之前是无法访问网络的。

（3）无线终端利用 EAP（如 MD5/TLS/MSCHAP2 等）协议，通过 AP 的非受控端口向认证服务器提交身份凭证，认证服务器负责对终端进行身份验证。

（4）如果终端未通过认证，它将一直被阻止访问网络；如果认证成功，则认证服务器通知 AP 向该终端打开受控端口，继续以下流程。

（5）身份认证服务器利用 TKIP 协议自动将主配对密钥 PMK 分发给 AP 和终端。PMK 基于每个用户、每个 802.1x 的认证进程，是唯一的。

（6）终端与 AP 再利用 PMK 动态生成基于每个数据包唯一的数据加密密钥。

（7）利用该数据加密密钥对 STA 与 AP 之间的数据流进行加密，就好像在两者之间建立了一条加密隧道，保证了无线数据传输的安全性。

终端与 AP 之间的数据传输还可以利用 MIC 进行消息完整性检查，从而有效抵御消息篡改攻击。

尽管上面说的是 WAP，其实除了少量的技术细节，也适用于 WAP2。最初的 WPA 与 WPA2 之间的主要差别是：WAP2 使用 AES 算法来加密数据，WAP 使用 TKIP（RC4 算法）来加密数据。但是现在，无论是 WAP 还是 WAP2 都已经支持 AES。与 WAP 一样，WPA2 也分企业模式和家庭模式。

8.3 移动设备安全

随着包括智能手机在内的各种移动设备的广泛普及，以及基于云计算的应用的增多，移动设备越来越多地被应用到组织的业务中。移动设备已经成为组织/企业/公司的整个网络基础设施的一个基本要素。智能手机、平板电脑和移动存储媒体等移动设备为个人提供了更多便利，并能够提高工作效率。由于移动设备的特性和广泛的使用，其面临的安全问题也越来越突出。移动设备面临的安全威胁包括：

（1）企业缺乏对移动设备的物理安全控制。

移动设备通常完全在用户的控制之下，很多时候会在企业控制之外的各种地方使用，这可能会导致设备被盗或其中的数据遭到修改。

（2）员工可能会使用不可信的移动设备。

除了公司分发和公司控制的移动设备外，几乎所有的员工都有个人的智能手机或平板。公司必须假定那些设备并不是可信的。也就是说，设备可能没有使用加密，用户或第三方可能安装了某种旁路机制来绕过内置的安全及使用限制，等等。

（3）设备可能会通过不可信的网络访问企业网络。

如果在企业内部使用移动设备，它可以通过企业的内部无线网络来访问企业的资源。但是，如果在企业外部使用设备，用户通常会通过 Wi-Fi 或蜂窝网络连接到 Internet 来访问企业的资源。移动设备和企业网络之间的网络并不是可信的，其上的网络流量很容易遭到窃听或中间人攻击。

（4）设备会使用来源不明的应用程序。

在移动设备上很容易安装第三方应用程序，用户可能会安装包含有恶意代码的程序。

（5）设备会与其他系统交互。

智能手机和平板电脑上的一项常见功能是自动地将数据、应用程序、联系人、照片等同步到其他计算设备和云存储上。这可能会将企业的数据保存到不安全网络中，还可能会引入恶意程序。

（6）设备可能会使用不可信的内容。

移动设备可以访问和使用其他计算设备不会遇到的内容，如访问二维码。恶意二维码可以将移动设备引导到恶意的网站。

（7）位置服务可能会被攻击者利用。

移动设备上的 GPS 功能在给用户带来便利的同时，也可能会带来安全风险。攻击者能够利用位置信息来确定设备和使用者所在的位置，这可能对攻击者有用。

针对以上移动设备可能会遇到的安全威胁，以下是一些建议的应对策略。这些策略涉及 3个方面：① 设备安全；② 客户端/服务器流量安全；③ 网络边界安全。

（1）移动设备安全。

企业可以为员工配备设备，并将其配置为符合企业的安全策略。如果允许员工使用自己的移动设备，企业 IT 管理人员应该在这些设备进行检查之后才允许其访问企业网络。禁止获得 Root 权限的 Android 设备或已"越狱"的苹果设备访问企业网络。禁止将企业内部的联系方式保存在本地。

无论哪一类设备，都应该做到：

① 启用自动锁定功能，同时启用口令或 PIN 码保护。

② 避免让程序记住用户名和口令。移动设备上的很多程序默认会自动记住用户输入的用户名和口令，以减轻重新输入的麻烦。但是，如果设备被盗或丢失，其他人会很容易登入你的账户。所以，应该避免使用这类自动记住功能。

③ 启用远程擦除。这样，当设备丢失或被盗，可以远程删除设备上的重要数据。

④ 如果可用，启用 SSL 保护。

⑤ 保持软件是最新的，包括操作系统和应用软件。

⑥ 安装恶意软件防范软件。

⑦ 要么禁止在设备上存储敏感数据，要么加密存储。

⑧ 禁止安装第三方应用；或者使用白名单机制来阻止安装未被认可的程序，任何被认可的程序都应该带有数字签名；或者实现一个安全沙盒，将企业的数据和应用与设备上的其他数据和应用隔离开来。

⑨ 可以对设备的同步功能和云存储的使用进行适当的限制。

⑩ 小心恶意的二维码。必要时，禁用相机功能。

⑪ 必要时，禁用定位服务。

（2）流量安全。

流量安全主要依靠加密和认证技术实现。所有的流量都应该被加密并通过安全的方式（如 TLS 或 IPSec）进行传输。可以配置虚拟专用网络（VPN），以便移动设备和企业网络之间的所有流量都受到 VPN 的保护。采用合适的身份认证技术来限制设备对企业网络的访问。最好既对设备认证，也对使用设备的用户认证。

（3）边界安全。

采用合适的安全机制保护网络免受未经授权的访问，如防火墙、入侵检测系统（IDS）和入侵防护系统（IPS）。可以针对特定的移动设备流量来配置防火墙规则。配置防火墙来限制所有移动设备可访问的数据和应用程序。

8.4 物联网安全

物联网（Internet of Things，IoT）是一个通过信息技术将各种物体与网络相连，以帮助人们获得所需物体相关信息的巨大网络；物联网通过使用射频识别（RFID）、传感器、红外感应器、视频监控、全球定位系统、激光扫描器等信息采集设备，通过无线传感网、无线通信网络把物体与 Internet 连接起来，实现物与物、人与物之间实时的信息交换和通信，以达到智能化识别、定位、跟踪、监控和管理的目的。简单地说，物联网是 Internet 的扩展，是一个实现物-物互联的网络。

物联网的价值在于让物体也拥有了智慧，从而实现人与物、物与物之间的沟通，物联网的特征在于感知、互联和智能的叠加。因此，物联网由 3 个部分组成：感知部分，即通过识别码、RFID、传感器、摄像头等实现对物的识别；传输网络，即通过现有的 Internet、移动通信网络、无线网络等实现数据的传输；智能处理，即利用云计算、数据挖掘、人工智能等技术实现对物品的自动控制与智能管理等。

物联网体系结构也因此大致被划分为 3 个层次。底层是用来感知数据的感知层，第 2 层是数据传输的网络层，最上面则是应用层，如图 8-3 所示。

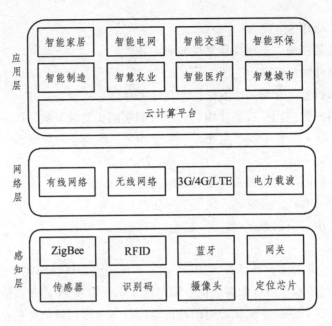

图 8-3　物联网的三层体系结构

（1）物联网的感知层主要进行信息采集、捕获和物体识别，其通过传感器、摄像头、识别码、RFID 和实时定位芯片等采集各类标识、物理量及音视频数据，然后通过短距离传输、自组织组网等技术实现数据的初步处理。

（2）物联网的网络层主要将感知层采集的信息通过有线网络、无线网络、Internet、移动通信网等进行信息的传输。

（3）物联网应用层对网络传输层的信息进行处理，实现智能化识别、定位、跟踪、监控和管理等实际应用，包括信息处理和提供应用服务两个方面。物联网技术与行业信息化需求相结合，产生广泛的智能化应用，包括智能制造、智慧农业、智能家居、智能电网、智能交通和车联网、智能节能环保、智慧医疗和健康养老等。

物联网被人们视为继计算机、Internet 之后信息技术产业发展的第三次革命，其无处不在的网络特性使得万物互联正在成为可能。物联网的基础与核心仍然是 Internet，是 Internet 的延伸与拓展，而云计算、智能终端等则在帮助物联网的体系架构变得愈发丰富饱满。然而，正是由于物联网络对于 Internet 的天然继承性，使得针对 Internet 所发起的各类恶意攻击开始蔓延到了物联网领域。Internet 在被创造之初并未将安全作为首要考虑因素，这使其在诞生之初就存在安全缺陷。继承于 Internet 的物联网，不仅融合了 Internet 的长处与优势，同时也继承了它的安全缺陷，加上物联网自身不断展现出来的新特性，使得这一安全缺陷在被持续扩大化。

如今，各类智能可穿戴设备、智能汽车、智能交通、智慧医疗……都依托于物联网。它们或是物联网的感知终端，或是物联网中的一个分支生态环境。物联网的构成元素可以小到一颗芯片，也可以很大，人工智能体的骨架与神经就是一套物联网系统单元。因此，物联网是一个标准的简单与复杂混合体，这使得其面临的安全问题更加复杂。

8.4.1　物联网的安全威胁

物联网有着不可计数的感知终端，有着复杂的信息传输管道，有着庞大的数据存储与处理中心。抽象地看，物联网其实是一个十分标准的"终端-传输管道-云端"架构。

与计算机时代、网络时代相比较，物联网的终端具有移动化、微型化等特征，其传输管道更是在有线网络之外又增加了无线网络，物联网的云端数据中心不仅更大也更为灵活。物联网"终端-管道-云端"体系架构分别由感知层、网络层和应用层构成，其网络无处不在、全面感知、可靠传递、智能处理的特征越来越明显，这也使物联网各层面临各种安全威胁。

1. 物联网感知层安全威胁

感知层是实现物联网全面感知的核心能力。目前，针对物联网感知层的攻击越来越多，包括物理攻击、伪造或假冒攻击、信号泄露与干扰、资源耗尽攻击、隐私泄露威胁等。

物理攻击即攻击者对传感器等实施的物理破坏，其使物联网终端无法正常工作，攻击者也可能通过盗窃终端设备并通过破解获取用户敏感信息，或非法更换传感器设备导致数据感知异常，破坏业务正常开展。伪造或假冒攻击是攻击者通过利用物联网终端的安全漏洞，获得节点的身份和密码信息，假冒身份与其他节点进行通信，进行非法的行为或恶意的攻击，如监听用户信息、发布虚假信息、置换设备、发起 DoS 攻击等。信号泄露与干扰是攻击者对传感网络中传输的数据和信令进行拦截、篡改、伪造、重放，从而获得用户敏感信息或者导致信息传输错误，业务无法正常开展。资源耗尽攻击则是攻击者向物联网终端发送垃圾信息，耗尽其电量，使其无法继续工作。此外，RFID 标签、二维码等的嵌入，使物联网接入的用户不受控制地被扫描、定位和追踪，极容易造成用户个人隐私泄露。

2. 物联网网络层安全威胁

物联网的网络层主要是将感知层采集的信息通过有线或无线网络、移动通信网和 Internet 进行信息的传输。由于物联网中采集的信息需通过各种网络的融合，将信息实时准确地传递出去，其传输距离远、通信范围广，传输途径会经过各种不同的网络，因此面临严重的安全威胁，包括网络安全协议自身的缺陷、拒绝服务攻击、假冒基站攻击、隐私泄露威胁等。

网络层功能本身的实现中需要的技术与协议（网络存储、异构网络技术等）存在安全缺陷，特别在异构网络信息交换方面，易受到异步、合谋攻击等。DoS 是因为物联网终端数量巨大且防御能力薄弱，攻击者可依靠物联网终端，向网络发起拒绝服务攻击，导致核心网络拥塞。假冒基站攻击即攻击者通过假冒基站骗取终端驻留其上，并通过后续信息交互窃取用户信息。攻击者在攻破物联网网络之间的通信后，窃取用户隐私及敏感信息造成隐私泄露。物联网网络层这些安全威胁可能使网络通信无法正常运行，使网络服务中断，甚至陷于瘫痪状态。

3. 物联网应用层安全威胁

物联网应用层是对网络传输层的信息进行处理，实现智能化识别、定位、跟踪、监控和管理等实际应用，包括信息处理和提供应用服务两个方面。物联网技术与行业信息化需求相结合，产生广泛的智能化应用，包括智能制造、智慧农业、智能家居、智能电网、智能交通和车联网、智能节能环保、智慧医疗和健康养老等，因此物联网应用层的安全问题主要来自各类新业务及应用的相关业务平台。

物联网的各种应用数据分布存储在云计算平台、大数据挖掘与分析平台，以及各业务支撑平台中进行计算和分析，其云端海量数据处理和各类应用服务的提供使得云端易成为攻击目标，容易导致数据泄露、恶意代码攻击等安全问题。操作系统、平台组件和服务程序自身漏洞和设计缺陷易导致未授权的访问、数据破坏和泄露。数据结构的复杂性将带来数据处理和融合的安全风险，存在破坏数据融合的攻击、篡改数据的重编程攻击、错乱定位服务的攻击、破坏隐藏位置目标攻击等。此外，在物联网应用层，各类应用业务会涉及大量公民个人隐私、企业业务信息甚至国家安全等诸多方面的数据，存在隐私泄露的风险。

8.4.2　物联网常见应用场景安全威胁

现阶段物联网应用场景逐渐增多，不同应用场景需求目标不同，应用技术也不尽相同，故各应用场景对应的安全任务侧重点并不相同。如果仅按层次整体讨论物联网安全现状，则无法全面深入地了解各个物联网应用场景的安全问题。所以这里将分别从智能家居、智能医疗、智能交通、智能电网及工业与公共基础设施五大物联网应用场景深入讨论其安全威胁。

1. 智能家居

智能家居越发普及的同时，各种智能家居设备保存与传输的用户隐私信息也越来越多。这些隐私信息不仅包含传统意义上那些银行卡、手机号等身份信息，还包含用户日常生活的行为隐私信息。如温度传感器记录了家中内各个房间的实时温度信息；网络摄像头可以直接远程实时查看家中的状况。攻击者通过控制这些智能家居设备，从而实现对用户隐私行为的监控。有人通过对市场上主要型号的网络摄像头进行分析，发现了大量可轻易利用的安全问题，包括弱口令、HTTP 明文传输等。此外，用户隐私保护意识普遍较低，厂商对于设备收集哪些用户隐私数据也无明确声明，加剧了智能家居设备隐私信息泄露的问题。

综上所述，智能家居设备首要安全工作是保护用户的隐私数据。研究人员大多通过监控智能家居终端应用的控制流与数据流来防止隐私数据泄露，但该方法忽视了智能家居设备间的互用问题。例如，市场上有些智能窗户控制器会根据温度传感器收集的室温自动打开或关闭窗户。在上述情景下敌手仅需控制温度传感器的温度值，从而间接实现对智能窗户的控制。

2. 智能医疗

在智能医疗领域，数据和设备安全显得尤为重要。因为医疗设备，尤其是胰岛素泵、心脏起搏器等人体嵌入式设备一旦被恶意控制会严重威胁用户的生命安全。经过对大量的智能医疗设备进行调研，有人发现其存在弱密钥、过期证书等诸多的安全漏洞。为了给用户提供更加全面、及时、专业的医疗服务，智能医疗设备的隐私信息会共享给诸多医疗单位，但同时也加剧了用户医疗隐私信息泄露的风险。此外，针对远程医疗服务平台的网络攻击也逐渐增多，甚至勒索软件也开始将智能医疗设备与医院数据库作为主要攻击目标。

为提高智能医疗设备的安全性，有人提出了针对智能医疗设备的专用测试框架及恶意程序的软、硬件检测方法。为了防止医疗隐私数据泄露，有人提出针对医疗数据使用人员不同，对隐私数据采取不同的保护处理方法。例如，对统计人员提供同态加密的数据，对医生提供只可读不可写的数据等。动态可撤销权能的多级隐私保护模型可以实施更加灵活的医疗隐私数据保护策略。同时，对智能医疗设备行为进行可信记录，也有利于及时发现对其网络的攻击行为。通过在胰岛素泵上增加可检测人体进食后肠道生物特征的电路模块，从而判定胰岛素泵的异常行为是否由网络攻击造成。在未来智能医疗设备生产中可以参考这样的设计方法，增加对设备行为的可信记录模块。

随着人均寿命普遍延长、慢性病人数逐渐增多，智能医疗设备会越发普及。提高智能医疗设备的安全性显得尤为重要。一旦无法保障医疗设备的安全，医生与病人自然会对智能医疗服务望而却步，严重阻碍智能医疗的推广与发展。

3. 智能汽车

随着市场上联网的智能汽车逐渐增多，现实中对智能汽车的电子攻击也层出不穷。PT&C丨LWG 司法咨询服务公司指出 2013 年在伦敦被盗的汽车中 47%的汽车是通过电子攻击来窃取的。而受到攻击次数越多的汽车，其联网的部件也越多。研究显示现阶段智能汽车普遍存在大量安全漏洞。

目前由于汽车系统固件为厂商所有，一般并不开源，所以学术界重点关注控制器局域网总线技术及 V2X 等智能汽车与其他设备通信技术的安全问题。此外，智能汽车云服务也会带来的隐私泄露问题。

随着车联网技术的发展，预估到 2020 年 60% ~ 75%的汽车都将具有 Web 服务，无线联网的汽车将达到 1.5 亿辆。智能汽车的安全将面临更加严峻的挑战。为了全面提高智能汽车的安全性，需要厂商和研究人员更加深入的合作才能设计出更加全面实用的安全防御措施。

4. 智能电网

早期智能电网的安全研究重点关注智能电网的实时电价调整协议及其他通信协议的安全问题。随着智能电网技术不断发展，更短时间间隔的使用电量信息被统计收集，这些信息与用户用电行为的相关程度逐渐升高。此外，不仅用电信息会泄露用户用电行为，智能电网计划分配给用户的电量信息也会泄露用户的用电习惯，故对用户用电信息的隐私保护的研究逐渐增多。在未来不只是智能电表，智能水表和智能燃气表等其他智能抄表设备收集的用量信息会泄露更多的用户生活隐私。

5. 工业与公共基础设施

这里讨论的智能工业与公共基础设备主要包括闭路电视、数字视频记录仪等视频监控系统，以及监测控制与数据采集等工业控制系统。震网蠕虫的出现使工业与公共基础设备的信息安全面临更加严峻的挑战。由于工业设备在设计之初没有考虑受到网络攻击的可能，所以当工业设备联网后会受到更加严重的网络攻击威胁。工业设备的设计与操作人员普遍存在侥幸心理，认为攻击者不具备相关专业知识无法实施网络攻击。此外，这些设备专用于完成特定的工业任务，其软硬件架构与传统计算机均不相同。普通计算机系统防御措施如防火墙、杀毒软件等，无法直接应用于上述设备，而单独为每种设备设计相应的系统防御措施开销过高。

现阶段主要通过设计入侵检测与防御系统来提高工业与公共基础设备的安全性。但是，由于工业设备的异构性，常用的基于通信网络中异常行为进行模式匹配的入侵检测方法，漏报率过高并不适用于工业系统。为了更加有针对性地保护关键工业设备，应该首先统计分析对关键设备的控制命令参数，从而确定其正常的值域范围；然后将其用来与实时通信流量中的控制命令参数进行比较，任何实际观察值在正常值范围之外时，就认为有入侵发生。

随着工业和公共基础设施中联网设备数目的增多，其所受到的网络攻击也将逐渐增多。但现阶段的工业与公共基础设备普遍缺乏网络与系统安全保护措施。如何有效检测与防御对这些专用设施的网络攻击需要更加深入的研究。

随着物联网技术的发展，物联网应用范围会愈发广泛。此外，诸如电动车与智能电网交互供电等跨场景物联网应用技术，在节约能源与方便用户生活的同时，也带来了更多的安全与隐私泄露问题。有效解决物联网应用场景中的安全问题将对未来物联网应用设计与发展起着重要作用。

8.4.3　典型的物联网安全示例

1. 网络摄像头背后的物联网安全危机

2016 年所发生的大规模物联网 DDoS 测试攻击，导致了美国东部 Internet 全部"下线"。而其罪魁祸首之一竟然是某安防视频产品方案和技术提供商所生产的摄像模组。该摄像模组被许多网络摄像头、DVR 厂家采用，并于美国大量销售。该公司部分早期摄像模组产品的密码被写入到固件里，且很难进行修改。黑客发现了这一可乘之机，通过默认密码打开了大门，控制其成了物联网 DDoS 攻击的对象。如此不经意的一个问题，竟然就让小小的网络摄像头发挥出如此"巨大的作用"！

由此可见，物联网繁多的各类终端里一个不起眼的小毛病一旦被黑客挖掘出来，加乘上终端设备庞大的个体数量，所将爆发出来的破坏力不容小觑。

2. 智能网联车的安全隐患

自从特斯拉惊艳亮相之后，人们才发现原来汽车的世界还可以是这样，原来科幻电影里炫酷的未来交通工具也能够来到我们的身边。而其中最为兴奋的竟然是网络安全世界里的黑客们，各种花样地玩转特斯拉。

但从智能网联车自身角度来看安全能够发现，T-BOX、IVI、OBD、USB、充电接口、GPS、摄像头等更多的攻击入口，动力系统、转向系统、制动系统、车身控制系统、仪表盘等更多的被攻击点在越来越多地暴露在人们视野里。智能汽车与外部的每个接口都可能被利用，每个控制单元都可能被攻击。

再从智能网联车的生态环境来看，与智能汽车有信息交互的外部组件如果被入侵，都可能引发智能汽车的信息安全事件、交通安全事故。例如，智能汽车的充电桩、行车记录、智能标示牌等一旦被恶意攻击，"无人驾驶"失控将更为频繁。

无须认证、明文传输、通信流程伪造……智能网联车的生态环境中面临的潜在安全风险几乎无处不在。现实生活中，已经有厂商因为各类信息安全问题，开始召回存在安全隐患的智能汽车。

3. 智能家庭网络的安全漏洞

现在许多人的手上会有 3 部移动设备：智能手机、智能手表（智能手环）、平板电脑。而当人们回到家里后，需要联网的智能设备会增加为智能门锁、智能电视、智能空调、智能冰箱、智能洗衣机等。物联网另外一个重要分支——智能家庭网络的雏形已经开始显露出来。

然而，绝大部分智能家居产品在设计、生产过程中都没有将安全性考虑进去，黑客对于智能家居产品的破解几乎是手到擒来。去年就频繁爆出各类智能家居产品存在安全漏洞、安全隐患，某国外品牌智能电视会将语音搜索功能产生的信息数据直接明文发送到网络，黑客通过网络嗅探就可以窃取到这些没有进行加密的用户信息。

8.4.4 物联网终端安全

物联网终端设备种类繁多，RFID 芯片、读写扫描器、各类传感器、网络摄像头、智能可穿戴设备、无人机、智能空调、智能冰箱、智能汽车……体积从小到大，功能从简单到丰富，状态或联网或断开，唯一的共同之处就是天生都处于开放的攻击环境中。想要通过安装传统安全软件或者架设安全硬件的方式为其提供安全防护能力，明显行不通。

计算机时代，终端面临的最大安全威胁就是各类计算机病毒。这个时候，杀毒软件能够提供有效的安全防护。而网络时代，终端所面临的安全威胁剧增起来，如木马、蠕虫、间谍软件、劫持攻击、钓鱼邮件、钓鱼网站等。此时除了在终端上安装安全软件外，还需要在网络边界架设防火墙、IDS/IPS，在服务端进行系统加固、邮件过滤等更多的安全防御方法。

物联网时代许多终端的存储能力、计算能力都极为有限，在其上部署安全软件或者高复杂度的加解密算法都会大大增加终端运行负担，甚至导致终端无法正常运行。移动化更是使得传统网络边界"消失"，依托于网络边界的安全软、硬件产品都无法正常发挥作用。

而通过对典型物联网攻击案例分析可以发现，物联网时代，攻击者主要瞄准的目标依然是物联网终端里的代码。黑客在掌握了恰当的终端设备硬件平台、操作系统入侵方法后，就会设法对核心代码（算法）进行窃取，尝试破解密钥、加密算法，挖掘控制协议、后台交互逻辑漏洞，发现后台漏洞等，进而实现暴露系统漏洞、对系统后台进行攻击（协议攻击）、控制系统、劫持/控制设备、获取用户信息/机密数据等操作。

虽然物联网的移动化特性打破了传统的网络边界，但在每个终端之间实际上还是存在着一条新的无形边界——微边界。物联网领域攻防对抗的第一战场就是于微边界处展开。微边界上聚集着数以百万千万计的终端，一个感知终端的安全漏洞将会沿着微边界横向纵向扩展，并在物联网上被级数放大，由单个终端所最终导致的安全风险损失不可估量。因此，要将安全渗透到每个微边界点上，使每个终端都具备安全防护及抗攻击能力。安全的部署和运维也要能够适应海量并且多样化、多元化的感知设备。

综合考虑物联网终端自身特性，以及其所面临恶意威胁的特征，物联网终端安全重点需要确保硬件安全、接口安全、操作系统安全、业务应用安全及用户数据安全等方面。

1. 硬件安全

硬件安全的目标是确保芯片内系统程序、终端参数、安全数据和用户数据不被篡改或非法获取。在硬件安全方面将主要解决物联网终端芯片的安全访问、可信赖的计算环境、加入安全模块的安全芯片及加密单元的安全等。将身份识别、认证过程"固化"到硬件中，以硬件来生成、存储和管理密钥，并把加密算法、密钥及其他敏感数据，存放于安全存储器中可增强物联网终端的硬件安全防护。

2. 操作系统安全

操作系统安全的目标是实现操作系统对系统资源调用的监控、保护、提醒，确保涉及安全的系统行为总是在受控的状态下，不会出现用户在不知情情况下某种行为的执行，或者用户不可控的行为的执行，另外，操作系统还要保证自身的升级是受控的。在操作系统安全方面将主要解决安全调用控制和操作系统的更新来确保操作系统的能力，通过对系统资源调用的监控、保护、提醒，确保涉及安全的系统行为总是在受控的状态下，不会出现用户在不知情情况下某种行为的执行，或者用户不可控行为的执行。

3. 接口安全

接口安全的目标是确保用户对接口的连接和数据传输可知、可控。在外围接口安全方面将主要解决包括无线安全接口防护技术、无线外围接口开启/关闭受控机制、无线外围接口连接建立的确认机制、无线外围接口连接状态标识、无线外围接口数据传输的受控机制，以及有线外围接口连接建立的确认机制。

4. 业务应用安全

业务应用安全的目标是保证终端对要安装在其上的应用软件进行来源识别，对已经安装在其上的应用软件进行敏感行为的控制，还要确保预置在终端中的应用软件无恶意吸费行为，无未经授权的修改、删除、窃取用户数据的行为。在应用软件安全方面主要解决应用软件认证签名机制和敏感 API 管控技术方面。

5. 用户数据保护安全

用户数据保护安全的目标是保证用户数据的安全存储，确保用户数据不被非法访问、不被非法获取、不被非法篡改，同时能够通过备份保证用户数据的可靠恢复。在用户数据安全方面将主要解决包括移动智能终端的密码保护、文件类用户数据的授权访问、用户数据的加密存储、用户数据的彻底删除、用户数据的远程保护。

总之，物联网终端的安全体系架构包括三大层面：硬件层、操作系统层和应用软件层。安全架构首先是保证安全的硬件，打造硬件级的可信平台，作为设备安全的基础，通过安全的硬件绑定安全的操作系统，提供容器隔离和安全增强的方案，安全的操作系统绑定安全的应用软件，打造增强应用安全解决方案，这样层层绑定确保可信的数据处理和智能服务的提供。物联网终端安全体系也将与云计算安全体系、大数据安全和隐私保护安全体系结合，采用终端输入验证/过滤技术、实时安全监控技术、安全数据融合技术、全同态加密技术、隐私保护技术，对敏感数据的身份识别与访问控制技术等关键技术使物联网拥有足够的安全防护能力。

8.4.5　物联网通信安全

数据通信传输也是物联网体系里十分重要的一环，现在越来越多的黑客开始瞄准通信传输协议下手，进行破解攻击，加强数据通信传输管道的安全性已经迫在眉睫。

物联网终端在与云端进行信息通信互动传输过程中，容易遭受流量分析、窃取、嗅探等网络攻击，进而导致传输信息数据遭遇泄露、劫持、被篡改、屏蔽等威胁。

物联网数据传输所使用的网络包含有线网络、无线网络、3G、4G、LTE、电力载波等多种异构网络，其所面临的安全问题也很复杂。算法破解、协议破解、中间人攻击等诸多攻击方式正在逐渐侵蚀物联网体系，密钥、协议、核心算法、证书等破解情况的发生，将会导致核心业务逻辑和重要接口暴露，甚至是更多不可预知的物联网系统性安全风险。但抽象来看，物联网数据通信传输的安全问题需要重点关注传输管道自身与传输流量内容这两方面。

目前，已经有黑客通过分析、破解智能平衡车、无人机等物联网设备的通信传输协议，实现了对物联网终端设备的入侵、劫持。网络通信协议自身的安全性向来都不是很强，某些设备所采用的自定义网络通信协议的安全性则更为堪忧。而在一些特殊物联网环境里，网络通信过程中所传输的信息数据仅采用了很简单的加密办法，甚至没有采用任何安全加密手段，直接对信息进行明文传输。黑客只要破解通信传输协议，就可以直接读取其中所传输的数据信息，并任意进行篡改、屏蔽等操作。

对于物联网的通信安全，首先，需要加强网络通信协议自身的安全防护。考虑到通信协议本身就是由一行行代码所组成，针对代码的部分安全防护方法可以直接移植过来。也就是说，可以对通信协议实施加密操作，采用多层密钥加密传输，密钥之间动态切换，提供更加安全的保证。通过白盒加密技术再对加密密钥进行安全性保护，防止密钥的泄露和破解。对通信协议代码实施高强度混淆，彻底"打乱"旧有程序逻辑思路，极大增加黑客分析、破解、调试通信协议的难度，甚至在超过破解性价比临界值时迫使黑客放弃入侵攻击。

其次，要对数据通信传输管道里的数据流进行加密操作，避免明文传输。还要对流量里的数据进行安全过滤、安全认证，确保让正确的数据在通信传输管道里流通。对设备指纹、时间戳信息、身份验证、消息完整性等多种维度的安全性校验，可以进一步保证数据传输的唯一性和安全性。另外要注意，在特殊物联网传输环境下，要考虑进行网络加速操作，避免数据通信传输管道成为物联网体系正常运转的瓶颈。

最后，要加强通信管道安全防护软硬件的研发，重点在高性能信道与网络密码设备、密码网关、安全 Web 网关、安全路由及交换设备、高性能网络隔离与交换系统、网络行为监控系统、统一威胁管理平台等。

8.4.6　物联网云端安全

物联网是一个规模庞大的信息计算系统，这个系统需要一个强有力的平台提供计算和存储服务来支撑其应用需求，云平台能够对物联网终端所收集的数据信息进行综合、整理、分析、反馈等操作。

物联网中的应用都是数据密集型的，传感设备与云平台之间、用户与云平台之间和用户与传感设备之间时刻都在进行数据交互，一旦数据丢失和损坏都将造成难以预料的后果。如果说物联网终端相当于人的手、脚、眼、鼻、口，网络通信传输管道相当于人的四肢躯干，那么云端就等同于人的大脑，其安全重要性可见一斑。物联网云端保存着所有终端搜集上来的信息数据，以及据此分析获得的新数据信息。云端一个小小的业务逻辑漏洞，就可能会给黑客攻击大开方便之门。因此，云平台必须采取适当的安全策略来保证物联网中数据的完整性、保密性和不可抵赖性。云平台安全包括云计算与存储安全和云应用安全。

云计算与存储安全的主要目的是保障平台基础设施安全、基础软件的安全，保证数据在汇聚与存储、融合与处理、挖掘与分析过程的安全性，常采用的安全机制包括数据隔离与交换、数据库安全防护、数据备份、数据检错纠错、文件系统安全性、访问控制和身份鉴别、统一安全管理等。云计算与存储安全通过数据隔离与交换、冗余备份数据，将数据存放在不同的数据中心中，以保证个别存储设备的故障不影响整个存储系统的可用性；通过数据库防护技术满足数据库的数据独立性、数据安全性、数据完整性、并发控制、故障恢复的要求；通过采用检错和纠错技术使系统迅速发现错误并找寻备份数据来完成数据存取访问，保证数据的正确读写；通过文件系统加密实现存储系统安全；通过访问控制和身份鉴别技术有效地控制用户对虚拟机等存储资源的访问，将用户对存储系统的访问限制在一定的范围内，从而保证其他用户数据的安全性，防止越界访问。统一安全管理包括对平台使用权限、脆弱性、漏洞、病毒木马及恶意程序的监控。

云应用安全主要是面向用户提供一些安全手段来保证用户数据在传输、交换和使用过程中的安全性，防止用户数据被非法访问和泄露，常采用的安全机制包括存储加密、交换加密、身份认证与访问控制、接口安全和个人信息安全保护等。存储加密是在访问云入口时对数据进行加密，以保障传输和存储的安全性；交换加密是采用数字信封等技术手段，保证用户数据在交互过程中的安全性；身份认证与访问控制机制是允许授权用户在自己的权限范围内进行数据操作，从而防止非法用户对数据的访问；接口安全是根据物联网的应用需求不同而提供不同的应用接口，采用多接口模式和加密技术等通过接口安全保证应用程序对存储资源的安全访问；个人信息安全保护是采用数据自我销毁技术等建立在云服务器端对用户数据从创建到销毁全过程的隐私保护机制。

针对云平台的安全产品、安全方案很多，也在逐渐成熟，不过对于物联网云平台而言，还需要更注重移动安全这个维度的安全防御。例如，需要移动威胁感知平台来完善云平台安全情报体系，通过 SOC、M-SOC（Security Operation Center for Mobile）实现对物联网安全体系的整体管控，通过移动安全测评云平台实现对物联网云端应用、源码、服务器安全性的实时检验与监测。SOC 作为安全体系的一个集中单元，会在整个组织和技术的高度处理各类安全问题。SOC 能够将安全防御孤岛连接起来，从安全情报、安全产品、安全运维到安全服务，SOC 可以使之不再割裂，提高整体安全防御效率，降低安全防御成本。

物联网与业务之间的结合达到了一个前所未有的高度，那么在物联网安全体系里，SOC 将以业务为导向驱动，量化安全、展示安全、控制安全，实现安全管理技术化。通过 SOC 可以对物联网云端、终端、传输端进行逻辑层、物理层等多层面的安全检测，及时解决所发现的安全隐患，力争将危机消灭于萌芽之中。而借助 SOC 还能够洞悉物联网整体系统的安全态势，即时制定新安全防御策略，实施有效的安全防护动作，并实现对全网传统与新兴安全能力的整合，避免安全防护一盘散沙局面的出现。而 M-SOC 则能在物联网移动维度实现全生命周期的安全防护，有力补足了物联网安全体系可能出现的安全防护遗漏。

物联网的安全触角实在太为广阔，覆盖了众多领域维度。从大的方面考虑，需要各 SOC 能够实现耦合，进行安全防御联动，共享安全情报信息，整体把控物联网安全。往小的层面看，由微边界联合起来的众多物联网终端微点，要能够逐步实现矩阵化，从松散的个体成为组织化、智能自适应化的严谨统一整体，以集体的力量有效对抗有组织的恶意攻击。

在物联网时代，不同行业的云平台之间势必将互相连通起来，物联网可以说就是各类云平台的整合。而在云平台整合的背后，则联动着不同行业、不同领域物联网安全管控平台的整合，物联网安全体系内部各个环节的整合，物联网微观环境里各个单元、模组的整合。只有将一切松散元素锻造成严密的统一整体，才能将物联网安全清晰地呈现在人们面前。

8.4.7　物联网安全保障体系

大力发展物联网技术及其应用，需以安全保障为前提。传统安全解决方案面对接入网络的新型智能设备及针对智能设备的新兴恶意攻击缺少有效保护方案与应对策略。构建物联网安全保障体系的目的是增强物联网基础设施、重大系统、重要信息的安全保障能力，强化个人信息安全，构建无处不在安全的物联网。物联网安全范围涉及国家安全、关键基础设施安全、应用服务平台和数据共享服务平台安全、数据安全、行业应用服务安全、公共服务安全、个人敏感信息安全等方面。

物联网安全保障的目标是保证物联网基础网络、重要信息系统的可靠性和安全可控，保证物联网信息资源的保密性、完整性、可用性、合规性，保证物联网智能应用服务正常运行。物联网安全保障的对象是物联网关键信息基础设施、重要信息系统、信息资源及物联网智能应用服务。物联网安全保障体系需从标准完善、技术保障、管理保障等方面着手，结合国内外物联网安全实践，以物联网的安全风险和安全需求为导向，与物联网信息化建设保持同步，逐步建立完善物联网安全体系，提升物联网安全保障能力。

建立健全物联网安全标准体系，主要是完善物联网安全标准化顶层设计，做好标准路线图规划，加快感知技术和设备安全标准制定、异构网络安全标准制定，加快操作系统、中间件、数据管理与交换、数据分析与挖掘、服务支撑等信息处理安全标准的制定，加快物联网行业应用信息安全共享标准的制定。

物联网安全技术保障主要做好物联网感知层、网络层、应用层的安全防护。在物联网感知层，重点加强节点和汇聚节点之间及节点和网络之间的安全认证，加强加密信息的传输、严格进行密钥分配与管理、完善身份认证机制，提高入侵检测的手段，增强物联网端点智能安全能力，构建端点智能自组织安全防护循环微生态。在物联网网络层，重点完善异构网络统一、兼容、一致的跨网认证机制，完善网络安全协议，加强密钥管理，完善机密性算法，加强数据传输过程的机密性、完整性、可用性的保护。在物联网应用层，重点加强数据库访问控制、不同应用场景的认证机制和加密机制、加强业务控制、确保中间件安全、加强数据溯源能力和网络取证能力，完善网络犯罪取证机制等方面确保应用安全。

物联网安全管理保障主要是让安全能力渗入物联网的每个环节、每个角落，从全生态系统、全生命周期维度对物联网体系安全进行规划、组织、实施、评估和改进，做到物联网安全极大化。物联网安全管理规划要从物联网建设阶段就提出系统性的安全设计和规划要求，明确物联网安全建设的目标和重点。在物联网建设过程需建立安全实施和运维的组织，并按照安全要求实施管理活动，确保安全活动全过程实施可追溯，安全管理和服务水平可评估。针对物联网安全的管理，应加强对物联网感知层、网络层、应用层等各个层次中硬件设备、控制执行系统、应用程序的运行状况监管，实现对物联网整体安全的全面管控，及时发现安全风险，对安全事件及时响应。此外，还应建立安全管理和服务优化与改进机制，持续提升运行物联网安全管理和服务能力。

8.5 云计算安全

8.5.1 云计算简介

云计算为众多用户提供了一种新的、高效率的计算模式。它将计算任务部署在由大量计算机构成的资源池上，使各种应用系统能够根据需要获取计算力、存储空间和各种软件服务。云计算中的"云"是一种隐喻，指基于 Internet 的系统平台。在云的背后隐藏着大量的计算资源，包括硬件和软件资源。例如，分布式计算软件、计算机集群、存储设备、网络基础设施等。借助 Internet 技术，云计算资源好像用电一样取用方便，而且从某种程度上可以适当改变企业 IT 成本控制，如图 8-4 所示。

NIST 为云计算定义了 3 种服务模式，它们可被看成是嵌套的服务方案，如图 8-5 所示。

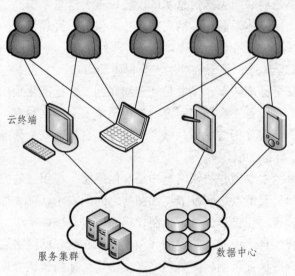

图 8-4　云计算的概念模型

（a）SaaS

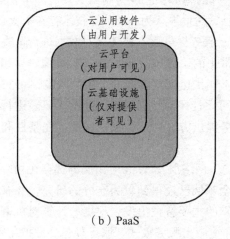

（b）PaaS

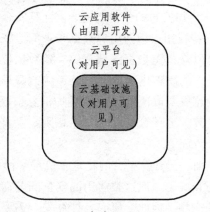

（c）IaaS

图 8-5　云服务模式

软件即服务（Software as a Service，SaaS）：以软件的形式，特别是应用软件的形式向客户提供服务，在云端运行并可以接入。SaaS 遵循常见的 Web 服务模式，以这种情形应用于云资源。SaaS 使客户能够使用云提供者的应用程序，该应用程序运行在云提供者的云基础设施上。可以通过诸如 Web 浏览器之类的简单接口从各种客户端设备访问该应用程序。与传统的需要为使用的软件获得桌面和服务器许可证不同，企业从云服务获得相同的功能。SaaS 降低了软件安装、维护、升级和打补丁的复杂性。

平台即服务（Platform as a Service，PaaS）：以平台的形式向客户提供服务，客户的应用程序可在该平台上运行。PaaS 使客户能够将客户创建或获取的应用程序部署到云基础设施上。PaaS 云提供了有用的软件构建组件和一些开发工具，如编程语言、运行时环境及其他有助于部署新应用程序的工具。实际上，PaaS 是一个云中的操作系统。对于希望开发新应用程序或定制应用程序，同时仅在需要时支付所需的计算资源的组织来说，PaaS 非常有用。

基础架构即服务（Infrastructure as a Service，IaaS）：允许客户访问底层的云基础设施。IaaS 提供虚拟机和其他抽象硬件和操作系统，它们可以通过应用编程接口（API）进行控制。IaaS 为客户提供处理、存储、网络和其他基础计算资源，以便客户能够部署和运行任意软件，包括操作系统和应用程序。IaaS 使客户能够结合基本的计算服务（如数字运算和数据存储）构建高适应性的计算机系统。

除了服务模式，NIST 还定义了 4 种部署模型：

公有云（Public Cloud）：云基础设施由销售云服务的组织所拥有，并供社会大众或大型行业组织使用。

私有云（Private Cloud）：云基础设施仅被某个组织使用。

社区云（Community Cloud）：云基础设施由多个组织共享，并供具有共同关注点的特定社区使用。

混合云（Hybrid Cloud）：云基础设施由两个或多个云（私有云、社区云或公有云）组成。

8.5.2　云计算安全

随着云计算的不断普及，安全问题呈现逐步上升的趋势，已成为制约其发展的重要因素。Gartner 公司发布的一份名为"云计算安全风险评估"的报告认为，云计算技术存在七大风险，即：① 特权用户访问用户数据带来的泄密风险；② 服务提供商不按法规对数据进行审查带来的监管风险；③ 数据跨域存储导致数据位置跨国带来的法律风险；④ 虚拟机数据隔离和保护不严带来的隐私泄露风险；⑤ 系统故障导致数据不能快速恢复带来的可用性风险；⑥ 灾难发生时的调查与取证风险；⑦ 维护信息长期存在的可用性风险。通过对上述七大风险进行分析可以发现，云计算的安全和隐私风险主要来自服务提供方，涉及数据机密性、完整性和可用性 3 个方面。

当前，云计算平台的物理主机层、操作系统层、网络层及 Web 应用层等都存在相应的安全隐患和威胁，但这类通用的安全问题在信息安全领域已经得到较为充分的研究，并有比较成熟的产品。因此，研究云计算安全需要从云计算的主要特征出发，根据云计算对机密性、完整性和可用性的安全需求，分析和提炼云计算环境中多服务模式、服务外包、虚拟化管理、多租户跨域共享带来的安全和隐私问题，具体如下：

（1）多服务模式带来的安全问题。在云计算的 3 种服务模式中，由于用户获取服务模式不同，导致用户和服务提供商的安全职责存在差异。合理划分不同服务模式下用户和服务提供商的安全职责成为保障云计算安全的关键和难点，任何一方的安全模式保证缺失，均会导致系统在机密性、完整性和可用性方面的破坏。需要深入研究用户和服务提供商在 SaaS、PaaS 和 IaaS 3 种服务模式下的安全职责和控制策略。

（2）多服务模式带来的安全问题。一方面，由于多用户共享跨域管理资源，用户和服务资源之间呈现多维耦合关系，信任关系的建立、管理和维护更加困难，使得服务授权和访问控制变得更加复杂。另一方面，用户通过租用大量的虚拟服务能力，使得协同攻击系统变得更加容易，隐蔽性更强。此外，不良网站将很容易以打游击的模式在网络上迁移，使得内容审计、追踪和监管更加困难。

（3）服务外包带来的安全问题。当用户或企业将所属的数据或应用外包给云计算服务提供商时，云计算服务提供商就获得了该数据或应用的访问控制权，用户数据或应用程序面临隐私安全威胁。事实证明，由于存在内部管理人员失职、黑客攻击、系统故障导致的安全机制失效及缺少必要的数据销毁政策等，用户数据在未经许可的情况下面临盗卖、滥用、篡改、随机使用和分析的风险。

（4）资源虚拟化带来的安全问题。虚拟化技术是云计算采用的两大核心技术之一，它支持多租户共享服务资源，多个虚拟资源很可能会被绑定到相同的物理资源上。如果云平台中的虚拟化软件中存在安全漏洞，那么用户的数据、应用就可能被其他用户访问；如果恶意用户借助缓存实施侧通道攻击，则虚拟机面临更严重的安全挑战。

8.6 实践练习

8.6.1 保护家庭无线局域网的安全

如今，很多家庭都有自己的无线局域网络或 Wi-Fi 网络。确保家庭无线网络安全至关重要，否则，不但有人会蹭你的网，还可能访问你的文件，甚至截取你的账户口令，或监视你在网上的一举一动。以下是保护无线网络的步骤：

（1）在浏览器中访问无线路由器管理系统。

现在的无线路由器（即无线接入点 AP）都提供了 Web 管理界面，只要知道网关的 IP 地址，就可以通过 Web 页面的形式管理无线路由器。

在 Windows 中查找网关 IP 地址的方法如下：在"命令提示符"窗口中输入命令"ipconfig/all"，找到写有"默认网关"或"Gateway"的一行，其后数字就是网关的 IP 地址，图 8-6 所示的默认网关的 IP 地址是 192.168.0.233。

图 8-6　查找网关的 IP 地址

在浏览器地址栏中输入网关的 IP 地址，按回车键。如果没有为路由器管理系统设置访问口令，会直接进入管理主界面。

（2）在无线路由器上启用加密。

正如前面讲过的，WEP 和 WPA 是完全不同的加密机制。WEP 已被证实较不安全，可以使用从 Internet 上下载的免费程序在几分钟内破解它。所以不推荐使用 WEP，至少应该使用 WPA。如果你的路由器支持 WAP2，请选择 WAP2。如图 8-7 所示（提醒：不同路由器的配置界面并不相同，本图及以下各图仅供参考），并设置一个比较复杂的密码。

图 8-7　在无线路由器上启用 WAP 加密

（3）为无线路由器管理系统设置一个口令（也称密码）。

能够访问无线路由器配置设置的任何人员均可以修改其配置，包括禁用你已设置的安全措施。所以，你应该为其管理系统设置一个口令。如果你忘记了口令，大多数路由器均带有硬件重置功能，可将所有设置恢复至出厂设置。你应该设置一个复杂的口令，如图 8-8 所示。

注意，这里的密码与前面（2）中设置的密码无关。在（2）中设置的密码用于连接到无线网络，这里的密码用于访问路由器管理系统。

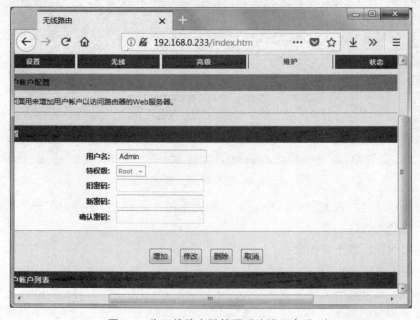

图 8-8　为无线路由器管理系统设置密码

（4）更改默认的服务单元标识符 SSID 并关闭 SSID 广播。

服务单元标识符 SSID 也就是常说的无线网络名称，将默认的 SSID 更改为唯一名称。默认 SSID 会向黑客暗示设置网络的人是一个新手。为了保护个人隐私，SSID 中不要含有任何个人信息。请使用方便记忆和识别的名称。在图 8-7 中，可以看到"无线网络标识（SSID）"的示例，示例中的 SSID 是"d-link_99536"。在图 8-7 中，取消选择"启用 SSID 广播"即可关闭 SSID 广播，这在一定程度上可以防止入侵者发现并进入你的网络。

注意，尽管禁用 SSID 广播功能后，你的网络将不会出现在别人设备的无线网络列表中，但任何决意攻击你的黑客仍可嗅探到你的 SSID。

（5）在无线路由器上启用 MAC 地址过滤。

MAC 地址是网卡的编码，也叫物理地址，每个网卡都是唯一的。对于 Windows 计算机，在命令提示符下使用命令"ipconfig/all"可以查看网卡的 MAC 地址，如图 8-6 中就显示了网卡的物理地址"3C-97-0E-B2-C5-E6"。对于移动设备，也可以查看其无线网卡的 MAC 地址，图 8-9 就显示了一台 iPhone 手机的无线网卡的 MAC 地址，图中显示为"无线局域网地址"，其后的数字就是 MAC 地址。

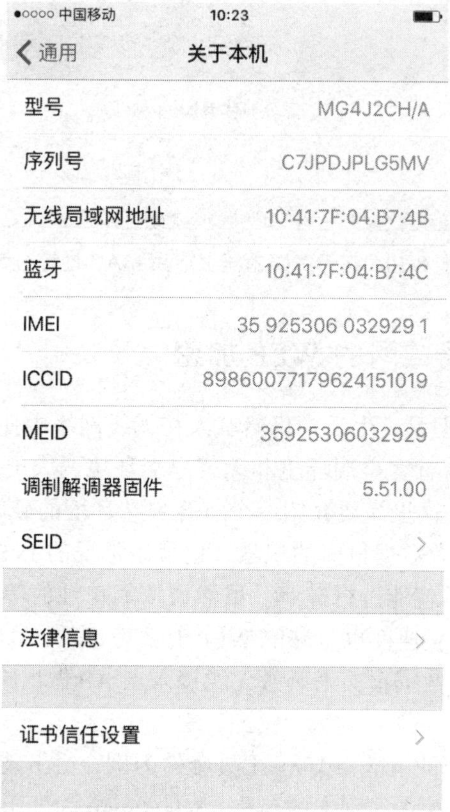

图 8-9　查看 iPhone 手机上无线网卡的 MAC 地址

MAC 地址过滤将对所有联网设备的硬件 MAC 地址进行注册，只有具备已知 MAC 地址的设备才能连接到无线网络。在无线路由器上的设置如图 8-10 所示。

需要说明的是，MAC 地址过滤并不能完全阻止非法设备进入你的无线网络。黑客克隆 MAC 地址后仍可进入你的网络，因此 MAC 地址过滤不能代替合适的 WPA2 加密。

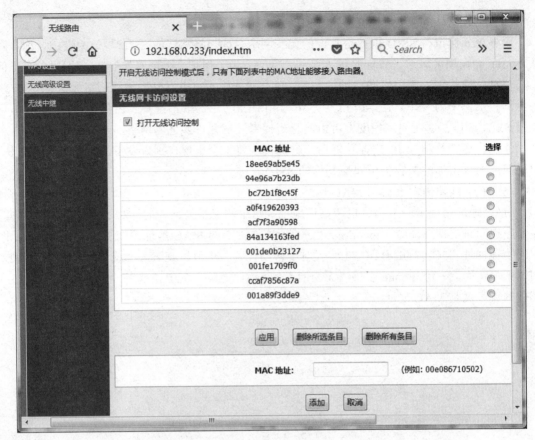

图 8-10　在无线路由器上启用 MAC 地址过滤

8.6.2　破解无线局域网的 WEP 加密

尽管 WEP 并不安全，但是，生活中仍然有人在无线网络中使用 WEP。破解 WEP 的工具和方法有很多种，主要分为有客户端环境和无客户端环境两大类。有客户端环境指无线网络中存在活动的无线客户端。这里简要介绍一个有客户端环境的破解 WEP 的方法。

由于 WEP 破解基于有效数据报文的积累，也就是常说的 IVS。当收集到足够数量的 IVS 数据报文后，相应破解工具就能进行破解。虽然说依靠单纯的等待也能够抓取足够数量的报文，但如何提高数据包的捕获速度也是破解 WEP 时要考虑的。目前最为广泛使用的无线 WEP 攻击中，主要采用通过回注数据报文来刺激无线接入点 AP 做出响应，从而来达到增大无线数据流量的目的。

下面就以最为广泛使用的 Aircreak-ng 工具套件为例，给出破解 WEP 密码的步骤及命令，如表 8-2 所示。其中 wlan0 为无线网卡的名称，wlan0mon 为处于监听模式的无线网卡名称。

注意，Aircreak-ng 不是一个可以在 Windows 中运行的工具套件，它运行在 Linux 系统中。已经有人将这个工具及其他黑客工具集成到一个专用的 Linux 系统中，这个系统早期叫作 BackTrack，2013 年改名为 Kali Linux。可以在这里下载它：https：//www.kali.org/。Kali Linux 有多个版本，有 64bit 版和 32bit 版，还有虚拟机版（VMware VM 或 VirtualBox）。不过，虚拟机版的 Kali Linux 不能识别本机内置的网卡，但可以识别 USB 网卡。

表 8-2　使用 Aircrack-ng 的工具破解 WEP 的步骤

步骤	命　令	说　明
1	ifconfig wlan0 up	激活无线网卡
2	airmon-ng start wlan0	将无线网卡设置为监视模式
3	airodump-ng wlan0mon	查看检测到的无线网络
4	airodump-ng -c 频道--bssid AP 的 MAC 地址 -w 文件名 wlan0mon	开始捕获无线数据包，也可使用--ivs 参数来设定只捕获 ivs 数据
5	airplay-ng -3 -b AP 的 MAC -h 客户端的 MAC wlan0mon	进行 ArpRequest 注入以加快有效数据包的生成
6	aircrack-ng 捕获的 cap 或 ivs 文件	破解 WEP 密码

下面按照表 8-2 的步骤演示破解 WEP 密码的过程。在做这个练习的时候需要先搭建实验环境，应使用自己的 Wi-Fi 进行实验，不要尝试破解他人的 Wi-Fi。

（1）打开一个 Shell 输入"ifconfig wlan0 up"命令来启用无线网卡（同理"ifconfig wlan0 down"就是关闭无线网卡），如图 8-11 所示。图 8-11 还显示了执行"ifconfig -a"命令之后显示的无线网卡 wlan0 的信息，其中 ether 之后的"38：59：f9：e9：07：09"是无线网卡的 MAC 地址，后面会用到。

图 8-11　激活无线网卡

（2）输入"airmon-ng start wlan0"命令尝试开启网卡的监听模式，如图 8-12 所示。

如果无法开启监听模式，则输入"airmon-ng check kill"命令来找到冲突的进程 ID。然后输入"kill 冲突进程 ID"命令来杀死这个进程，再次尝试用 airmon-ng 来开启网卡监听模式。

开启监听模式完成之后，使用 ifconfig 命令来找到开启监听模式的网卡名称，通常是 wlan0mon 或者是 mon。图 8-12 显示的是 wlan0mon。

（3）输入"airodump-ng wlan0mon"命令来查看检测到的无线网络。然后选择要破解的 WiFi，记下其 BSSID（即 MAC 地址）和频道号，如图 8-13 和图 8-14 所示。这里选择图 8-14 中显示的第一个无线网络，即 ESSID 为"d-link_99536"的无线网络作为破解对象。其 BSSID

是"1C：5F：2B：A0：E9：A8"，频道号是1。

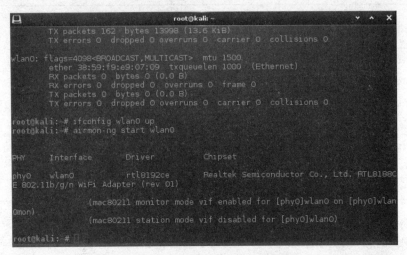

图 8-12　为无线网卡开启监听模式

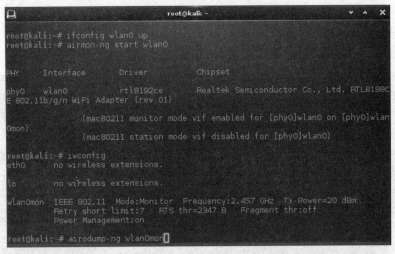

图 8-13　输入"airodump-ng wlan0mon"命令

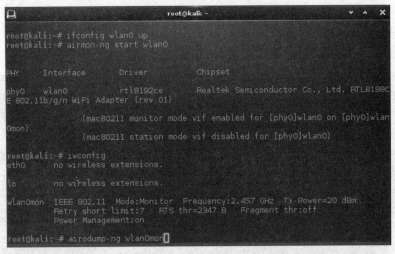

图 8-14　检测到的无线网络列表

记下 BSSID 和频道号后，按 Ctrl+C 键停止 airodump-ng 程序。

（4）输入"airodump-ng -c 1 --bssid 1C：5F：2B：A0：E9：A8 -w test --ivs wlan0mon"命令开始捕获无线数据包，其中 test 是数据包存入的文件名，如图 8-15 所示。图 8-16 是捕获数据包的过程界面。

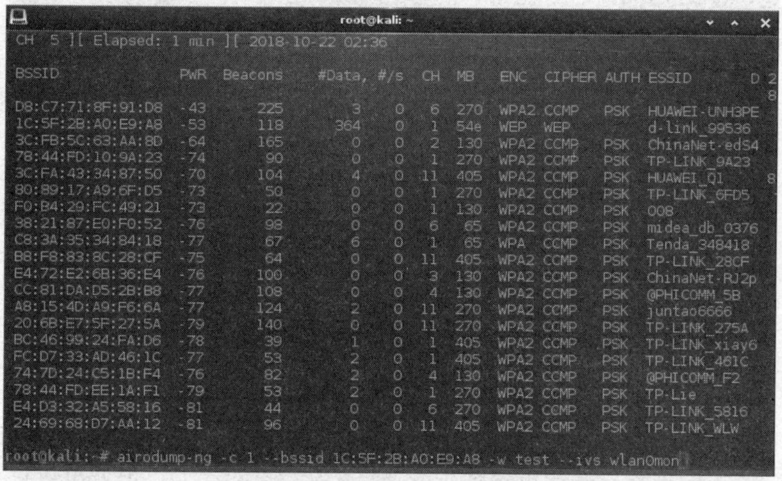

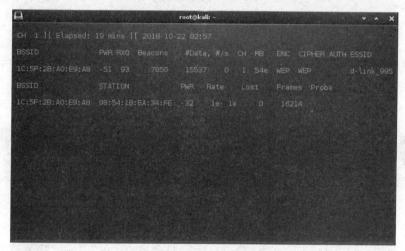

图 8-15　执行捕获无线数据包的命令

图 8-16　捕获无线数据包界面

不要关闭图 8-16 所示的窗口，开启新的 Shell 来执行其他命令。这个程序需要保持开启来抓取数据包。

（5）输入"aireplay-ng -3 -b 目标 Wi-Fi 的 BSSID -h 连接在目标 Wi-Fi 上客户端的 BSSID wlan0mon"来进行 ARP 请求攻击，从而加速破解的过程，如图 8-17 所示。其中的"-h 38：59：f9：e9：07：09"是实验用的无线网卡的 MAC 地址（即 BSSID）。

说明：若连接在目标 Wi-Fi 上 AP 的无线客户端正在进行大流量的交互，如正在使用 BT工具下载大文件，则依靠单纯的抓包就可以破解出 WEP 密码。但是有时候这样等待显得过于漫长，于是就采用了一种称之为"ARP Request"的方式来读取 ARP 请求包，伪造数据包并再次重发出去，以便刺激 AP 产生更多的数据包，从而加快破解过程。这种方法就称之为

ArpRequest 注入攻击。

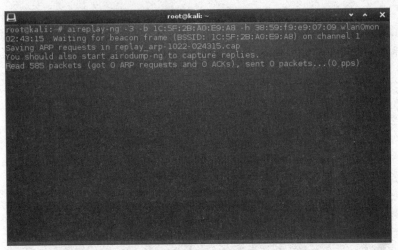

图 8-17　对目标 Wi-Fi 执行 ArpRequest 注入攻击

等待一会儿后，aireplay-ng 就会开始接收到大量的回复，这时查看开启了 airodump-ng 的窗口，你会发现#Data 这一栏开始迅速增长。当#Data 增长到 1 万以上就可以进行破解了，如图 8-16 所示。

（6）输入"aircrack-ng 存放捕获数据包的文件名"命令来分析存储在本地的数据包并破解 WEP 密码，如图 8-18 和图 8-19 所示，显示破解成功，WEP 的密码是"ma@c&"。

在抓取的无线数据包达到了一定数量后，就可以开始破解了。若破解不成功就继续抓取数据包，多试几次。注意，此处不需要将进行注入攻击的 Shell 关闭，而是另外开一个 Shell 进行同步破解。

图 8-18　输入破解命令

图 8-19　破解完成

提醒，在使用命令破解之前，可以输入 ls 命令查看当前目录的文件信息，确定存放捕获数据包的文件名。本例的文件名是 test-01.ivs。

最后需要说明的是，Aircreak-ng 工具也可以用来破解 WAP 和 WAP2 的密码。不过，因为 WAP 和 WAP2 自身相当安全，破解它们的前提是 WAP 和 WAP2 的密码比较简单，或者恰好被攻击者猜中，并被放在密码字典里。只要 WAP 和 WAP2 密码足够复杂，要破解它们几乎是不可能的。

习 题

1. 导致无线网络面临更高安全风险的关键因素有哪些？
2. 无线网络的安全威胁有哪些？
3. 如何加强无线网络安全？
4. 分别给出的基于 WEP 和基于 WAP 的认证过程。
5. 在 IEEE 802.11 无线局域网中，为什么使用 WAP/WAP2 比 WEP 安全？
6. 当在企业中使用移动设备时，通常会面临哪些安全威胁？如何应对这些安全威胁？
7. 物联网感知层、网络层和应用层各有哪些安全威胁？
8. 对于本章给出的"网络摄像头"和"智能家庭网络"物联网安全案例，请结合前面章节学过的内容，思考如何防御它们可能遇到的安全威胁。
9. 对于物联网终端的安全，应该主要从哪些方面考虑？
10. 对于物联网通信的安全，应该主要从哪几个方面考虑？
11. 物联网安全与云安全之间有什么关系？
12. 物联网安全保障体系的目标是什么？
13. 云计算有哪些安全问题？
14. 如何保护家庭无线局域网的安全？
15. 如果 WAP 和 WAP2 的密码比较简单，也可以使用工具轻易破解它们，请说明其工作原理。

参考文献

[1] Wm. Arthur Conklin.计算机安全原理[M]. 王昭，陈钟，译. 北京：高等教育出版社，2006.

[2] 栾方军. 信息安全技术[M]. 北京：清华大学出版社，2018.

[3] 桂小林，张学军，赵建强. 物联网信息安全[M]. 北京：机械工业出版社，2014.

[4] 胡道元，闵京华. 网络安全[M]. 北京：清华大学出版社，2004.

[5] 付永刚. 计算机信息安全技术[M]. 北京：清华大学出版社，2012.

[6] 王永全，齐曼. 信息犯罪与计算机取证[M]. 北京：北京大学出版社，2010.

[7] William Stallings. 网络安全基础：应用与标准[M]. 5 版. 白国强，译. 北京：清华大学出版社，2014.

[8] Mark Rhodes-Ousley. Information Security：The Complete Reference（2nd Edition）[M]. McGraw-Hill，2013.

[9] 杨哲，ZerOne 无线安全团队. 无线网络黑客攻防[M]. 北京：中国铁道出版社，2011.

[10] William Stallings. Network Security Essentials：Applications and Standards（4th edition）[M]. 影印版. 北京：清华大学出版社，2010.

[11] Michael Hale Ligh，Steven Adair，etc. Malware Analyst's Cookbook and DVD：Tools and Techniques for Fighting Malicious Code[M]. Wiley Publishing，2011.

[12] 张玉清，周威，彭安妮. 物联网安全综述[J]. 计算机研究与发展，2017，（10）：2130-2143.

[13] 朱建明，王秀利. 信息安全导论[M]. 北京：清华大学出版社，2015.

[14] William Stallings，Lawrie Brown. Computer Security：Principles and Practice（3rd Edition）[M]. Pearson Education，2014.

[15] 信息安全与通信保密杂志社梆梆安全研究院. 2016 物联网安全白皮书[J]. 信息安全与通信保密，2017，（2）：110-121.

[16] The Honeynet Project. Knowing Your Enemy：Tracking Botnets[OL]. Honeynet White Paper. [2005]. http：//honeynet.org/papers/bot

[17] 鲁立. 计算机网络安全[M]. 2 版. 北京：机械工业出版社，2018.

[18] 杨哲. 无线网络安全攻防实战进阶[M]. 北京：电子工业出版社，2011.

[19] Ma，D.，Tsufik，G. Security and Privacy in Emerging Wireless Networks[C]. IEEE Wireless Communications，2010.

[20] Choi，M. et al. Wireless Network Security：Vulnerabilities，Threats and Countermeasures[C]. International journal of Multimedia and Ubiquitous Engineering，2008.

[21] Fossi，M.，et al. Symantec Report on Attack Kits and Malicious Websites[R]. Symantec，2010.

[22] 杨云江. 网络安全技术[M]. 北京：清华大学出版社，2013.

[23] 许博. 无线局域网安全分析及其攻击方法研究[D]. 西安电子科技大学，2010.